高等职业教育计算机类专业系列教材

计算机组装与维护实训教程

主　编　朱正月

副主编　唐菊琴　王　刚

参　编　徐　辉　王洪波　张留忠　刘　蕾

机械工业出版社

本书以“组建 MC365 创新创业工作室”这一岗前任务为载体，向读者循序渐进地介绍工作室组建全过程。本书采用“项目导向、任务驱动”的编写模式，设计了 10 个学习单元，包括认知计算机系统、装配计算机硬件系统、BIOS 设置、硬盘分区与格式化、计算机软件系统安装、备份与恢复计算机系统、接入 Internet 网络、连接和使用外围设备、维护计算机硬件系统、维护计算机软件系统。

本书紧密衔接 IT 市场前沿技术，内容新颖，图文并茂，简明易懂，可操作性强，可为学习者操作、使用及维护（修）计算机提供帮助，并重点培养其动手解决实际问题的能力。

本书既可作为职业院校计算机类相关专业的教材，也可作为计算机培训的参考资料和广大计算机爱好者的参考书。

本书以组织 O2O 新形态立体化教材为目标，配有视频、习题、电子课件等数字资源，教师可登录机械工业出版社教育服务网（www.cmpedu.com）免费注册后下载，或联系编辑（010-88379194）咨询。

图书在版编目（CIP）数据

计算机组装与维护实训教程 / 朱正月主编. —北京：机械工业出版社，2023.11（2024.7重印）

高等职业教育计算机类专业系列教材

ISBN 978-7-111-74533-4

Ⅰ. ①计… Ⅱ. ①朱… Ⅲ. ①电子计算机-组装-高等职业教育-教材 ②计算机维护-高等职业教育-教材 Ⅳ. ①TP30

中国国家版本馆CIP数据核字（2024）第006524号

机械工业出版社（北京市百万庄大街22号 邮政编码100037）

策划编辑：李绍坤　　责任编辑：李绍坤　张翠翠

责任校对：张亚楠　张昕妍　　封面设计：马精明

责任印制：单爱军

北京虎彩文化传播有限公司印刷

2024 年 7 月第 1 版第 2 次印刷

210mm×285mm・16印张・439千字

标准书号：ISBN 978-7-111-74533-4

定价：52.00元

电话服务　　网络服务

客服电话：010-88361066　　机 工 官 网：www.cmpbook.com

010-88379833　　机 工 官 博：weibo.com/cmp1952

010-68326294　　金 书 网：www.golden-book.com

封底无防伪标均为盗版　　机工教育服务网：www.cmpedu.com

前言

一、编写背景

21世纪是高度信息化的时代，信息网络技术的飞速发展和广泛应用，对人类生活的各个领域都产生着越来越重大的影响。随着IT技术的飞速发展，计算机科学和技术在社会、经济、科技、金融、商业、体育、文化、生活等诸多领域发挥越来越重要的作用，计算机已经成为不可或缺的工具。当今社会，各行各业对操作、应用和维护计算机的技术技能型人才的职业能力提出了更高的要求，职业院校作为高素质技术技能人才培养基地，应对适应当代信息技术领域生产、管理和服务第一线需要的高素质技术技能人才培养目标有更新的要求。

计算机软硬件技术发展日新月异，新硬件、新软件不断推陈出新，CPU、内存、主板等设备不断更新换代，操作系统等软件版本不断升级，为用户熟悉、操作和应用计算机提出了更高的要求。更好地掌握计算机先进的软硬件技术，并善于操作、应用和维护计算机系统，发挥计算机在工作、学习和生活中的重要服务作用，是目前计算机用户的迫切需求。紧密衔接IT市场主流软硬件技术，编写一本适合用户操作和使用的计算机教程，是本书编者的重要目标。

二、本书内容

本书结合多位老师多年来在计算机组装与维护等方面的经验，设计了“组建MC365创新创业工作室”这一岗前任务，以多个学习情景为载体，基于计算机软硬件系统安装、维护、优化和接入Internet的工作过程，向计算机学习者循序渐进地介绍“MC365创新创业工作室”的组建全过程。本书采用“项目导向、任务驱动”教学模式，包括认知计算机系统、装配计算机硬件系统、BIOS设置、硬盘分区与格式化、计算机软件系统安装、备份与恢复计算机系统、接入Internet网络、连接和使用外围设备、维护计算机硬件系统、维护计算机软件系统。本书紧密衔接IT市场前沿技术，内容新颖，图文并茂，简明易懂，可操作性强，既有一定的理论知识，又有很多的实践操作，从实用角度出发，为学习者操作、使用及维护（修）计算机提供一定的帮助，并重点培养其动手解决实际问题的能力。

全书基于“组建MC365创新创业工作室”的工作过程，设计贴近实际的应用场景，构建真实的用户角色，设计了10个学习单元、27个学习任务、15个拓展任务，从实用角度出发，着力提高学习者的专业技能。本书采用由浅及深、循序渐进的方式，在讲解理论知识的同时，注重培养学习者的动手操作能力；注重与IT市场主流的软硬件技术紧密衔接，使学习者及时、准确地掌握计算机软硬件的最新知识。

当前，“互联网+教育”正在驱动着教育教学的信息化革命。在教育信息化背景下，传统的课堂教学模式及学习方式正在发生变化，仅以纸质教材为媒介的课堂教学载体已不能适应当前的教育需要，纸质教材与数字化资源一体化的O2O新形态立体化教材成为必然，是新形势下高职一体化教材建设的新思路和新形式。本书编写组紧随当前趋势，努力将本书打造为一本集纸质和网站等数字化资源为载体的O2O新形态立体化教材。

全书以组织O2O新形态立体化教材为目标，在形成纸质教材的前提下，设计并制作各类数字化资源，并利用APP、课程网站等进行展示。主要包括：电子课件和教案、教学视频（微课版）、习题。

前言

本书是新形态教材，基于互联网技术，将纸质教材、在线课程网站和教学资源库的线上及线下教育资源有机衔接起来。

本书由朱正月编写学习单元1、唐菊琴编写学习单元2和学习单元4、王洪波编写学习单元3和学习单元5、王刚编写学习单元6和学习单元10、徐辉编写学习单元7、唐菊琴和徐辉共同编写学习单元8、张留忠编写学习单元9。刘蕾参与全书审核等工作。全书由朱正月统稿。在本书编写过程中，安徽云宝信息技术集团有限公司和合肥泰格网络技术有限公司提供了大量的技术支持与帮助，在此表示感谢！

虽然编者在全书编写及审校过程中投入很大精力，但书中难免存在疏漏和不足之处，敬请广大读者不吝指正。

编　者

目录

前言

岗前任务描述

学习单元1 认知计算机系统 …… 3

任务1 初知计算机系统 …… 4

任务2 识别与选购计算机部件 …… 7

拓展任务 …… 18

知识巩固与提高 …… 21

学习单元2 装配计算机硬件系统 …… 23

任务1 安装最小系统 …… 24

任务2 计算机整机装配 …… 29

拓展任务 …… 40

知识巩固与提高 …… 41

学习单元3 BIOS设置 …… 43

任务1 设置BIOS参数 …… 44

任务2 制作启动安装U盘 …… 60

拓展任务 …… 63

知识巩固与提高 …… 68

学习单元4 硬盘分区与格式化 …… 69

任务1 认识硬盘分区与格式化 …… 70

任务2 利用分区工具进行硬盘分区 …… 74

拓展任务 …… 84

知识巩固与提高 …… 88

学习单元5 计算机软件系统安装 …… 89

任务1 安装Windows 10操作系统 …… 90

任务2 安装设备驱动程序 …… 103

任务3 常用应用软件的安装与卸载 …… 111

任务4 安装与使用虚拟机 …… 118

拓展任务 …… 125

知识巩固与提高 …… 136

目录

学习单元6　备份与恢复计算机系统 137
任务1　认识系统备份与恢复工具 138
任务2　利用Ghost备份与恢复系统 141
任务3　使用工具进行数据恢复 146
拓展任务 151
知识巩固与提高 163

学习单元7　接入Internet网络 165
任务1　认识接入互联网的技术 166
任务2　通过PPPoE接入互联网 166
任务3　通过局域网接入互联网 169
任务4　通过无线网接入互联网 171
拓展任务 174
知识巩固与提高 183

学习单元8　连接和使用外围设备 185
任务1　连接打印机设备 186
任务2　连接扫描仪设备 192
任务3　连接复印机设备 198
拓展任务 201
知识巩固与提高 208

学习单元9　维护计算机硬件系统 209
任务1　排除常见的硬件故障 210
任务2　计算机板卡级故障检测与处理 216
任务3　主板CMOS电路芯片级故障检测与维修 220
拓展任务 223
知识巩固与提高 224

学习单元10　维护计算机软件系统 227
任务1　排除常见的软件故障 228
任务2　测试与优化系统性能 236
拓展任务 245
知识巩固与提高 249

参考文献 250

岗前任务描述

组建微云365（MC365）创新创业工作室

进入21世纪以来，随着信息技术的广泛应用和不断发展，互联网几乎遍布世界的每个角落。在我国，互联网得到了长足的发展和进步，它不断地改变着人们的学习、生活、工作和娱乐方式，已经成为人们生活中不可或缺的一部分。在互联网技术不断创新的今天，“互联网+”对人们来说已不陌生。“互联网+”实际上是创新2.0下的互联网发展新形态、新业态，是知识社会创新2.0推动下的互联网形态演进。新一代信息技术发展催生了创新2.0，而创新2.0又反过来作用于新一代信息技术形态的形成与发展，重塑了物联网、云计算、大数据等新一代信息技术的新形态，并进一步推动知识社会以用户创新、开放创新、大众创新、协同创新为特点的创新2.0，改变了人们的生产、工作、生活方式，也引领了创新驱动发展的“新常态”。

创新创业是一个永恒的主题，国家振兴、中国梦的实现，离不开创新创业，区域和地方经济、社会的发展离不开创新创业。创新创业教育是知识经济时代的要求，是高等院校主动适应社会需要，培养具有创业意识、创造能力和创业精神大学生的重要任务。当前，创新创业教育已被各高校作为一门必修课程纳入专业课程体系。在信息技术发展的今天，创新创业活动的信息化是必然趋势，这使得大学生在进校后要尽快具备一些基本技能：熟悉计算机系统基本组成，认知计算机硬件部件，能根据应用需求选购、组装计算机，能熟练操作计算机，能对计算机软硬件故障做基本维护，能熟练使用计算机外围设备（如扫描仪、打印机、复印机等）。

当前，以“拥抱‘互联网+’时代，共筑创新创业梦想”为主题的中国“互联网+”大学生创新创业大赛已经举办了多届。越来越多的大学生积极投身到创新创业活动中来，学校也推出了多种措施予以大力支持，面向大学生提供创新创业场地，计算机应用技术、计算机网络技术、物联网应用技术等专业的学生兴趣很高，积极组团，踊跃参加，都想成立自己的项目工作室。大学生在孵化基地安家落户，开展创新创业活动。其中，微云365（MicroCloud365，MC365）团队的7位成员想要尽快成立MC365项目工作室，面向全校师生及大学城周边用户，借助于互联网平台来开展创新创业活动，主要内容有：

- 为用户提供基本的计算机软硬件知识服务。
- 为用户提供计算机硬件部件识别与选购技巧服务。
- 为用户提供装机配置单和计算机硬件系统组装技术服务。

- 为用户提供计算机软件系统安装技术服务。
- 为用户提供软硬件系统维护与优化技术服务。
- 为用户提供计算机常见故障诊断与维修技术服务。
- 为用户提供计算机外围设备应用服务（如图文扫描，文档打印、复印等）。

MicroCloud365团队成员都觉得成立项目工作室当然要DIY（Do It Yourself）。尽管团队成员在计算机的基本操作使用上没有什么问题，但大家对计算机系统组成及工作原理了解得不多，对计算机硬件也是一知半解。现在要成立项目工作室，有许多事情需要去做：

- 以DIY方式来选购、组装7台高性价比的市场主流计算机。
- 每台计算机需要安装Windows 10操作系统、硬件驱动程序、Office 2010应用软件及软硬件系统维护工具软件。
- 选购并安装一台打印机、一台扫描仪和一台复印机，实现设备共享使用。
- 组建项目工作室的局域网，并使每台计算机都能正常访问互联网。

面对市场上众多的计算机DIY部件，MicroCloud365团队既要考虑各部件的兼容性和性价比，又要避免被商家忽悠，因此需要提前做功课，于是决定向专业老师请教，希望在老师的帮助下尽快上手。

为了让MicroCloud365团队成员对计算机系统有全面的理解与掌握，以最短的时间实现DIY工作，完成MC365工作室的建设，专业老师结合课程教学实际，采用项目引导、任务驱动的方式，创设多个学习情景，按计算机系统组装与维护的工作过程，实施“教、学、做”一体化的教学与指导工作，促使MicroCloud365团队快速熟悉计算机系统的专业知识，熟练掌握计算机硬件组装、软件安装及系统维护等相关职业技能。

MicroCloud365团队成员在学习完计算机组装与维护的相关知识和技能后，就能够快速完成MC365工作室的DIY过程，开启工作室的创新创业服务活动。

学习单元 1

认知计算机系统

单元情景

在专业老师的指导下，MicroCloud365团队的7位成员认识到，以DIY方式组建MC365创新创业工作室来开展相关的服务，自身专业知识还有所欠缺，在计算机系统装调与维护等方面还有很多专业技能需要掌握。为充分做好工作室的组建工作，以更专业、更熟练的技能为广大用户提供服务，MicroCloud365团队决定从基础知识开始，系统性地开展计算机系统装调与维护技能的学习活动。

专业老师根据MicroCloud365团队各位成员的基本情况，决定以组建MC365创新创业工作室为项目引导，基于计算机系统装调与维护的工作过程，围绕认知计算机系统、识别与选购计算机部件、制订装机方案与配置单等学习内容，以任务驱动的方式，开启计算机系统装调与维护的理论知识和操作技能的学习活动，推进MicroCloud365团队组建MC365创新创业工作室的DIY工作。

学习目标

- 熟悉计算机的发展与分类
- 理解计算机的系统组成
- 掌握计算机软硬件系统组成
- 能够正确识别计算机各组成部件
- 能够正确识记计算机各部件标准名称及技术指标
- 能够根据使用需求合理选购计算机部件

任务1 初知计算机系统

任务描述

随着3C技术（通信技术、计算机技术、控制技术的合称）的不断发展和社会信息化水平的不断提升，计算机越来越发挥着重要作用，它改变了人们的生活、学习和工作方式。在使用计算机的同时，也需要知道计算机系统由哪些部分组成，各个组成部分是如何协调一致进行工作的。MicroCloud365团队想通过DIY方式组建MC365创新创业工作室，应思考如何购买到性价比高的计算机、计算机的哪些部件是在选购时要特别关注的等问题。专业老师将围绕计算机的发展、分类和系统组成等知识，指导MicroCloud365团队全面认知计算机系统。

任务分析

认识部件是为了更好地使用和选购部件。通过对各个部件的观察，了解各个部件的结构特点、性能指标，从而购买到性价比高的计算机。

知识准备

一、熟悉计算机的发展与分类

1. 计算机的发展

自1946年诞生第一台电子数字计算机（Electronic Numerical Integrator And Calculator，ENIAC）以来，计算机技术的发展日新月异，在短短的70多年时间里，经历了电子管、晶体管、集成电路（Integrated Circuit，IC）和超大规模集成电路（Very Large Scale Integrated Circuit，VLSI）4个阶段的发展，使得计算机的体积越来越小，功能越来越强，价格越来越低，应用越来越广泛。目前正朝着智能化计算机（第五代）的方向发展。计算机发展历史见表1–1。

表 1-1　计算机发展历史

代	时间	计算机	主要元器件
第一代	1946—1958年	电子管计算机	电子管
第二代	1958—1964年	晶体管计算机	晶体管
第三代	1964—1971年	集成电路计算机	中小规模集成电路
第四代	1971年以后	大规模集成电路计算机	大规模及超大规模集成电路

第五代为智能化计算机，将把信息采集、存储、处理、通信和人工智能结合在一起，具有形式推理、联想、学习和解释能力。它的系统结构将突破传统的冯·诺依曼机器的概念，实现高度的并行处理。当代计算机正朝着微型化、巨型化、多媒体化和网络化方向快速发展。

微型计算机（Micro Computer）又称为计算机、个人计算机（Personal Computer，PC），是人们常用的一种电子计算设备，一般是以 CPU 的发展来划分的。微型计算机诞生于 20 世纪 70 年代末，基于大规模集成电路及后来的超大规模集成电路，其功能更强，体积更小。Intel 公司的 CPU 发展历史见表 1–2。

表 1-2 Intel 公司的 CPU 发展历史

代	时间	典型CPU	字长
第一代	1971—1973年	4004、4040	4位
第二代	1974—1977年	8080、8085	8位
第三代	1978—1983年	8086、80286	16位
第四代	1984—1992年	80386、80486	32位
第五代	1993年至今	Celeron、Pentium系列、Core Duo系列	32、64位

总的来说，计算机技术发展非常迅速，平均每 2 ～ 3 个月就有新产品出现，平均每两年芯片集成度提高一倍，性能提高一倍，性能价格比大幅度上升。今后，PC 将向着重量更轻、体积更小、运算速度更快、使用及携带更方便、价格更便宜的方向发展。

2. 计算机的分类

按照不同的需要，计算机可分为不同的种类，如可依据功能、速度、容量将计算机分类。

➢ 按体积来分，可以分为大型计算机、中型计算机和微型计算机。

➢ 以 CPU 为标志，按档次来分，有第一代计算机、第二代计算机、第三代计算机、第四代计算机、第五代计算机等。

➢ 以生产厂商来分，又可分为进口品牌机、国产品牌机和组装兼容机。著名的国外品牌厂商主要有 IBM、DELL、HP、COMPAQ 等，著名的国内品牌机厂商主要有联想（Lenovo）、方正、长城、清华同方等。

➢ 从结构形式上来分，计算机可以分为个人台式计算机和便携式计算机（笔记本计算机）。人们经常使用的计算机也就是主流计算机，一般指的是台式计算机。

二、认识计算机系统

从逻辑上看，一个完整的计算机系统由硬件系统和软件系统两部分组成。硬件是构成计算机系统的物理实体，是计算机系统中实际装置的总称；软件是指在硬件设备上运行的各种程序、数据及有关资料。程序实际上是计算机执行各种动作以便完成指定任务的指令集合。计算机硬件和软件既相互依存，又互为补充。硬件是计算机系统的物质基础，软件是计算机应用的灵魂，只有将两者有效地结合起来，计算机系统才能称为有生命、有活力的系统。图 1-1 所示为计算机系统的基本组成。

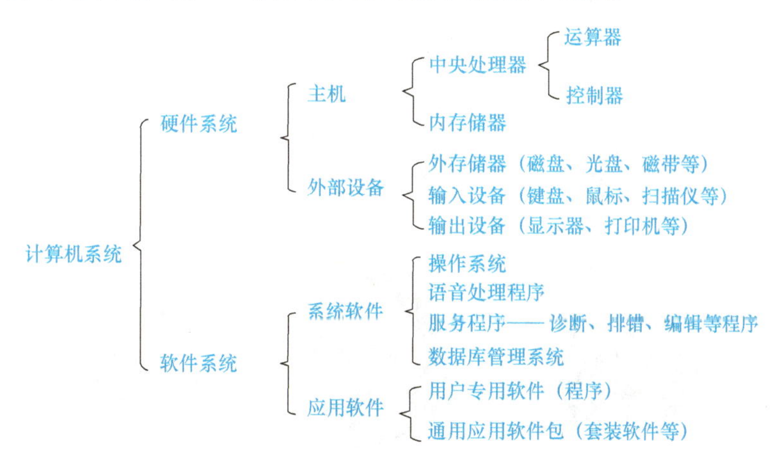

图1-1 计算机系统的基本组成

硬件系统是计算机中看得见、摸得着的部分，是实现计算机各种功能的物理设备。软件系统是计算机系统的重要组成部分，是计算机系统运行、管理和维护所需要的程序、数据及与程序相关的文档资料的集合。相对于计算机硬件而言，软件是计算机的无形部分，但其重要性毋庸置疑。一个计算机系统如果仅有好的硬件，但是没有好的软件，是不可能显示出它的优越性的。

温馨提示

通常把不安装任何软件的计算机称为裸机，人们现在使用的都是在裸机上配置若干软件之后所构成的计算机系统（非裸机）。

DOS曾是世界上最为流行的单用户单任务磁盘操作系统，有多种汉化版本；UNIX是世界上应用最为广泛的一种多用户多任务操作系统；Windows是现在个人使用最为普遍的一种多任务可视化操作系统。

自1946年第一台计算机诞生至今，没有发生变化的是其体系结构，即这些计算机均为由运算器、控制器、存储器、输入设备和输出设备组成的冯•诺依曼体系结构。对于维修人员来说，最重要的是熟悉计算机的实际物理结构，即组成计算机的各个部件。对计算机专业的学生来说，了解计算机的组成，熟悉各部件功能，能将各部件组装成一台完整的计算机，并可以对部件进行故障维护与升级，是他们必备的一项技能。

从外部形式上看，一台完整的计算机至少应包括主机（主机是机箱及安装在其内部的所有部件的统一体）、显示器、键盘和鼠标等部分，如图 1–2 所示。当然，有时候打印机、扫描仪、绘图仪、摄像头、音箱等也是必备的外围设备。

图1-2　计算机的外观

计算机硬件是标准产品，一台完整的计算机，其硬件主要有机箱、电源、主板、CPU、散热器、硬盘、内存条、光驱、显卡、网卡、声卡、显示器、键盘和鼠标等。外围设备主要有打印机、扫描仪、绘图仪、摄像头、音箱、耳机等，如图 1–3 所示。

图1-3　计算机的外围设备

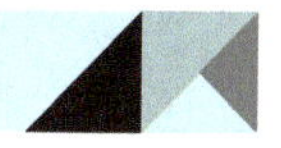

任务2 识别与选购计算机部件

任务描述

计算机是由很多遵循一定标准的硬件组成的，根据生产方式来分，计算机可以分为品牌机、兼容机（组装机）等产品。当前，台式兼容计算机具备了较为成熟的标准，在各个领域都有应用，如家庭或个人商店等，需求旺盛，在计算机应用市场中占有的份额较高。MicroCloud365团队在选购计算机前，需要对计算机各个部件的外观、性能指标等有全面的了解，能够根据使用需求合理选择各个部件。MicroCloud365团队的每一位团队成员都需要全面识别并能选购合适的计算机部件，为后续组建MC365创新创业工作室做准备。

任务分析

在选购计算机部件时，可以先通过网络平台及实体店对当前硬件产品的性能进行一定的了解，同时要考虑自己购买的实际需求，选择性价比较高的产品。

知识准备

PC是根据开放式体系结构来设计的，系统的组成部件大都遵循一定的标准，可根据需要自由选择、灵活配置。一台能实际使用的计算机系统至少由主机、键盘、鼠标和显示器四大部件组成。其中，主机除包括功能意义上的主机以外，还包括电源和若干外部设备及接口部件。要把计算机的各主要部件组装到一起，首先必须要能够正确识别计算机的各主要硬件部件。下面从外形、性能指标等方面来认识各主要硬件部件。图1-4所示的是一个主机箱内部件图。

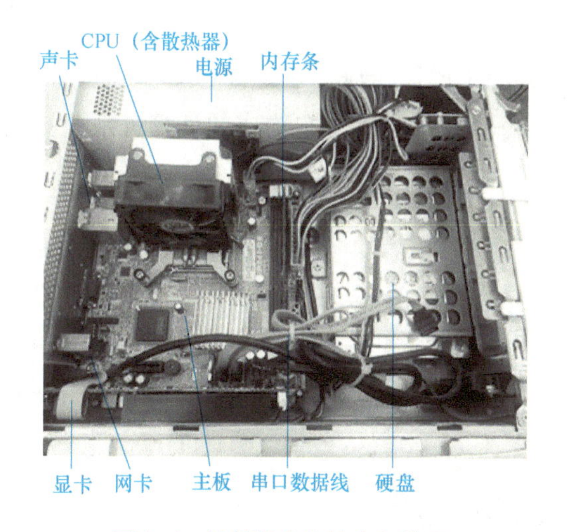

图1-4 计算机主机箱内部件图

一、主板

打开主机箱，位于主机箱底部的那块体积最大的电路板，就是整个系统的基石——主板，有时也称系统板（System Board）、母板。主板不仅是用来承载计算机关键设备的基础平台，也为其他部件之间的互连提供了一个桥梁。图 1–5 所示的是一种 ATX 结构的 MSI 主板。主机箱后面板的主板外部 I/O 接口如图 1–6 所示。

图1-5　ATX结构的MSI主板

图1-6　主板外部I/O接口

温馨提示

观察主板时，注意分清哪边对着主机箱的前面板（图1–5中的下边），哪边对着主机箱的后面板（图1–5中的上边）。不插CPU、内存条及其他控制卡的主板称为裸板。

二、CPU

主板上散热器风扇的底部安装有 CPU，当卸下散热器后，其底座上的四方形小部件就是 CPU—— 计算机的核心部件。CPU 的性能指标直接决定了由它构成的计算机系统的性能指标，其外观及内部结构如图 1–7 所示。

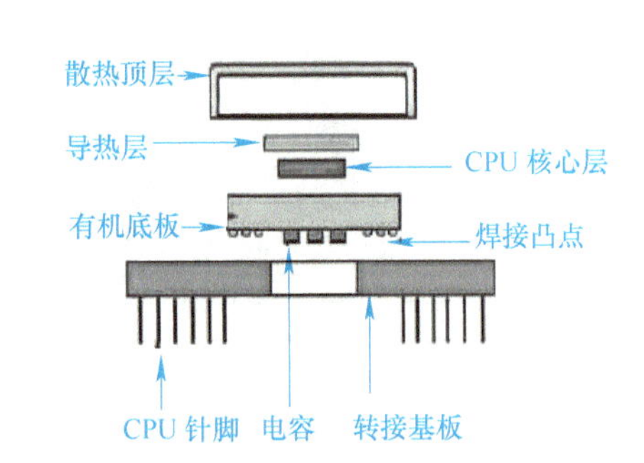

图1-7　CPU的外观及内部结构

温馨提示

识别CPU时，要注意CPU的一个带金三角的角，这是安装CPU时的一个方向参照点。

三、内存条

主板上距 CPU 不远处有至少两个较长的插槽，在插槽中插有一根较长、较薄的部件，那就是内存条，CPU 可以直接对其进行访问，其发展历程及外观如图 1-8、图 1-9 所示。

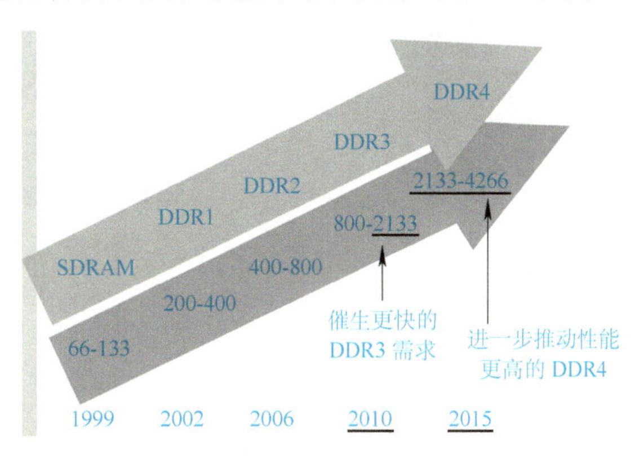

图1-8 内存条发展历程

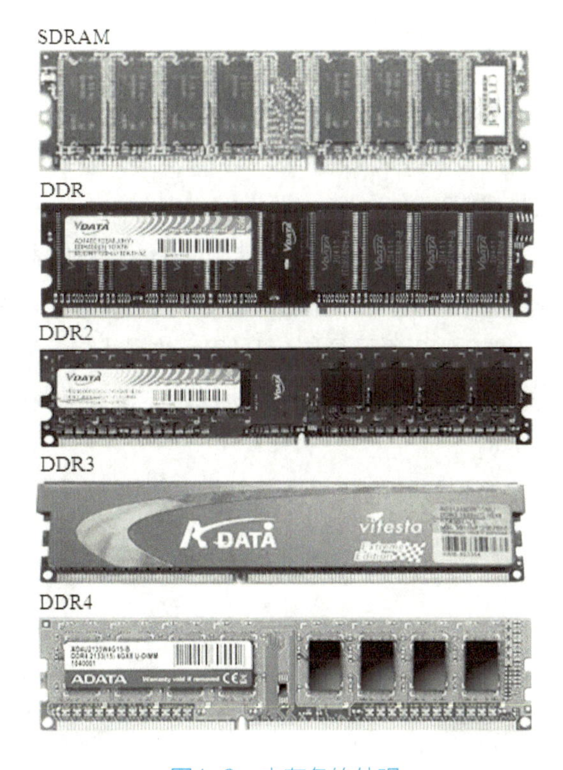

图1-9 内存条的外观

温馨提示

识别内存条时，注意观察内存条金手指上的凹槽位置，它通常不在中间，这样在安装时可以防止用户将内存条插反。

四、硬盘和光驱

在主板前面板内侧的铁质方格内，两边一般各由两颗螺钉固定，通常由一根数据线（有时用两根）连接到主板的 SATA 接口（老式计算机的使用 IDE 接口）上的两个部件，这两个部件分别是硬盘及光驱，其接口外观分别如图 1−10 和图 1−11 所示。图 1−10 中，①是硬盘的电源接口，②是硬盘的数据接口。

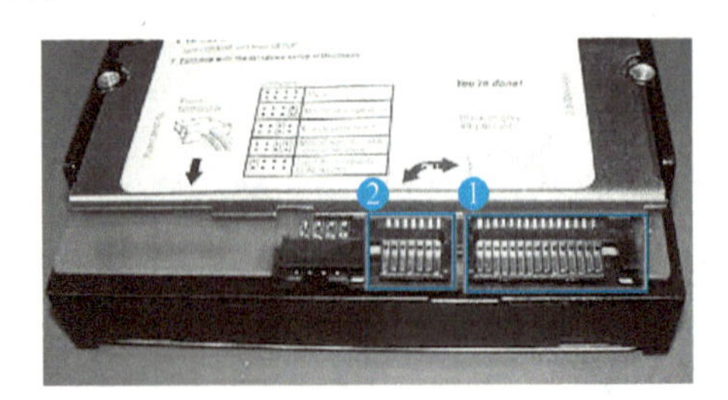

图1-10　硬盘的接口外观

图1-11　光驱的接口外观

温馨提示

观察硬盘和光驱时，注意观察其数据接口和电源接口以及跳线的对应位置。

PATA 硬盘称为并行 ATA 硬盘（Parallel ATA），它用一根 4 芯的电源线和一根 80 芯的数据线与主板相连接。由于数据是并列传输的，所以它的传输速率受到并行限制，故总体传输率较低，现已很少有人购买。

SATA（Serial ATA）硬盘又被称为串口硬盘。SATA 硬盘采用 7 芯的数据线，采用点对点传输协议，在数据线内部电缆数目有效减少的同时抗干扰能力进一步增强，硬盘性能也突破了 ATA 时代的瓶颈。SATA 的数据传输速度较快，散热性能较好。

数据线主要用来连接硬盘、光驱及软驱等部件到主板上。SATA 硬盘与 PATA 硬盘从外观上看虽然差不多，但主要的区别在于连接线上。SATA 硬盘数据线具有 7 个针脚，线宽较窄；PATA 数据线由于设置了主从盘跳线，故数据线较宽。图 1−12 所示是传统 PATA 数据线与 SATA 硬盘数据线。

在电源连接线上，由于 SATA 硬盘需要多种电压，所以总体输入电源线要有 15 个针脚；PATA 硬盘使用的是 D 形 4 针电源接口。

IDE 接口和 SATA 接口的硬盘数据线及电源连接线如图 1−13 所示。

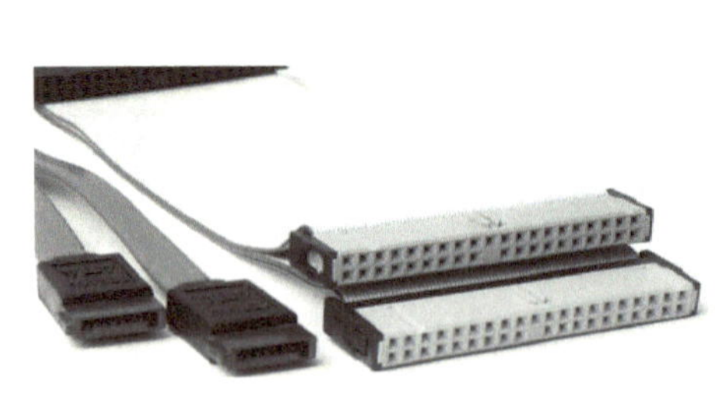

图1-12　传统PATA数据线与SATA硬盘数据线

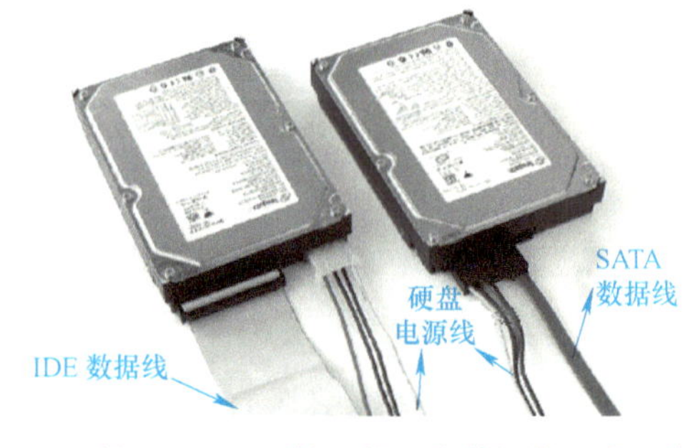

图1-13　IDE接口和SATA接口的硬盘数据线及电源连接线

在实际应用中，可以通过 IDE、SATA 转接线进行二者接口的相互转换。当然，目前越来越多的是使用 SATA 接口。

温馨提示

观察并行ATA硬盘的80芯数据线及SATA硬盘的7芯数据线时，注意把握数据线边缘的不同颜色代表的含义。注意IDE接口数据线及SATA接口数据线的不同，观察两类不同数据线的接口形状，注意安装时的接口方向。

五、显卡和显示器

显示卡又称显示适配器（Display　Adapter），俗称显卡，通常安装在主板上的一个扩展插槽内，连接主板和显示器，控制显示器的显示方式（如颜色、分辨率等）。目前常见的显卡类型有 PCI、AGP 和 PCI-Express 等，多为图形加速卡。其中，PCI-Express 显卡是当前最流行的显卡。一种典型的显卡与显示器的外观如图 1-14 所示。

图1-14　显卡与显示器的外观

温馨提示

观察显卡时，注意观察其数据接口的形状与位置。观察显示器时，注意观察其数据接口和数据电缆插口的形状，以及电源接口的位置和数据线缆的插头。

六、声卡和音箱

随着多媒体技术的广泛应用，在计算机上安装声卡和音箱，就拥有了一台有声的多媒体计算机。声卡的主要作用是采集和播放声音，音箱的主要功能是得到一个更好的音效。声卡有独立声卡与集成声卡之分，现在许多主板已经集成了 AC97 系列声卡，也就不需要额外安装独立的声卡了（除非想将计算机用于图形图像与视频处理、玩 3D 游戏等）。一种典型的声卡与外接设备如图 1-15 所示。

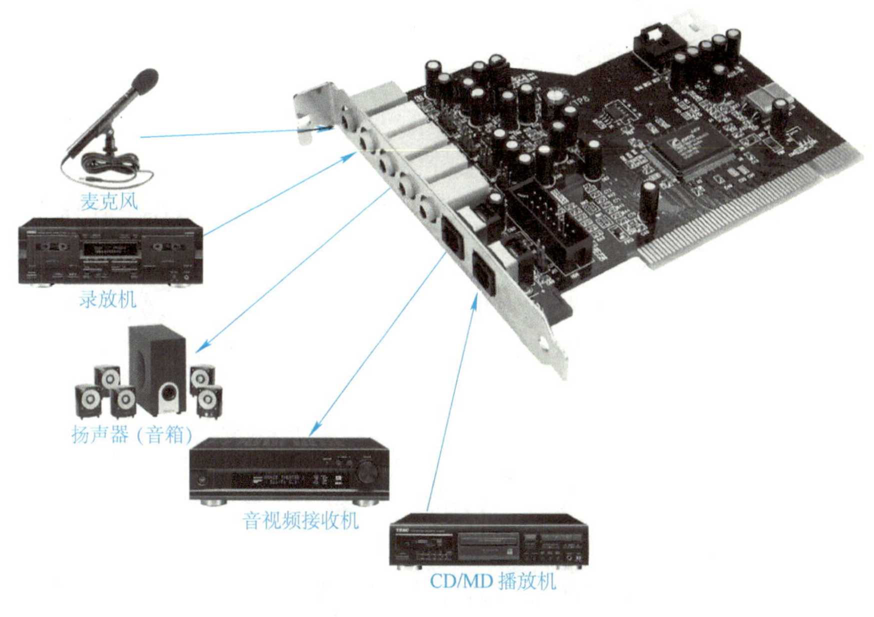

图1-15　声卡与外接设备

温馨提示

观察声卡时，注意观察其各个信号接口的形状、颜色与位置，并留意各个信号接口旁边的标识。观察音箱时，注意观察其背面的各个信号接口的形状、颜色与位置，并注意与声卡的各个信号接口的形状、颜色相联系。

七、机箱和电源

机箱由金属体和塑料面板组成，所有系统部件均安装在机箱内；面板上一般配有工作状态指示灯和控制开关；机箱后面有电源接口、键盘与鼠标接口，以及连接显示器、音箱、打印机和串行口通信的相关接口（插座）。机箱有很多种类型，现在市场上比较常见的是 AT、ATX、Micro ATX 以及最新的 BTX（Balanced Technology Extended）。AT 机箱的全称是 BaBy AT，主要应用到只能支持安装 AT 主板的早期机器中。ATX 机箱是目前最常见的机箱，支持现在绝大部分类型的主板。Micro ATX 机箱是在 ATX 机箱的基础之上改进的，为了进一步地节省桌面空间，因而比 ATX 机箱体积要小一些。各种类型的机箱只能安装其支持的类型的主板，一般是不能混用的，而且电源也有所差别。

电源是安装在一个金属壳体内的独立部件，其作用是为系统中的各个部件提供工作所需要的电源。机箱中的电源主要有两类：老式的 ATX 电源和新型的 ATX 电源。

一种典型的标准立式 ATX 机箱及电源外观分别如图 1-16、图 1-17 所示。

图1-16　标准立式ATX机箱外观

图1-17　标准立式ATX电源外观

温馨提示

1）观察机箱时，注意观察其内部计算机各部件的相对位置，并注意其前后面板上的按钮及指示灯的位置及作用。观察电源时，注意观察其各个电源插头的形状及数量。

2）BTX是Intel定义并引导的桌面计算平台新规范。该架构可支持下一代计算机系统设计的新外观，能够在散热管理、系统尺寸和形状、噪声方面实现最佳平衡。其特点：支持Low-profile，即窄板设计，系统结构将更加紧凑；针对散热和气流的运动，对主板的线路布局进行了优化设计；主板的安装将更加简便，机械性能也将经过最优化设计。BTX架构分为3种，分别是标准BTX、Micro BTX和Pico BTX。

八、键盘和鼠标

键盘（Keyboard）是计算机中重要的输入设备。用户的各种命令、程序和数据都可以通过键盘输入计算机中。用户可通过敲击键盘上的各个按键，向计算机输入需要处理的信息。常见的键盘有大口键盘、小口键盘、USB 口键盘、人体工学键盘、带手写板键盘等，种类繁多，性能各异。

鼠标（Mouse）是输入设备中除键盘之外的另一种常用的输入设备，作为一种屏幕标定位置设备，在图形处理方面的功能比键盘方便得多，是 Windows 下非常重要的输入设备。常见的鼠标有机械式和光电式鼠标、两键鼠标和三键鼠标、PS/2 口和 USB 口鼠标等。

一种典型的键盘与鼠标的外观如图 1-18 所示。

图1-18　键盘与鼠标外观

温馨提示

观察键盘和鼠标时，注意观察其电缆信号接口的形状与颜色，并注意与主板背面的键盘接口和鼠标接口相对应。

九、网卡和路由器

网卡也称网络接口卡（Network Interface Card，NIC），是计算机与局域网线路连接的关键部件，可将它插入主板的扩展槽并为其安装相应的驱动程序，利用它提供的网络线路接口就可以实现计算机与局域网的连接与通信，如图 1-19 所示。

图1-19　网卡

路由器（Router），又称网关（Gateway）设备，是连接因特网中各局域网、广域网的设备，它会根据信道的情况自动选择和设定路由，以最佳路径按前后顺序发送信号。路由器是互联网络的枢纽、“交通警察”，是网络层的一种互联设备。目前，路由器已经广泛应用于各行各业，各种不同档次的产品已成为实现各种骨干网内部连接、骨干网间互联和骨干网与互联网互联互通的主力军。图 1-20、图 1-21 所示是企业级路由器和家用无线路由器示意图。

温馨提示

观察网卡时，注意观察其信号接口的形状与位置。

图1-20 企业级路由器

图1-21 家用无线路由器

十、计算机外围设备

对于计算机硬件系统的组成部分，除了以上介绍的各个部件，在实际应用中还有很多外围设备，如打印机、扫描仪等，这些也是人们在日常生活、工作和学习中经常接触、使用的设备，应了解其基本功能，能够熟练使用这些设备。

1. 打印机

打印机（Printer） 是由约翰 • 沃特、戴夫 • 唐纳德合作发明的。它是计算机的输出设备之一，用于将计算机的运算结果或中间结果以人所能识别的数字、字母、符号和图形等依照规定的格式打印在相关介质上。衡量打印机好坏的指标有 3 项：打印分辨率、打印速度和噪声。打印机的种类很多，按打印元件对纸是否有击打动作，分击打式打印机与非击打式打印机。按打印字符结构，分全形字打印机和点阵字符打印机。按一行字在纸上形成的方式，分串式打印机与行式打印机。按所采用的技术，分柱形、球形、喷墨式、热敏式、激光式、静电式、磁式、发光二极管式等打印机。打印机正向轻、薄、短、小、低功耗、高速度和智能化、网络化方向发展。图 1–22 所示是一款 HP（惠普）激光打印机外观。

图1-22 HP（惠普）激光打印机外观

2. 扫描仪

扫描仪（Scanner）是利用光电技术和数字处理技术的以扫描方式将图形或图像信息转换为数字信号的装置。扫描仪通常被用于计算机外部仪器设备，是可通过捕获图像并将之转换成计算机可以显示、编辑、存储和输出的数字化输入设备。扫描仪可将照片、文本页面、图纸、美术图画、照相底片、菲林软片，甚至纺织品、标牌面板、印制板样品等三维对象作为扫描对象，提取并将原始的线条、图形、文字、照片、平面实物转换成可以编辑的文件。扫描仪属于计算机辅助设计（CAD）的输入系统中的设备，适用于办公自动化（OA），广泛应用在标牌面板、印制板、印刷行业等。图 1–23 所示是一款 Epson（爱普生）扫描仪外观。

3. 复印机

19 世纪初，英国伯明翰的詹姆斯·瓦特发明了文字复制机（Letter Copying Machine），是数码复印机的前身。复印机的发明人是查斯特·卡尔森（Chester Carlson）。复印机是指静电复印机，它是一种利用静电技术进行文书复制的设备。复印机属模拟方式，只能如实进行文献的复印。今后，OfficeMate 办公伙伴的复印机将向数字式复印机方向发展。

数字式复印机将使图像的存储、传输以及编辑排版（图像合成、信息追加或删减、局部放大或缩小、改错）等成为可能。它可以通过接口与计算机、文字处理机和其他微处理机相连，成为地区网络的重要组成部分。按工作原理，复印机可分为光化学复印、热敏复印、静电复印和数码激光复印 4 类。多功能化、彩色化、廉价和小型化、高速仍然是重要的发展方向。图 1–24 所示是一款 brother（兄弟）复印机外观。

图1-23 Epson（爱普生）扫描仪外观

图1-24 brother（兄弟）复印机外观

十一、移动存储设备

1. U 盘

U 盘，全称 USB 闪存盘，英文名“USB Flash Disk”，简写为 UFD。它是一种使用 USB 接口的无需物理驱动器的微型高容量移动存储产品，通过 USB 接口与计算机连接，实现即插即用，是移动存储设备之一。一般的 U 盘容量有 2GB、4GB、8GB、16GB、32GB、64GB（1GB 已没有了，因为容量过小），除此之外还有 128GB、256GB、512GB、1TB 等。

U 盘的优点是便于携带、存储容量大、价格便宜、性能可靠等。随着 U 盘功能的不断丰富，其应用也越来越广泛，市场上开发出更多功能的 U 盘：加密 U 盘、启动 U 盘、杀毒 U 盘、测温 U 盘和音乐 U 盘等。现在市面上出现了许多支持多种端口的 U 盘，即三通 U 盘（USB 计算机端口、iOS 苹果接口、安卓接口）。一般的 U 盘外观如图 1–25 所示。

图1-25 一般的U盘外观

2. 移动硬盘

移动硬盘（Mobile Hard Disk）是以硬盘为存储介质、用于计算机之间交换大容量数据、突出便携性特点的存储产品。市场中的移动硬盘能提供的容量有 320GB、500GB、600G、640GB、900GB、1000GB（1TB）、1.5TB、2TB、2.5TB、3TB、3.5TB、4TB 等，最高可达 12TB 的容量。

移动硬盘（盒）的尺寸有 1.8 寸、2.5 寸和 3.5 寸 3 种。2.5 寸的移动硬盘盒可以使用笔记本计算机硬盘，2.5 寸移动硬盘盒体积小，重量轻，便于携带，一般没有外置电源。3.5 寸的硬盘盒使用台式计算机硬盘，体积较大，便携性相对较差。3.5 寸的硬盘盒内一般都自带外置电源和散热风扇。

移动硬盘大多采用 USB、IEEE 1394、eSATA 接口，能提供较高的数据传输速率，能以较高的速率与系统进行数据传输。不过移动硬盘的数据传输速率在一定程度上还受到接口速率的限制，尤其在 USB 1.1 接口规范的产品上，在传输较大数据量时，将考验用户的耐心。而 USB 2.0、IEEE 1394、eSATA 移动硬盘接口就相对好很多。USB 2.0 接口的传输速率是 60MB/s，USB 3.0 接口的传输速率是 625MB/s，IEEE 1394 接口的传输速率是 50 ～ 100MB/s。

移动硬盘的发展趋势是：体积趋向最小化，容量最大化，数据存取速度快，整合多种技术，外观精致。一般的移动硬盘外观如图 1-26 所示。

图1-26 一般移动硬盘外观

任务实施

当前，使用计算机的用户一般对软件比较熟悉，对计算机的硬件了解并不多。当使用的计算机硬件系统出现故障，或者自己需要购买计算机时，都需要对计算机的硬件系统有一定的了解，这样才能选购到性价比最优的计算机。

个人用户在组装计算机前，必须了解计算机的有关性能指标，这样才能明确装机目标，制订出合理的计算机配件的选购策略。

一、了解计算机性能指标

计算机性能的好坏不是由某项指标决定的，而是由它的系统结构、指令系统、硬件组成、软件配置等多方面的因素综合决定的。对于大多数普通用户来说，可以从以下几个指标来大体评价计算机的性能。

1. 运算速度

运算速度是衡量计算机性能的一项重要指标。通常所说的计算机运算速度（平均运算速度）是指每秒钟所能执行的指令条数，一般用“百万条指令 / 秒”（Million Instruction Per Second，MIPS）来描述。同一台计算机，执行不同的运算所需的时间可能不同，因而对运算速度的描述常采用不同的方法。常用的有 CPU 时钟频率（主频）、每秒平均执行指令数（IPS）等。微型计算机一般采用主频来描述运算速度，通常显示为 X.X GHz。一般说来，主频越高，运算速度就越快。

2. 字长

计算机在同一时间内处理的一组二进制数称为一个计算机的“字”，而这组二进制数的位数就是“字长”。在其他指标相同时，字长越大，计算机处理数据的速度就越快。

3. 内存储器的容量

内存储器，简称主存，是 CPU 可以直接访问的存储器。需要执行的程序与需要处理的数据就是存放在主存中的。内存储器容量的大小反映了计算机即时存储信息的能力。随着操作系统的升级，应用软件的不断丰富及其功能的不断扩展，人们对计算机内存容量的需求也不断提高。内存容量越大，系统功能就越强大，能处理的数据量就越庞大。

4. 外存储器的容量

外存储器容量通常是指硬盘容量（包括内置硬盘和移动硬盘）。外存储器容量越大，可存储的信息就越多，可安装的应用软件就越丰富。目前，硬盘容量一般为 500GB ～ 1TB，以后存储容量还会更大。

以上只是一些主要的性能指标。除了上述这些主要的性能指标外，微型计算机还有一些其他指标，例如，所配置外围设备的性能指标以及所配置系统软件的情况等。另外，各项指标之间也不是彼此孤立的，在实际应用时应该把它们综合起来考虑，而且还要遵循“性能价格比最优”的原则。

二、计算机部件选购技巧

要购买计算机，为了保证能选购到性价比最优的机器，应注意一些选购常识。首先要确定预算，够用为先。在购买时最好去正规场所，售后服务有保证。最后就是结账时要求开收据和发票，让商家写清楚硬件的型号和主要技术参数，以作为保修凭证。

1. 主板的选购

主板外观如图 1–27 所示。

图1-27　主板外观

选购时要注意以下事项：

1）看厚度，做工好的一般比较厚，不过现在的主板大多在厚度上只有稍微的差别。

2）看层数，主板是由很多层组成的，多层的主板其线路的设计会比较好。

3）看布线是否合理。

4）看主板各种芯片的生产日期，虽然主板没有过期的说法，不过芯片的生产日期越近，它支持的功能越多，一般勿过 3 个月。

5）看主板的外观和电池，看电池是否生锈，看主板是不是有污点，看螺钉的洞口是不是有拧过的痕迹。

6）看扩展插槽是否比较牢靠。

2. CPU 的选购

目前市面上的主流 CPU 都是 Intel 和 AMD 的产品。CPU 种类繁多，情况复杂，存在假货和水货。

下面介绍几种 CPU 的鉴别方法。

1）软件法：软件测试是一种比较保险的方法。

2）观察法：正品 CPU 塑料外壳上的“Intel”字迹应清晰可辨，正反面都如此。一定要注意处理器的外壳是否完好无损，是否被人打开过。假货上的字体明显比正品的粗且颜色不对，可以明显看出是白色和黑色调出的灰色，很不顺眼，真货字体比较细、清晰，而且颜色不是单纯的灰色。

CPU 的选购一定要先了解主板类型，根据主板的类型来选购。

3. 内存的选购

内存是连接 CPU 和其他设备的通道，起到缓冲和数据交换的作用。内存的技术指标一般包括引脚数、容量、速度、奇偶校验等。选购适合机器的内存条需要一定的技巧。

一是要区分台式计算机和笔记本计算机，并确定主板类型，根据主板上提供的内存插槽来选购与主板兼容的内存条。

二是选择底板（PCB 板）较厚的内存条。

三是选择表面文字清晰且具有优质的内存颗粒的内存条。

四是选择金手指光滑程度较高的内存条。

五是根据工作电压、工作频率、插槽类型等选购内存条。

4. 硬盘的选购

（1）转速及单碟容量

影响硬盘性能的重要指标之一是硬盘自身的传输速度，相关速度指标很多，如平均搜寻时间（Average Seek Time，磁头移动到数据所在磁道需要的时间）、平均存取时间（Average Access Time，读取扇区、磁道所花的时间）等，其中最重要的两个因素是转速与单碟容量。

单碟容量是仅次于硬盘转速的重要因素。单碟上的容量越大代表扇区间的密度越大，加上硬盘在写入数据至磁道时是以连续的方式进行的，所以如果能将所写入的数据皆集中于单碟上，在读取时就能提升硬盘持续数据的传输速度了。

（2）缓存

硬盘缓存就像一个临时的仓库，当硬盘在运作时，会将磁信号、电信号转换，然后填满缓冲区、清空缓冲区，不断地循环，并按照主板上的 PCI 总线周期将数据传送出去，因此理论上缓冲区越大越好。

（3）接口规格

传输速度是硬盘重要的参考指标，而传输速度又可分为接口规格的传输速度与硬盘本身的传输速度。接口的传输速度是指硬盘与主板之间的传输频宽。目前，主流硬盘市场处于并行与串行两种规范并存的局面。

拓展任务

一、装机 DIY

根据自身对计算机系统知识的认知水平，结合所掌握的计算机各硬件部件功能、性能指标及选购方法等知识，通过在线攒机平台，进行装机 DIY 操作，分别完成经济实惠型、学习家用型、网吧游戏型、商务办公型、疯狂游戏型、图形音像型及豪华发烧型等方案的装机配置报价单制作。

1. 制订装机方案

随着技术的发展，计算机的各种硬件部件在性能上不断提升，组装一台计算机时，应合理选择相互兼容的硬件并安装操作系统和应用软件。

现实生活中，很多用户在选购计算机的过程中过分追求新产品、高性能，导致计算机的性价比不高，造成资源和资金的浪费，不能充分发挥计算机的性能。作为计算机的用户，在选购计算机前要根据使用需求及资金预算情况，并遵循必要的原则，制订出科学合理的计算机硬件系统配置方案和规范的装机配置单。

（1）计算机整机装配原则

1）够用原则。

用户在选购计算机时不要一味求新、求贵，要充分考虑自己的预算，明确自己可以承受的价格，从而选择高性价比的计算机。

2）适用原则。

用户在选购计算机前要根据自身的实际需求，明确个人用途，从而确定最优的装机配置方案。

3）好用原则。

对于组装的计算机，用户要充分考虑计算机的各个部件之间的兼容性。计算机的易用性要好。

4）耐用原则。

耐用原则一方面要求计算机的“健康与安全”，另一方面强调计算机的可扩展性。

5）受用原则。

选购计算机时，要充分考虑品牌、服务和价格等方面的因素，尽量选择性价比高、售后服务好的产品。

（2）计算机选购类型和用途分类

1）计算机的选购类型。

用户应根据需求选购台式机、笔记本计算机还是一体机等。笔记本计算机具有体积小、重量轻、携带方便等优点，但相对于台式机而言，同样性能的计算机，笔记本计算机的价格要比台式机昂贵很多。台式机具有价格便宜、拆装方便等优点，缺点是其比较笨重、不宜携带。而一体机是目前台式机和笔记本计算机之间的一个新型的市场产物，它是将主机部分、显示器部分整合到一起的新形态计算机，其内部的元件高度集成，比一般的台式机节省空间，价格适中，可移动性好。其缺点是难于升级和更换硬件。所以，在实际应用中，建议需要使用计算机进行移动办公及学习的用户选择笔记本计算机；而注重性价比且要求计算机处理速度快的用户选择台式机或一体机。

另外，还应根据需求选购品牌机还是组装机。品牌机由计算机生产商进行装配、整体销售，在质量上有保障，稳定性相对较高，售后服务有保障。组装机的各个部件可根据用户的要求随意搭配，由商家进行安装调试。组装机的性价比较高，但在质量和服务上与品牌机相比有一定差距。

2）计算机用途分类。

选购计算机时应首先考虑计算机的用途。当前，结合计算机在人们的生活、工作和学习中的应用实际，可以把计算机的用途归纳为学习家用、网吧游戏、商务办公、图形图像设计等方面。围绕计算机的用途，一般可以分为经济实惠型、学习家用型、网吧游戏型、商务办公型、图形音像型等。

2. 模拟装机—— 市场调查与制定装机配置单

组装计算机要遵循够用为度的原则，按自己的需求量身定制最优性价比的计算机。如在选购机箱时，要注意内部结构合理化，便于安装等。电源质量关系到计算机整体稳定运行效果，对目前使用的计算机来说，其输出功率不应低于350W。同时要根据实际情况，即个人用途和经济情况确定计算机的档次。

表 1–3 所示是装机配置单，读者可以自行开展市场调查并制作一个较高性价比的装机配置单。

表 1-3 装机配置单

配件名称	型号及性能参数	价格（元）
CPU		
主板		
内存		
硬盘		
显卡		
声卡		
显示器		
光驱		
机箱电源		
键盘、鼠标		
网卡		
音箱		
总价格		

二、计算机组装流程

通过对计算机各主要硬件部件的学习，读者已经基本能够识别各硬件部件，并能正确地通过相关数据线、电源线等将各硬件部件进行安装。为了能够更好地掌握主要知识，读者可根据图 1–28 所示的硬件部件来自行进行组装，并将相关过程记录到实训报告中。

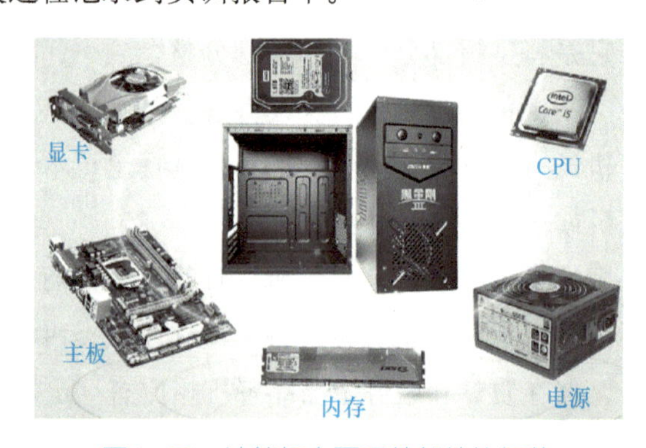

图1-28 计算机主要硬件部件的组装

1. 计算机组装基本步骤

要组装一台性价比较高、稳定性较好的计算机，用户应对组装的步骤有所了解。

（1）收集市场信息，制订装机计划

随着计算机技术的发展，计算机各配件的更新速度越来越快，因此在组装计算机之前，用户要认真了解计算机市场信息以及计算机产品的新技术，制定初步的硬件配置表，根据预算来制订采购方案。市场信息的收集可通过浏览一些网站，如中关村在线、IT168等，从而获取最新的内容。

（2）采购

按照制订好的方案采购，采购时应注意配件是否是原包装（未拆封）、配件与包装盒上标明的是否一致，要询问清楚配件的保修、包换时间等。

（3）组装

采购好所有的配件，就可组装计算机。打开配件包装后，注意保存好所有配件的保修单。目前，用户在购买计算机时，一般都是由商家在现场进行软硬件的安装与配置等工作。

（4）硬盘初始化与操作系统安装

新组装的计算机一般首先进行CMOS参数设置，然后对硬盘进行初始化，即分区格式化，最后安装操作系统。目前，安装的操作系统一般是Windows 10/11或Linux等。

（5）驱动程序的安装

操作系统安装完毕后，一般要安装主板、显卡、声卡、网卡等硬件的驱动程序，然后重新启动计算机，系统检测正常后，就可以安装用户所需要的应用软件了。

（6）安装应用软件

安装常用的办公自动化软件、工具软件、杀毒软件、游戏软件等。

（7）做好系统备份

使用工具软件对系统盘（一般为C盘）进行整体备份，以便日后系统发生问题时及时恢复。

（8）进行72h拷机

配件若有问题，在72h的拷机中会被发现。发现配件质量问题，用户应及时和商家联系。

2．计算机维修常识

用户对计算机故障进行维修之前，应具备一定的计算机硬件知识，准备好螺钉旋具、尖嘴钳、镊子、万用表等工具，同时应注意以下一些事项：

1）对所有的板卡及配件都要轻拿轻放，使用螺丝刀时用力要适中。

2）在接触计算机配件前，最好先用手摸一下别的金属物品或洗手，以放掉身上的静电。

3）不可在带电情况下进行配件的插拔，避免烧毁重要元器件。

4）在接插电源线时，一定要注意方向不能弄反，否则极易烧毁硬盘、光驱等。

知识巩固与提高

1．自1946年诞生第一台电子数字计算机（ENIAC）以来，计算机的发展经历了哪几个重要阶段？各阶段计算机的典型特点是什么？

2．计算机可按系统功能、性能或体系结构等分类，请根据自己对计算机的认知简述计算机的分类。

3．计算机系统在逻辑上由哪些部分组成？

4．计算机中的硬件系统一般包括哪几个部分？

5．计算机中的软件系统如何理解？

6．计算机的典型特点有哪些？在哪些领域有应用？

7．请根据自己对计算机系统的认知，列举计算机的硬件部件和软件。

8．组装计算机要做好哪些准备工作？

9．硬盘的跳线有何作用？

10．你所见到的显卡总线接口是什么？显卡的输出接口有哪些？

11．主板上一般有哪些控制线？

12．在选购主板、CPU、电源与主机箱等部件时应注意哪些事项？

学习单元 2

装配计算机硬件系统

单元情景

MicroCloud365团队成员在为用户选配好合适的计算机后，还要进行计算机整机的装配及调试。团队成员除了负责为用户提供计算机硬件部件识别与选购技巧服务外，还要把装配成功的计算机交到其手中。前期在专业指导老师的带领下，团队各位成员对硬件知识已经有了一定的了解，已经能够为不同需求的用户配置让其满意的计算机。但是开机后怎么让计算机能够立即开始工作，以及在开机调试的过程中显示屏出现了一些出错提示该怎么解决呢？经过专业老师的指导，MicroCloud365团队成员明白了仅仅掌握硬件的基本配置还不够，还要对计算机硬件的各接口及功能有更为细致的了解，才能避免因硬件安装不当造成的一些错误及硬件损坏等故障。

学习目标

- 了解装机前的准备工作及注意事项
- 掌握计算机主机部件的安装
- 熟悉计算机外设的安装
- 掌握计算机硬件部件的拆卸

任务1 安装最小系统

任务描述

对于用户新购置的配件，并不能马上为其进行组装测试。在DIY装机前，首先要做的是对主要部件进行一次安装和测试，即安装最小系统，并利用最小系统法检测计算机的CPU、主板、内存、电源等主要部件能否正常工作。下面就和MicroCloud365团队成员一起为用户来安装及测试最小系统吧。

任务分析

最小系统的安装，也是计算机硬件部件的组装，在安装前必须要做好必要的准备工作，包括安装场地及工具的准备，之后按照一定的操作规程去安装，尽量避免因操作不当造成的硬件损坏。在最小系统安装完毕后，加电测试组成最小系统的各硬件能否正常启动。

知识准备

一、安装前的准备

计算机安装前的准备工作通常分为安装场地及工具准备、安装配件准备两部分。

1. 安装场地及工具的准备

安装场地要宽敞、明亮，工作台要平整、防静电，电源电压要稳定。

常用工具如图2–1所示。

1）十字螺丝刀。

2）实用吸球。

3）镊子。

4）钳子。

5）散热膏。

6）器皿。

7）软毛刷。

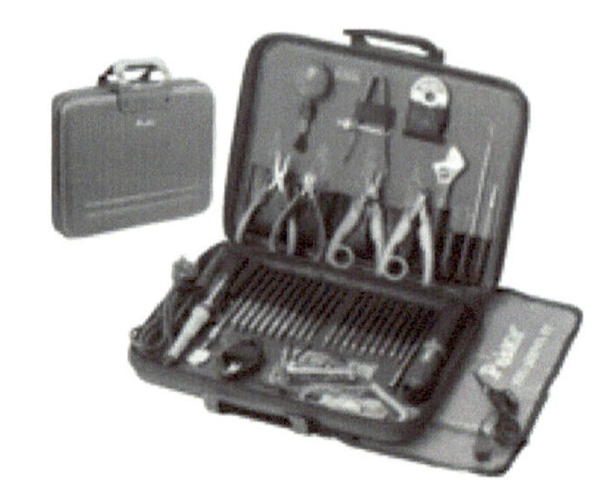

图2–1 常用工具

2. 安装配件的准备

按事先拟好的配置方案购买好所有的配件，并详细地写明各配件名称、品牌型号和价格。

安装前，首先将计算机配件、产品说明书和驱动程序光盘分别摆放在防静电的工作台上，然后取下配件上各种残留的绝缘胶带、泡沫材料，并取出其他各种固定件，同时将附赠的螺钉和铜柱摆放在工作台上。

从外观上检查盒装产品是否有拆封的痕迹，散装部件有无拆卸、拼装的痕迹，重点检查部件表面是否有划痕，保证配件完好。

二、计算机安装注意事项

1）不能带静电安装。

安装前，首先要去除身上的静电，可以用手摸一下机箱的金属外壳，或者用水洗洗手；其次，在安装、拆卸计算机配件的过程中，要使计算机电源处于断电的状态，可以拔掉电源上的电源线，或关闭电源插座上的电源，以避免硬件损坏。

2）不能粗暴安装。

安装时各个配件要轻拿轻放，避免因碰撞损坏。

具体安装时，应先检查并分析各板卡及线缆的正确固定方法，看清周边配件的状况。如果不能插入或无法固定，则不宜用大力勉强安装，应仔细查找原因，以避免损坏配件。

3）加电测试前全面检查。

检查CPU风扇、显卡、内存条等配件安装是否到位，检查主板上的跳线连接是否正确，检查各配件的信号线与电源线是否接好，检查机箱内是否有螺钉等杂物。

4）防止液体进入计算机内部，以免造成短路等损坏。

5）插拔时不要抓住线缆拔插头，以免损伤线缆。

6）待安装配件及螺钉等要有序摆放。

任务实施

一、最小系统的组成

进行整机装配前，应利用最小系统法测试各个配件的兼容性。所谓最小系统，即由CPU（包括风扇）、主板、内存、显卡、显示器、电源等配件组成的系统。组装时，如果最小系统可以正常开机工作，则说明计算机主机部件工作正常，再利用逐步添加法依次添加硬盘等外部设备。

二、安装各配件

1. 安装CPU

这里以在微星B250系列主板上安装Intel Core i5 系列CPU为例，简要描述CPU安装过程。所用主板及CPU如图2-2所示。

图2-2 主板和CPU

安装主板和CPU前，应先释放静电，并将主板及CPU放在绝缘的泡沫或海绵垫上。安装时，处理器上印有三角标识的那个角要与主板上印有三角标识的那个角对齐，然后慢慢地将处理器轻压到位。具体步骤如下。

步骤1： 将插座侧边的固定拉杆拉起，约与插座成90° 角，将金属上盖打开，确认主板上的CPU插槽凸角位置及CPU的凹角位置，凹凸对应，然后将CPU平放入插槽内，如图2–3所示。

步骤2： 确认CPU已经插入CPU插座后，盖上CPU金属上盖，将拉杆压回卡住，将CPU固定在CPU插座上（Intel公司的LGA775/1155/1156/1356架构的CPU安装方法与此类似），如图2–4所示。

图2–3　CPU安装标志

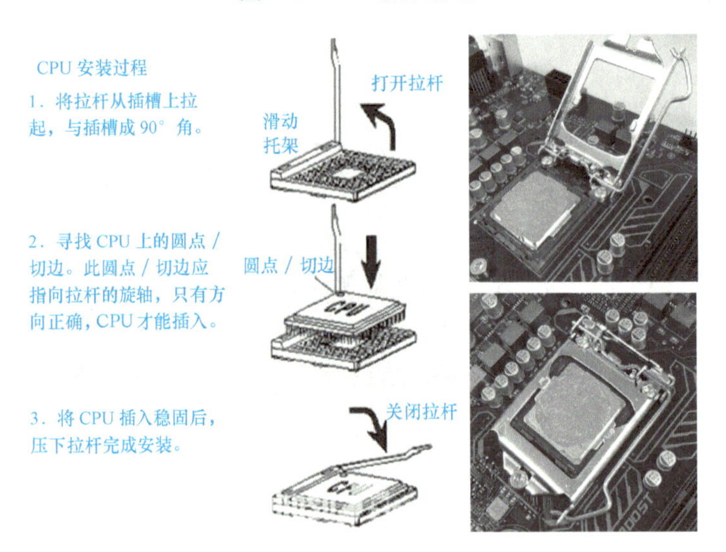

图2–4　CPU安装过程

温馨提示

安装或拆卸CPU时，要直拿直放，不要用手触摸CPU插座的金属触点。

CPU侧面的手柄一定要拉至大于90° 位置。

CPU只能沿一个方向正确安装。注意，CPU插座的缺角位置应和CPU金三角的位置对齐。

不要用力按压CPU，以免损坏CPU和插槽的触点，造成不可挽回的部件损坏等损失。

2．安装CPU散热风扇

随着CPU工作频率的不断提升，工作负荷越来越大，所产生的热量也越来越多，安装散热风扇也就必不可少了。不同系列的CPU安装不同的风扇，主要表现在散热效果上，建议采用原装风扇。安装步骤如下，如图2–5所示。

步骤1：在CPU芯片上均匀涂抹散热硅胶，使CPU与散热器良好地接触，保证CPU能稳定地工作。有的散热器本身附带散热硅胶，此时不需要涂抹。

步骤2：将散热器底座的4个支脚对准主板相应的位置，先向下压紧，然后顺时针拧紧。

步骤3：固定好散热风扇后，还要将散热风扇的电源线整理好，再将散热风扇电源线接到主板上标有“CPU_FANS”标识的电源供电接口上。

图2-5 安装CPU散热风扇

3. 安装内存

目前内存条最新代数为DDR5，因其价格较高，目前主流装机配置内存仍是DDR4，如图2-6所示。

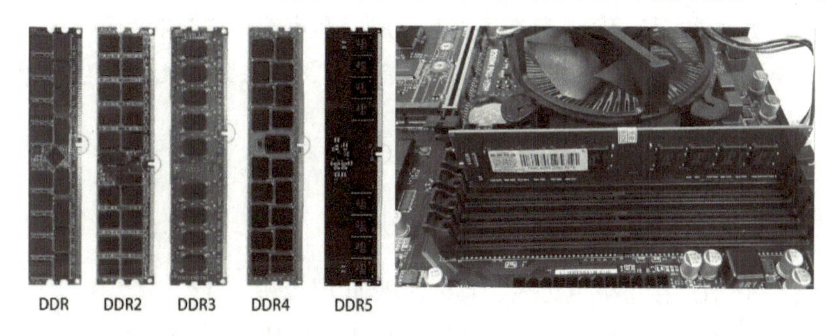

图2-6 安装内存

安装前，首先检查内存条是否有打磨过的痕迹，内存条的金手指是否有划痕或歪斜等。如果没有，就顺着防呆接口用力按下内存，卡扣就会自动把内存从两边卡住。取下时，只要用力按下插槽两端的卡子，内存就会被推出插槽了。

温馨提示

安装内存条时不要用力太猛，以免掰坏线路和插槽。

内存条接口设计不对称，其金手指的缺口应和内存条插槽上的位置相对应。

为便于散热，内存条尽量不要与CPU靠得太近。

不同规格内存条的工作速度及性能参数不同。两种不同规格的内存条尽量不要同时使用，以免造成系统的不稳定。

安装双通道内存条时，将内存条安装在同一种颜色的内存插槽上才能组成双通道，提高内存频率带宽。否则，可能会导致系统不稳定，甚至无法启动。

4. 安装适配卡并连接电源线和数据线

适配卡是指安装在机箱内部扩展插槽上的板卡，包括显卡、声卡、网卡，安装方法基本一致。安装前，需要从机箱的背板去除对应的插槽档板，再进行安装，如图2-7所示。下面以显卡安装为例进行说明。

具体步骤如下。

步骤1：从机箱背板上移除对应PCI-E插槽上的扩充档板。

步骤2：将显卡对准PCI-E插槽并确保插入PCI-E槽中。注意：务必确认显卡上金手指的金属触点与PCI-E插槽接触在一起。

步骤3：用螺钉固定显卡。

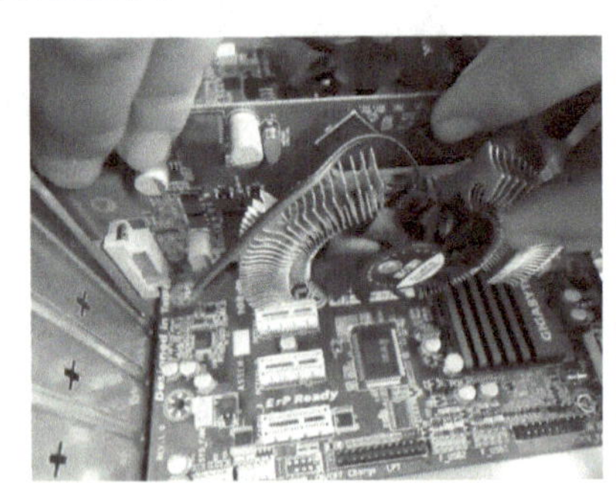

图2-7　安装适配卡

温馨提示

为便于散热及维护方便，板卡间要留有足够的空间，尽量不要在紧邻的两个插槽上都插上板卡。

显卡、声卡、网卡在主板上的对应扩展槽内安装好后，还必须安装驱动程序才能正常工作。有关驱动程序的安装方法将在后续章节中予以介绍。

5．连接主板电源线

主机部件安装好后，还需连接主板电源线。具体步骤如下。

连接ATX主板电源线及CPU专用电源线，如图2-8所示。先从机箱电源输出插头中找到20芯或者24芯的主板电源插头，再从主板上找到对应主板电源插座，两者对准插到底并使用塑料卡子卡紧，以防止电源线脱落。

从电源输出插头中找到4芯或8芯的CPU专用电源插头，插到主板的CPU专用电源插座上。

图2-8　连接ATX主板电源线及CPU专用电源线

温馨提示

电源插头和主板上的电源接口用塑料卡子指示方向，只要将主板插头和对应电源接口的塑料卡子方向对准插入即可。如果方向错误，那么电源插头无法插入对应的电源接口中。

6. 测试最小系统

完成上述步骤之后，计算机硬件最小系统就安装完成了。安装好的最小系统如果可以正常工作，整个硬件系统组装就完成大半了，所以对最小系统进行测试必不可少，主要测试组成最小系统的主机部件能否正常工作。

测试时要注意防静电。将一个防静电塑料袋垫在主板的下方，并将主板放在泡沫或纸盒等较为柔软的物品上，避免刮伤主板背面的线路。防静电塑料袋可以就地取材，可以使用主板包装盒或包装袋。

因为没有外接电源开关，所以开机启动操作可通过镊子等金属物品短接主板电源开关面板插针实现。最小系统启动后，需观察显示器上是否有显示，包括提示硬件是否测试通过、硬件是否安装过关。如果显示器黑屏，则需首先检查硬件安装及线缆连接是否正确，然后考虑是否硬件本身存在问题。

任务2 计算机整机装配

任务描述

最小系统安装并测试完毕后，就需要将最小系统各部件安装到主机箱内部，进行计算机整机的装配了。MicroCloud365团队成员虽说在专业老师的指导下已经能够对最小系统进行硬件的识别与安装及测试了，可是当面对不同的线缆和接口时还是犯了难。下面介绍如何装配一台完整的计算机。

任务分析

组装整机时，要遵循安全、规范、有序的原则。组装时，应注意先里后外，即先安装机箱内部的各部件及线缆，再安装外部设备及线缆，最后进行硬件各部件接口和线缆的检查并加电测试，排除故障。

知识准备

1. 主机箱内各部件安装

1）机箱电源的安装，包括对机箱进行拆封，并且将电源安装在机箱里。

2）驱动器的安装，包括硬盘、光驱、软驱的安装。

3）最小系统安装，包括：

① CPU和散热器的安装，在主板处理器插座上安装CPU及散热风扇。

② 内存条的安装，将内存条插入主板内存插槽内。

4）主板的安装，将主板固定在机箱底板上。

5）适配卡的安装，包括显卡、声卡、网卡的安装。

2. 机箱内部线缆的连接

1）连接机箱内电源线，包括连接主板电源线和CPU专用电源线，连接硬盘、光驱、软驱的电源线。

2）连接机箱内数据线，包括连接硬盘、光驱、软驱的数据线。

3）连接机箱前面板插针，包括电源开关、复位开关、电源及硬盘指示灯的连接。

4）连接CPU及系统风扇的电源线。

3．机箱内部件安装后的检查

1）整理机箱内部连线，包括整理面板信号线、电源线、驱动器信号线等。

2）机箱内部件的安装检查，包括检查各部件的安装位置及连接是否正确。

4．外设安装

1）输入设备的安装，将键盘、鼠标等与主机相连。

2）输出设备的安装，安装显示器等。

3）多媒体设备安装，连接音箱等。

4）联入网络，连接网线。

5）检查外设线缆连接情况，准备加电测试。

5．加电测试，排除故障

若显示器能够正常显示，表明硬件安装正确，此时可启动BIOS设置程序，进行系统的初始化设置。

6．安装操作系统软件

硬件组装完成后，就要安装系统软件了。在安装操作系统软件之前，需要对新硬盘进行分区与格式化操作。

任务实施

一、机箱内主要部件安装

1．机箱安装

首先取出机箱及内部的零配件（螺钉、档板等），拆除机箱外壳左右两侧的固定螺钉，水平放置在桌子上，然后安装机箱背面档板和底板，使用螺钉固定，如图2-9所示。

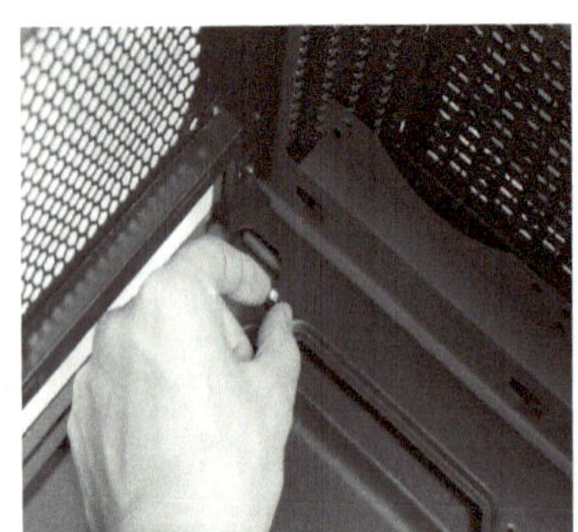
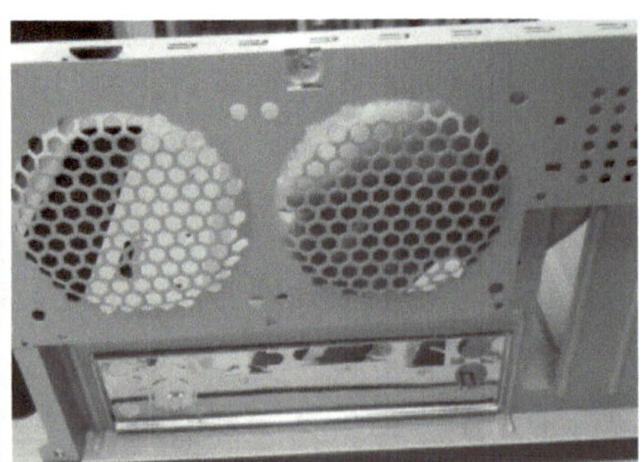

图2-9　安装机箱

2．安装电源

将电源放到机箱内的电源托架上，并将电源上的4个螺钉孔与机箱上的螺钉孔对正，然后先将一颗螺钉拧紧，再将其余3颗螺钉对正后拧一圈，等所有螺丝到位后再逐一拧紧，如图2-10所示。安装螺钉时，应遵循“对角安装，逐步拧紧”的原则，不要一次性把螺钉拧得过紧。

图2-10　安装电源

温馨提示

为避免螺钉滑丝，固定电源时先不要拧紧，等所有螺钉都到位后再逐一拧紧，固定主板、硬盘、光驱及软驱也采用同样的方法。

由于电源中的变压器相对较重，应选用粗螺纹的螺钉固定电源。

未经打磨的机箱内部铁架边缘非常锋利，注意操作时不要划伤手指。

3. 安装最小系统

详见本单元任务1中最小系统的安装，包括：

1）安装CPU。

2）安装CPU散热风扇。

3）安装内存。

4）安装适配卡并连接电源线和数据线。

5）连接主板电源线。

4. 安装主板

机箱的侧面板上一般有6个孔，用来安装固定主板铜柱的，如图2-11所示。

步骤1：去除静电，将机箱水平放置，把固定主板的铜柱和塑料钉旋入机箱底板的对应位置。

步骤2：根据主板接口情况，可用螺丝刀或尖嘴钳等去掉机箱背面相应位置的档板。

步骤3：安装机箱后面的金属挡片。将主板的外设接口与机箱后面对应的档板孔位对齐。

步骤4：把主板平行放在底板上，将细纹螺钉拧到与铜柱相对应的孔位上，固定好主板。切忌螺钉上得过紧，以防止主板变形。

安装时还需注意，不要使主板上的印制电路与金属螺柱、螺钉接触而产生短路，否则会对主板造成损坏。因此，必须用纸质绝缘垫圈加以绝缘后，再用螺钉固定主板。

图2-11　安装主板

温馨提示

主板放入机箱前，一定要先将机箱内散落的螺钉等异物清除干净。

为避免静电击穿主板上的部件，不要用手触摸。

机箱底板上有很多螺钉孔，要选择合适的螺钉与其匹配。

主板一定要与机箱底板平行，中间要留有一定高度的空隙，绝对不能搭在一起，否则容易造成短路。

固定主板用的螺钉不能拧得太紧，否则容易导致主板变形。

5. 安装驱动器

为避免安装驱动器的过程中失手掉下驱动器或螺丝刀，砸坏主板上的配件，最好将驱动器安装在机箱上后再安装主板。驱动器的安装主要包括硬盘、光驱和软驱等的安装。

（1）硬盘的安装

现在的主流主板都提供SATA（Serial ATA的缩写，串行ATA）硬盘接口，以便安装SATA硬盘。安装时从机箱内部把硬盘推入，并用粗螺纹螺钉将硬盘固定在托盘架上。部分机箱可将硬盘装入可拆卸的3.5寸机箱托架中，使用螺钉固定硬盘，然后将装好硬盘的可拆卸的3.5寸机箱托架装回机箱中，最后为硬盘连接上数据线和电源线。SSD硬盘则先固定到专属托架上，再固定到机箱内部。安装普通硬盘如图2-12所示。

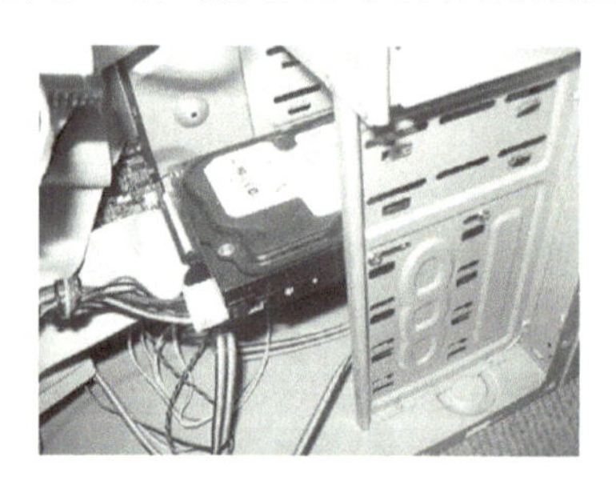

图2-12　安装普通硬盘

部分机箱内部采用了免扣具设计，这样硬盘的安装就比较方便了，不用担心用力过大而把螺钉拧断在硬盘里了，如图2-13所示。

图2-13　免扣具硬盘安装

温馨提示

一定要轻拿轻放硬盘，注意不要将硬盘撞到机箱板上。

仔细阅读硬盘的跳线说明，不要将硬盘的主/从盘跳线设置错，否则无法正常工作。

不要用手指触摸硬盘底部的电路，以防静电损坏硬盘。

硬盘工作时内部磁头高速旋转，受震动极易损坏，一定保证硬盘在机箱内牢固、稳定。要用粗螺纹的螺钉固定硬盘。

（2）光驱的安装

固定光驱时，需把机箱前面板的档板取下来，然后把光驱推放进去，并用螺钉固定，如图2–14所示。

图2–14　安装光驱

（3）软驱的安装

软驱的安装同光驱基本相似。先取下机箱前面板上用于安装软驱的3.5英寸塑料档板，再将软驱从机箱前面板推入3.5英寸软驱位，并用螺钉固定。

6. 机箱内部件安装后的检查

安装后的检查主要包括各部件的安装位置和安装方向是否正确，安装是否到位，有无接触不良或晃动的现象，有无遗漏安装及连接的现象等。

仔细检查各部件的连接情况，确保无误后就可以加电了。为了方便最后开机测试时检查出问题的所在，此时机箱盖可以暂时不盖上。

二、机箱内部线缆连接

1. 连接硬盘和光驱的电源线

SATA接口的硬盘运行速度快，目前是市场的主流。SATA硬盘电源线和数据线的连接过程比较简单。SATA接口的硬盘电源线和光驱电源线的连接方法大致相同，均是从电源输出插头中找出15芯L形插头，连接到SATA接口硬盘或光驱的电源接口上，如图2–15所示。

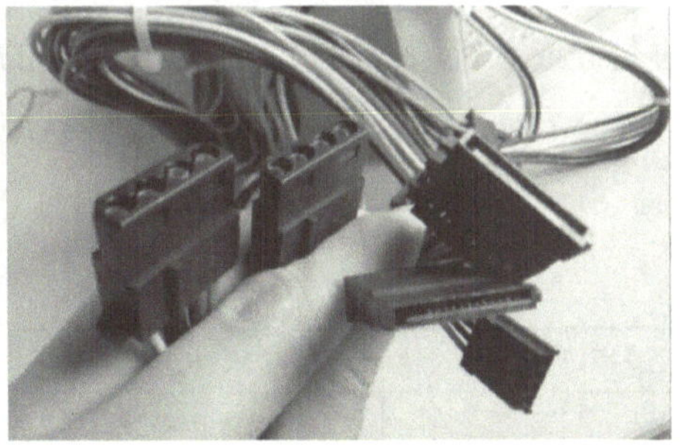

图2–15　SATA接口硬盘和电源线

L形插头设计为防插反设计，所以在插入时只需将线缆插头对准插孔，用力插入即可。

拔出时，需用手按住L形插头两侧，轻轻用力向外拔出，切勿直接拉着线缆拔插头。

2. 连接硬盘数据线

SATA接口硬盘采用7芯的数据线。每块主板上大致有4～8个SATA接口，用来连接SATA接口的硬盘或光驱。安装时，对照主板说明书，在主板上找到SATA接口，将7芯的数据线一端接至SATA硬盘的数据端口（图2-16所示的7针的短接口），另一端接至主板上的SATA接口。SATA接口采用了防呆式设计，数据线接反时无法插入SATA接口。SATA数据线如图2-16所示。光驱数据线的连接与此类似。

图2-16　SATA接口硬盘和数据线

3. 连接主板和CPU电源线

安装时，从机箱电源输出插头中找到24芯主板电源插头，再从主板上找到对应主板电源插座，两者对准插到底并使用塑料卡子卡紧，以防止电源线脱落。

找到4芯或8芯的CPU专用电源线，将插头插到主板的CPU专用电源插座上，如图2-17所示。

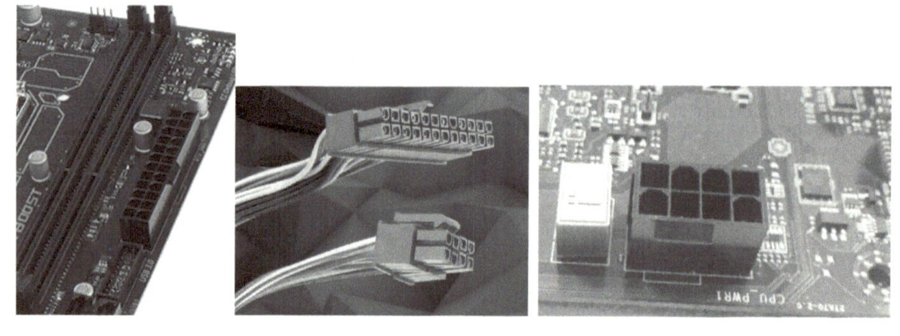

图2-17　连接主板和CPU电源线

两者都采用了防插反梯形头设计，防止插反。如果方向错误，电源插头无法插入电源接口中。拔出电源插头时，应先打开卡扣使其松动，同时向外拔，不能用力过大。

4. 连接机箱前面板插针线

计算机的机箱前面板上有许多指示灯和开关，要使它们能够正常工作，就需要正确地连接它们在机箱内的连线。连线前要仔细阅读主板说明书，找到各个连线插头所对应的插针位置。图2-18所示的是面板指示灯及开关的连线插头。

图2-18　面板指示灯及开关的连线插头

不同的主板或者机箱，面板指示灯及开关的连接线插头上的英文标识可能会有所不同，但一般都能较容易地从其标识上看出它们的含义。常见的连线插头标识见表2-1。

表2-1　常见的连线插头标识

插头标识	机箱面板	用途
POWER LED	电源指示灯	主板加电后灯亮，表示已接通电源
RESET SW	复位开关	产生复位信号，重启机器并自检
SPEAKER	机箱喇叭	发出声音
H.D.D LED	硬盘指示灯	读写硬盘时，指示灯闪烁
POWER SW	主板上的电源开关	计算机电源开关

主板上的标识F_PANEL所在处，即为主板上的前面板插针位置。现在大部分主板的前面板插针标识位置为JFP1，共9个针脚位，如图2-19左图所示。JFP2为机箱喇叭针脚位。

（1）连接POWER LED

电源指示灯连线具有3芯的插头，应插在主板POWER LED插针的第1、3位。该信号的连接具有方向性，方向接反指示灯不亮。其连线一般为绿色和白色：1线通常为绿色，代表电源的正极；3线为白色，代表接地端，如图2-19右图所示。连接时，POWER LED插头的绿色线对应主板上标记为“POWER LED+”的插针。

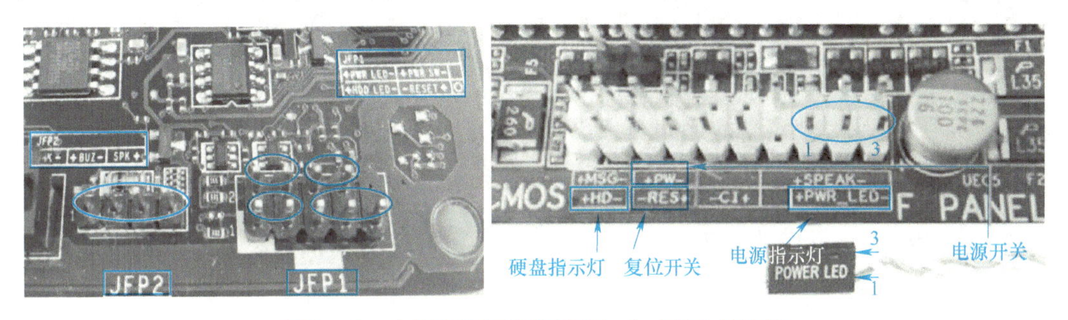

图2-19　电源指示灯连线插头与在主板上的连线

（2）连接RESET SW

RESET连线具有两芯的插头，连接机箱的RESET开关，接到主板的RESET插针上。此接头无方向性，按下它时产生短路，手松开时又恢复开路，瞬间的短路可使计算机重新启动，如图2-20所示。

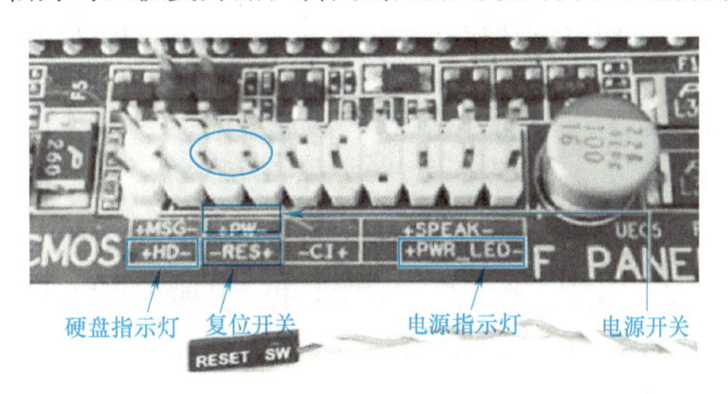

图2-20　RESET开关连线

（3）连接SPEAKER

SPEAKER机箱喇叭连线具有4芯的插头，实际上只有1、4两根线，中间两个插孔没用。1线通常为红色，接在主板的SPEAKER插针上。该连线具有方向性，必须按照正负极连接，如图2-21所示。

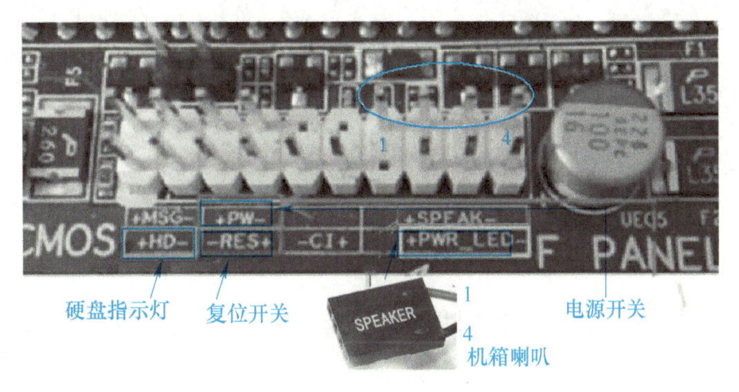

图2-21　机箱喇叭连线

（4）连接H.D.D LED

H.D.D LED（硬盘指示灯）连线具有两芯插头，主板上通常标有IDE LED或者HD LED的字样。该信号线的连接具有方向性，接反方向后指示灯将不亮。其接线一般为橙色和白色：1线通常为橙色，代表电源的正极；2线为白色，代表接地端，连接时橙线对应第1针“+”，如图2-22所示。

（5）连接POWER SW

找到标有“POWER SW”或ATX SW字样的接头（有的主板标为“S/B SW”），在主板上找到标有“PWR ON”（因主板不同而异）字样的插针，对应插好，如图2-23所示。

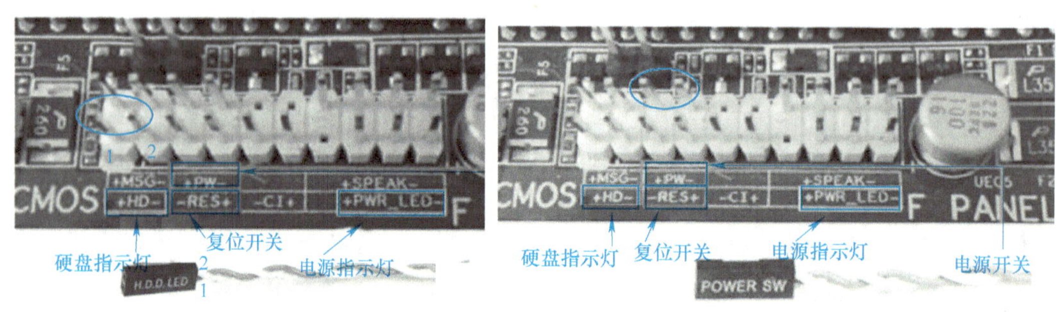

图2-22　硬盘指示灯连线　　图2-23　主机电源开关连线

温馨提示

主板上的电源开关、RESET开关的连线是不分方向的，只要弄清楚插针位置就可以插好。而H.D.D LED、POWER LED、SPEAKER需要注意正负极，若插反方向，指示灯不亮或者喇叭不响，一定要仔细核对主板和机箱说明书上对该针正负极的说明。一般情况下，白线或者黑线标识负极，彩色线标识正极。

（6）连接前置USB扩展接口

对照主板说明书，找到主板上的USB扩展接口，将机箱上的前置USB接口连线与主板上的前置USB接口相连。USB外设的数据线共有4条，其中两条负责供电，另外两条负责数据传输。其中，红色线接电源正极（接线上的标识为+5V或VCC）；黑色线接地（标识为Ground）；绿色线（有的是蓝色线）为正电压数据线（标识为Data+或USB Port +）；白色线（有的是黄色线）为负电压数据线（标识为Data-或USB Port-）。

各种连接线都连接完成后，主板USB扩展接口上连线的排列结果如图2-24所示。

图2-24　主板USB扩展接口上连线的排列结果

市场上有特色接线工具出售以解决机箱内烦琐跳线的连接。图2-25所示为Q-connector接线工具。

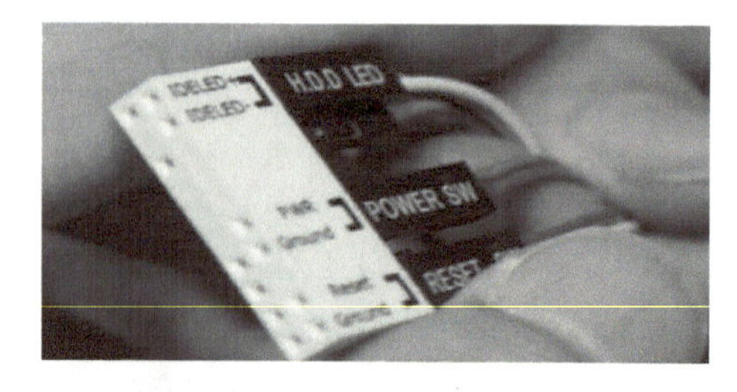

图2-25　Q-connector接线工具

5. 整理机箱内部连线

整理机箱内部连线的具体步骤如下。

步骤1：整理面板信号线，将面板信号线理顺。

步骤2：整理电源线。先将电源线理顺，将未用的电源线用塑料扎线扎好后固定在远离CPU风扇的位置。

步骤3：固定CD音频线。CD音频线用来传送音频信号，为避免产生干扰，不要将CD音频线与电源线捆扎在一起，最好将CD音频线单独固定在远离电源线的地方。

步骤4：整理驱动器的数据线，最好都用塑料扎线或绑线将相关线缆扎紧并固定在远离CPU风扇的位置。也有的机箱内部设置线卡来固定。

整理机箱内部连线如图2–26所示。

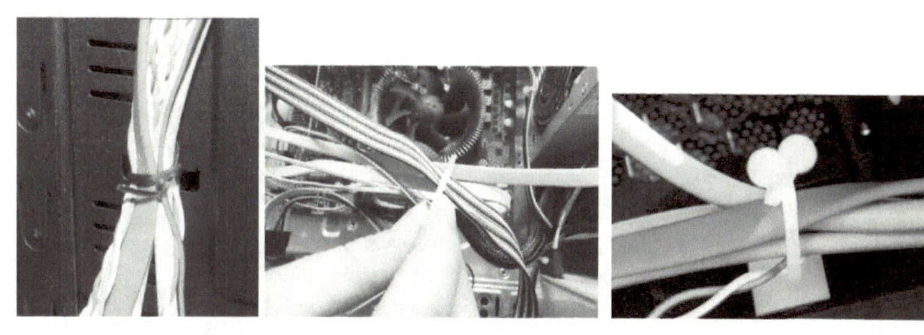

图2–26　整理机箱内部连线（1）

整理好机箱内部连线后，机箱内部温度及核心硬件的温度都会有明显下降。现在大部分机箱都带有背板走线，可充分利用机箱背板上的走线孔位合理布线，这样系统整体散热效果较好，并可避免其他意外故障的发生，如图2–27所示。

图2–27　整理机箱内部连线（2）

三、外设连线安装

1. 连接显示器

（1）连接显示器的信号线

VGA接口为D形15芯接口，把显示器后部D形15芯的信号线与机箱后面显卡的D形输出端相连接并固定，如图2–28所示。

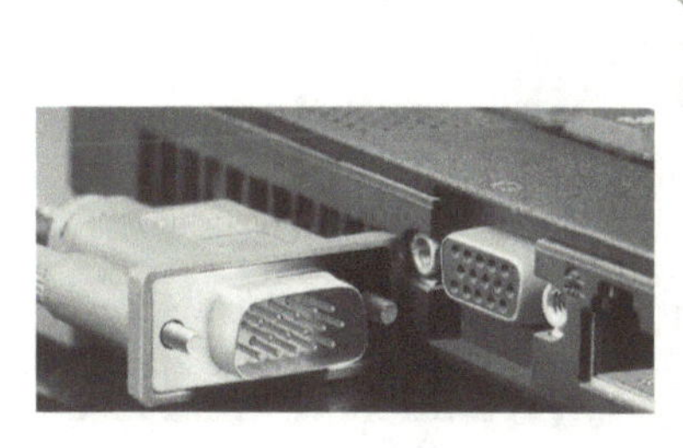

图2–28　连接显示器信号线

各种不同显示器的接口如图2−29、图2−30、图2−31所示。

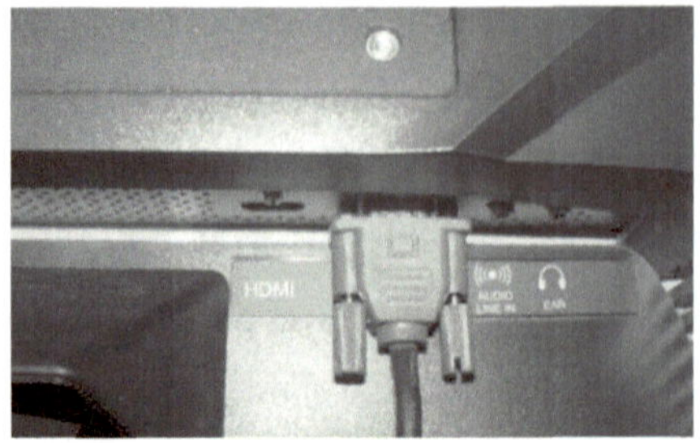

图2-29　HDMI及D-Sub接口

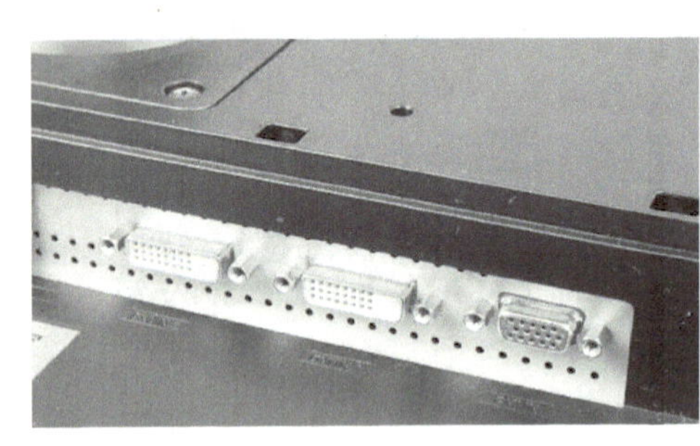
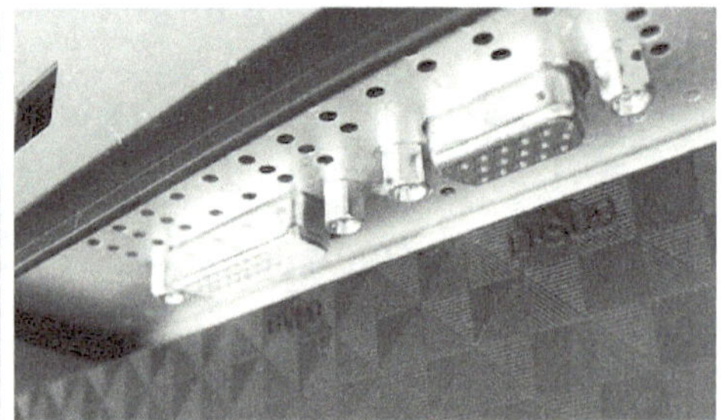

图2-30　DVI及D-Sub接口

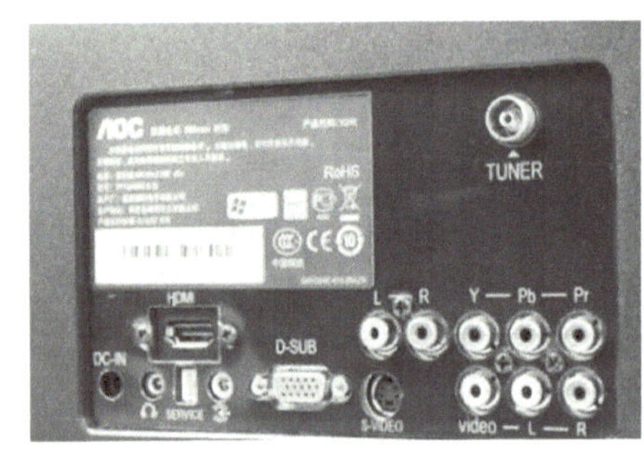

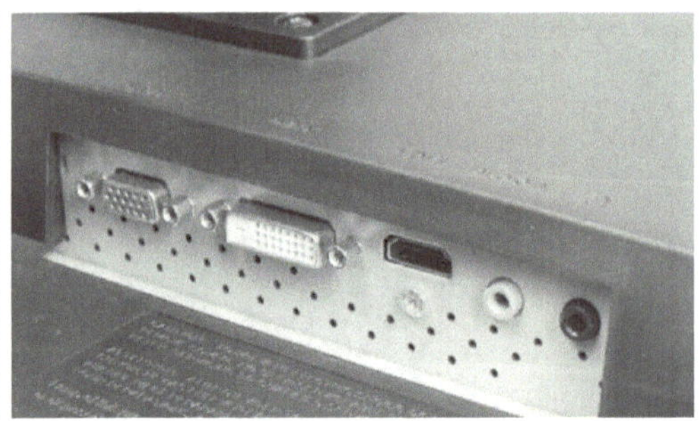

图2-31　HDMI、DVI及D-Sub接口

(2) 连接显示器电源

将显示器电源连接线的另外一端连接到电源插座上。

2. 连接键盘和鼠标

目前，键盘和鼠标都采用了完全相同的PS/2接口（或USB接口），在符合PC99标准的主板设计中，鼠标的PS/2接口一般采用绿色插头，而键盘则采用紫色插头。按照对应的颜色接口对齐方向，将键盘插头和鼠标插头插到主机的插孔上。也有的主板设计为键盘和鼠标共用一个接口。连接键盘与鼠标如图2−32所示。

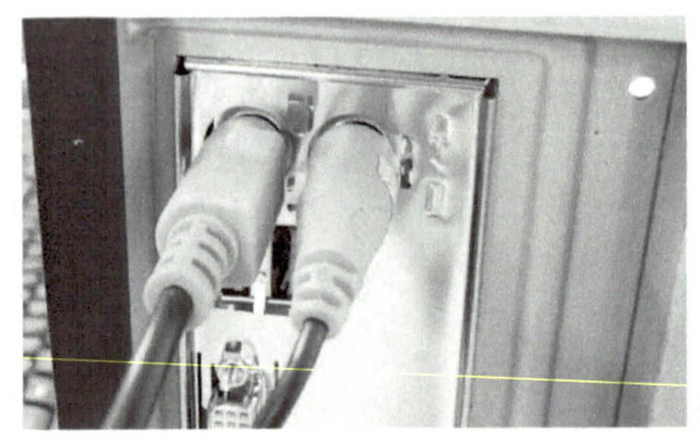
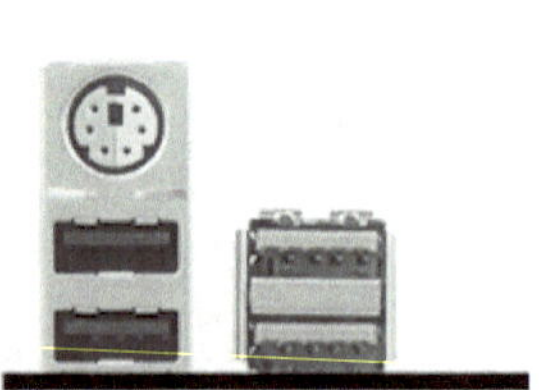

图2-32　连接键盘与鼠标

3. 连接音箱与网卡

音箱的连接分为有源音箱连接和无源音箱的连接两种情况。通常，有源音箱接在SPEAKER口或LINE-OUT口上，无源音箱接在SPEAKER口上。找到音箱的音频线接头，将其连接到主机箱声卡的对应插口，如图2-33左图所示。

若安装了网卡，将网线插入网卡接口，也可插入主板集成的网卡接口，如图2-33右图所示。最后连接主机箱上的电源线。

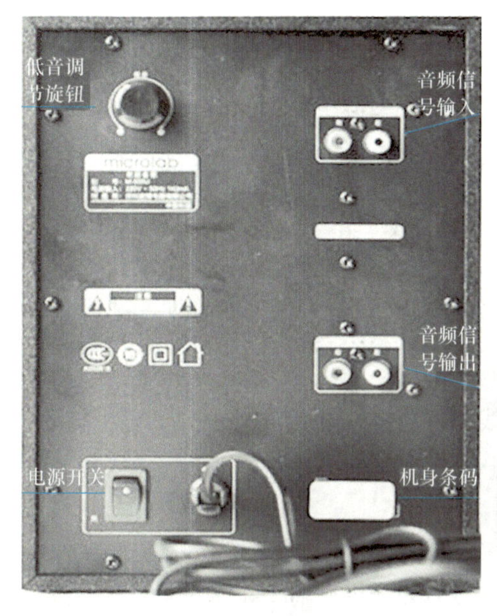

图2-33　连接音箱、网卡

四、加电测试，排除故障

完成上述步骤之后，计算机硬件系统基本就安装完成了。进一步检查各种设备的连接是否正确、接触是否良好，尤其要注意各种电源线是否有接错或接反的情况，检查确认无误后可以通电进行测试。如果开机之后不能正常显示、死机，说明基本系统不能正常工作，不能进行下一步安装，应根据故障现象查找故障原因。

1）电源风扇不转，电源指示灯不亮，可能是电源开关未打开或电源线未接通。

2）电源指示灯亮，但是无声无显示，说明主板电源接通，自检初始化未通过。需检查各连线是否连接正确，显卡、内存条是否接触良好。

3）电源指示灯亮、喇叭鸣声，可能出现的故障有键盘错误、显卡错误、内存错误、主板错误等。若有显示可根据提示处理，若无显示则主要检查内存和显卡。

4）电源风扇一转即停，说明机内有短路现象，应立即关闭电源，拔去电源插头。可能造成的原因有：

① 主板电源插接错误。

② 主板与机箱短路。

③ 主板、内存质量不佳。

④ 显卡安装不当等。

一定要仔细检查，查到故障原因并排除后方能继续通电，否则会损坏设备。

对于新组装的计算机，通常会出现接触不良或连接错误，当然具体问题还需要具体分析。为缩小检测范围，可先检测最小系统（主板、CPU、内存条和显卡）是否正常，如果正常再逐渐增加其他部件；如果出现问题，则增加的部件很可能有问题。另外也可采用本书学习单元9中的硬件检测方法来判断故障所在。

拓展任务

计算机整机拆卸

拆卸计算机各部件时，必须关闭电源接线板开关或拔下机箱电源线。与安装时的步骤大致相反。拆卸步骤如下。

1. 拔下电源线

拔下主机及显示器等外设的电源线。

2. 拔下外设连线

拔除键盘、鼠标、网线、USB电缆等与主机箱的连线时，将插头直接向外平拉即可；拔除显示器信号电缆、打印机信号电缆等连线时，先松开插头两边的固定螺钉，再向外平拉插头。

3. 打开机箱盖

机箱盖的固定螺钉大多在机箱后侧边缘上，用十字螺丝刀拧下螺钉取下机箱盖即可。

4. 拆下适配卡

用螺丝刀拧下固定插卡的螺钉，用双手捏紧接口卡的上边缘，垂直向上拔下接口卡。

5. 拔下驱动器数据线

硬盘、软驱、光驱数据线一头插在驱动器上，另一头插在主板的接口插座上，捏紧数据线插头的两端，平稳地沿水平方向拔出。

6. 拔下驱动器电源插头

沿水平方向向外拔出硬盘、光驱和软驱的电源插头，不要晃动电源插头，以免损坏其接口。

7. 拔下主板电源线及其他插头

拔下ATX主板电源线时，用力捏开主板电源插头上的塑料卡子，垂直主板用力把插头拔起，如图2-34所示。

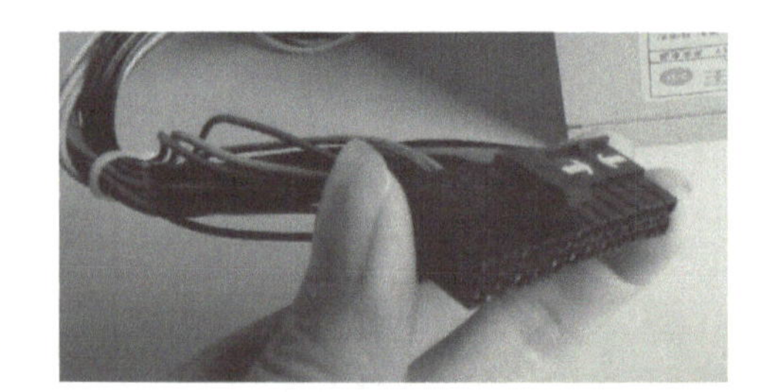

图2-34　拔下ATX主板电源线

拔下CPU风扇电源线、光驱与声卡之间的音频线、主板与机箱面板插针等插头时，最好将连线的颜色、位置及排列顺序等做好记录以便还原。

8. 取出主板

松开固定主板的螺钉，将主板从机箱内取出。

9. 拆卸CPU散热风扇

随着CPU性能的逐渐提高，CPU风扇的散热量越来越大。下面以Intel P4 CPU常用的风扇为例，简要介绍CPU散热器的拆卸步骤，如图2–35所示。

步骤1：从CPU_FAN插座上拔出CPU风扇电源线。

步骤2：顺时针旋转散热风扇上的4个固定插销至移除位置。

步骤3：按照图2–35所示顺序（先A后B）将对角线的插销同时从主板上脱离。

步骤4：轻轻取下散热器。

图2–35　拆卸CPU散热风扇

10. 拆卸内存条

向两边掰开内存插槽两端的卡子，内存条便自动弹出插槽，如图2–36所示。

图2–36　拆卸内存条

11. 拆下驱动器

硬盘、软驱、光驱都固定在机箱内的驱动器支架上，先拧下驱动器支架两侧的固定螺钉，然后向前抽出驱动器。拧下硬盘最后一颗螺钉时要用手握住硬盘，避免硬盘突然脱落而造成硬盘损坏。

知识巩固与提高

1. 屏幕出现提示“DISK BOOT FILURE, INSERT SYSTEM DISK AND PRESS ENTER”，可能的原因是什么？
2. 计算机组装的一般步骤和流程是什么？
3. 如何通过屏幕出现的提示判断可能的故障原因？
4. CPU的性能指标有哪些？安装时的要点是什么？
5. 计算机主板的组成部分有哪些？
6. 主板上的南桥和北桥是如何分工的？
7. 串口硬盘有什么优点？
8. CPU的接口有几种？
9. 主板芯片组有哪些功能？
10. 显示器黑屏的可能原因有哪些？
11. 在进行计算机组装之前要做好哪些准备工作？

学习单元3

BIOS设置

单元情景

在专业老师的指导下，MicroCloud365团队成员很快掌握了计算机硬件识别、选购和安装的知识，可他们知道在现实的应用中，除了组装好计算机外，还要给计算机安装系统，以及解决日常使用中出现的故障。为了更专业、更熟练地为广大用户提供服务，MicroCloud365团队决定从基础知识开始，系统性地开展计算机系统装调与维护的学习活动。

根据MicroCloud365团队各位成员的基本情况，基于计算机系统装调与维护的工作过程，以组建MC365创新创业工作室为项目引导，围绕认识BIOS与CMOS、CMOS参数设置、制作安装启动U盘等学习内容，以任务驱动方式，开启计算机系统装调与维护的理论知识与操作技能的学习活动。

学习目标

- 认识BIOS与CMOS
- 理解BIOS的功能和作用
- 理解BIOS和CMOS的区别与联系
- 能够正确快速设置CMOS参数
- 能够解决由于CMOS参数设置不当出现的故障
- 正确理解和设置UEFI和Legacy两种模式
- 掌握如何制作启动安装U盘

任务1 设置BIOS参数

任务描述

本任务根据不同的需求对BIOS参数进行查看和修改。用户需要掌握BIOS的主要功能和BIOS参数的具体设置方法。

任务分析

BIOS非常重要，计算机每次启动都需要它的引导。对于首次接触BIOS的用户，会感到很陌生，所以在“知识准备”部分介绍了BIOS的历史和类别，以及BIOS与CMOS这两个概念的区别和联系，使用户对BIOS不再陌生，达到学会应用。CMOS参数中，有些是常用的，一般情况下只要设置一些必要的参数，计算机就能正常运行，但是只掌握这些知识对于计算机的维护人员来说还是远远不够的，为了能更好地解决由于CMOS参数设置不当引起的问题，MicroCloud365团队需要学习CMOS常用参数的设置，并能对CMOS参数设置错误进行解决。

知识准备

一、BIOS 历史

BIOS技术源于IBM PC AT机器的流行以及第一台由康柏公司研制生产的“克隆”PC。在PC启动的过程中，BIOS担负着初始化硬件，检测硬件功能，以及引导操作系统的责任。在早期，BIOS还提供一套运行时的服务程序给操作系统及应用程序使用。BIOS程序存放于一个断电后内容不会丢失的只读内存中；系统过电或被重置（Reset）时，处理器第一条指令的地址会被定位到BIOS的内存中，让初始化程序开始执行。英特尔公司从2000年开始发明可扩展固件接口（Extensible Firmware Interface），用于规范BIOS的开发。支持EFI规范的BIOS被称为EFI BIOS。之后为了推广EFI，业界多家著名公司共同成立了统一可扩展固件接口论坛（UEFI Forum），英特尔公司将EFI 1.1规范贡献给业界，用于制定新的国际标准UEFI规范。

二、BIOS 类别

市面上较流行的主板BIOS主要有AMI BIOS、Phoenix-Award BIOS两种类型。此外还有Insyde BIOS。

（1）AMI BIOS

AMI BIOS是AMI公司（American Megatrends Incorporated）出品的BIOS系统软件，开发于20世纪80年代中期。早期的286、386大多采用AMI BIOS，它对各种软硬件的适应性好，能保证系统性能的稳定。到20世纪90年代后，绿色节能计算机开始普及，AMI却没能及时推出新版本来适应市场，使得Award BIOS占领了大半的市场份额。当然AMI也有非常不错的表现，新推出的版本依然功能强劲。

(2) Phoenix-Award BIOS

Phoenix BIOS是Phoenix公司的产品，Phoenix意为凤凰或埃及神话中的长生鸟，有完美之物的含义。Phoenix BIOS 多用于高档的586原装品牌机和笔记本计算机上，后来与Award合并为Phoenix-Award BIOS，其界面简洁，便于操作。

(3) Insyde BIOS

Insyde BIOS是我国台湾的一家软件厂商的产品，是一种新兴的BIOS类型，被某些基于英特尔芯片的笔记本计算机采用，如神舟、联想。

三、BIOS 与 CMOS 概述

1. BIOS简介

BIOS（Basic Input/Output System）即基本输入/输出系统，实际上是被固化在计算机ROM（Read Only Memory，只读存储器）芯片中的一组程序，为计算机提供最低级、最直接的硬件控制与支持。实际上，BIOS是计算机硬件与软件程序之间的“桥梁”，它在计算机系统中起着非常重要的作用。

BIOS中主要保存着以下几种程序。

(1) BIOS中断服务程序

BIOS中断服务程序实质上是计算机系统中软件与硬件之间的一个可编程接口，主要用来在程序软件与计算机硬件之间实现衔接。例如，DOS和Windows操作系统中对软盘、硬盘、光驱、键盘、显示器等外围设备的管理，都是直接建立在BIOS系统中断服务程序的基础上的，而且操作人员也可以通过访问INT5、INT13等中断点而直接调用BIOS中断服务程序。

(2) BIOS系统设置程序

计算机部件的设置记录是放在一块可读写的CMOS RAM芯片中的，主要保存着系统基本情况、CPU特性、软硬盘驱动器、显示器、键盘等部件的信息。在BIOS ROM芯片中装有“系统设置程序”，主要用来设置CMOS RAM中的各项参数。在开机时按下某个特定键即可进入该程序的设置状态，提供了良好的界面供操作人员使用。事实上，这个设置CMOS RAM参数的过程，习惯上也称为“BIOS设置”。当CMOS RAM芯片中关于计算机的设置信息不正确时，轻者会使得系统整体运行性能降低、软硬盘驱动器等部件不能识别，严重时会由此引发一系列的软硬件故障。

(3) POST（上电自检）程序

计算机接通电源后，系统首先由POST（Power On Self Test，上电自检）程序来对内部的各个设备进行检查。通常，完整的上电自检包括对CPU、640KB的基本内存、1MB以上的扩展内存、ROM、主板、CMOS存储器、串/并口、显卡、软硬盘子系统及键盘进行测试。一旦在自检中发现问题，系统将给出提示信息或鸣笛警告。

(4) BIOS系统启动自举程序

系统在完成上电自检后，BIOS ROM首先按照系统CMOS设置中保存的启动顺序搜寻软硬盘驱动器、CD-ROM、网络服务器等，读入操作系统引导记录，然后将系统控制权交给引导记录，由引导记录来完成系统的顺利启动。

2. CMOS简介

CMOS（Complementary Metal Oxide Semiconductor，互补金属氧化物半导体）是计算机主板上

的一块可读写的RAM芯片，主要用来保存当前系统的硬件配置和操作人员对某些参数的设定。CMOS RAM芯片由系统通过一块后备电池供电，因此无论是在关机状态中，还是遇到系统掉电情况，CMOS信息都不会丢失。

由于CMOS RAM芯片本身是一块存储器，只具有保存数据的功能，所以对CMOS中各项参数的设定要通过专门的程序。早期的CMOS设置程序是驻留在软盘上的（如IBM的PC AT机型），使用很不方便。现在多数厂家将CMOS设置程序做到了BIOS芯片中，在开机时通过按下某个特定键就可进入CMOS设置程序，从而非常方便地对系统进行设置，因此这种CMOS设置又通常被称为BIOS设置。

四、BIOS 和 CMOS 的区别及联系

BIOS是主板上的一块EPROM或EEROM芯片，里面装有系统的重要信息和设置系统参数的设置程序（BIOS Setup程序）；CMOS是主板上的一块可读写的RAM芯片，里面装的是关于系统配置的具体参数，其内容可通过设置程序进行读写。CMOS RAM芯片靠后备电池供电，即使系统掉电，信息也不会丢失。BIOS与CMOS既相关又不同：BIOS中的系统设置程序是完成CMOS参数设置的手段；CMOS RAM既是BIOS设置系统参数的存放场所，又是BIOS设置系统参数的结果。因此完整的说法是“通过BIOS设置程序对CMOS参数进行设置”。

简单一点说，BIOS是一个ROM，只能读不能写（现在许多厂家主板也支持更新或升级BIOS了），而CMOS是一个RAM，是可读写的，这也证明了人们俗称的BIOS设置是不科学的，正确的说法就是CMOS设置。

五、进入 BIOS 方法

一般情况下，开机时按<Del>或<F10>键，就能进入BIOS。如果设置了密码，则提示输入密码才能进入BIOS。

任务实施

一、进入 BIOS

这里以微星MSI-H61主板为例讲解CMOS的参数设置。开机或重启计算机后，系统将会进入上电自检过程，按<Del>键进入BIOS的设置界面。

二、系统参数设置

微星MSI-H61主板的BIOS功能键的具体含义如下：

→←：选择菜单。

↑↓：选择设置项。

Enter：选定。

+/-：修改设置参数。

F1：帮助。

F6：优化默认值。
ESC/Right Click：退出或返回上级菜单。
F10：保存并重启。

1. Main Menu（主菜单）

MSI-H61主板的BIOS Main Menu（主菜单）如图3-1所示。

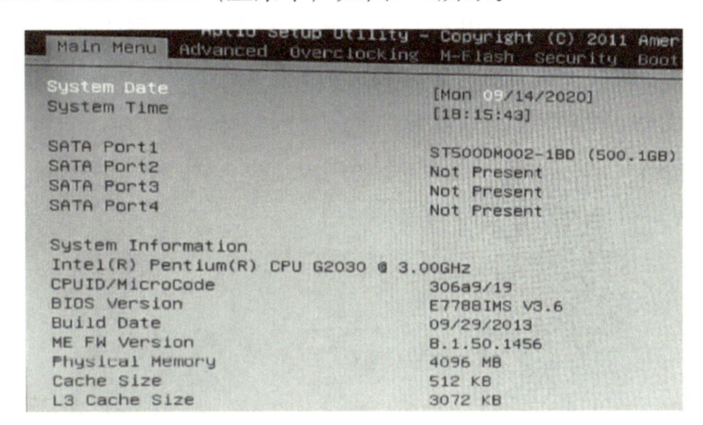

图3-1 MSI-H61主板的BIOS Main Menu（主菜单）

Main Menu（主菜单）用于设置日期和时间，同时显示基本配置。使用功能键设置成现在的日期和时间。

2. Advanced（高级）菜单

BIOS Advanced（高级）菜单如图3-2所示。

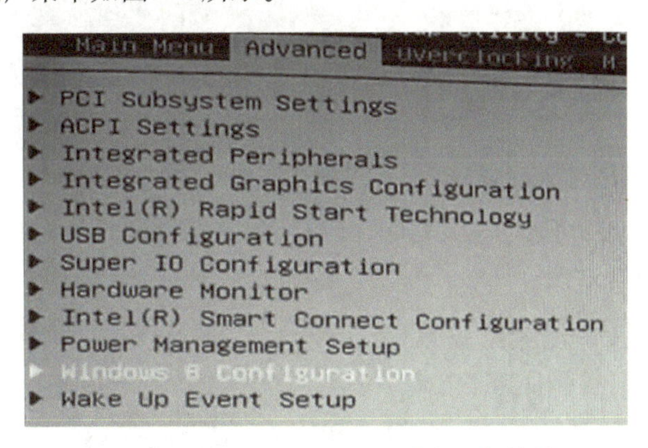

图3-2 BIOS Advanced（高级）菜单

该菜单设置主板的I/O设备和电源管理。

（1）PCI Subsystem Settings（PCI子系统设置）

1）PCIE GEN3：设置插槽是否支持GEN3标准，可选值：Auto（自动）、Disabled（关闭）、Enabled（可用）。

2）PCI Latency Timer（PCI延迟时间）。设置PCI延迟时间。延迟时间以PCI总线时钟为单位。如果有些PCI卡响应慢，系统检测不到，可以增加延迟时间。

（2）ACPI Settings（ACPI设置）

1）ACPI Standby State（ACPI待机状态）。如图3-3所示，ACPI待机状态有S1和S3。S1是只关闭显示状态，S3是只保持内存状态，由+5V SB供电，其余都停止供电。默认为S3状态。

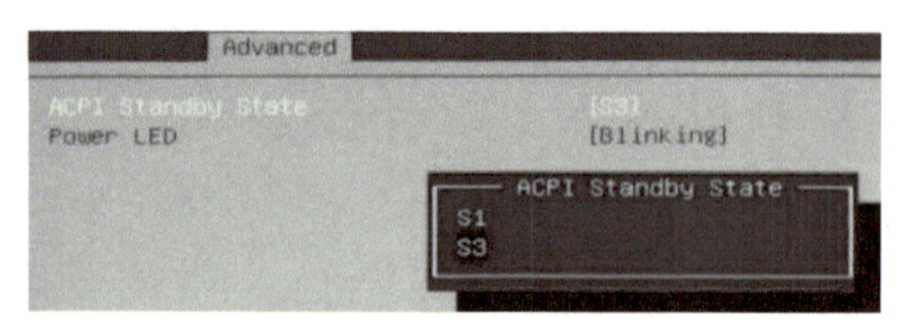

图 3-3　ACPI 待机状态

2）Power LED（电源指示灯）。电源指示灯有两种状态，即闪烁（Blinking）和双色（Dual Color）。电源指示灯状态设置要与机箱的指示灯设置有关。请参看说明书有关指示灯的连接。

（3）Integrated Peripherals（整合外围设备）

1）Onboard LAN Controller（板载网卡）。用于开启/关闭（Enabled/Disabled）板载网卡。默认是开启（Enabled），如图3-4所示。

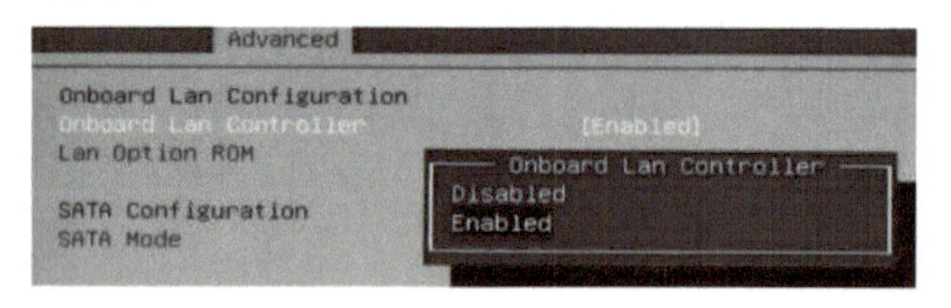

图 3-4　板载网卡设置

2）LAN Option ROM（网卡ROM）。用于开启/关闭（Enabled/Disabled）网卡启动ROM，如图3-5所示。该项可设置从网卡启动。开启，就是从网卡ROM启动。一般无盘网要设置为开启。

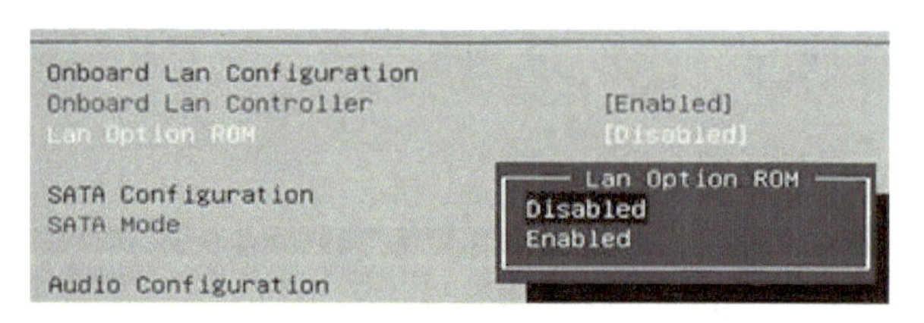

图 3-5　网卡 ROM 设置

3）Sata Configuration（SATA配置）。

① SATA Mode（SATA接口模式）：有IDE和AHCI 这两种模式，如图3-6所示。默认是IDE。当配置为AHCI时，弹出热插拔设置菜单。

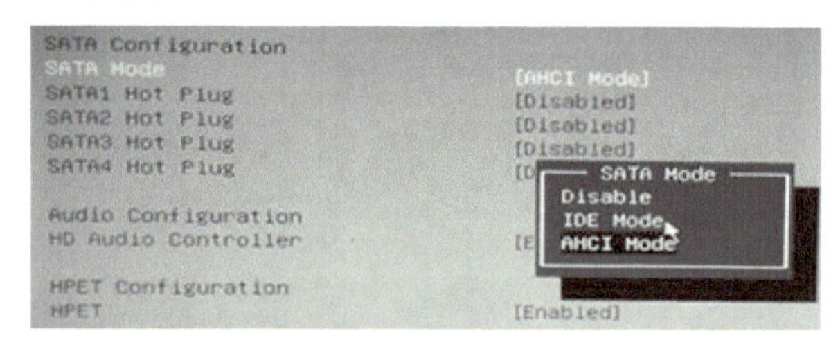

图 3-6　SATA 接口设置

② SATA1 Hot Plug：开起/关闭（Enabled/Disabled）热插拔，默认是关闭的，如图3-7所示。硬盘设置为热插拔后，这个SATA接口就可以连接eSATA移动硬盘，可以在开机状态时插拔。

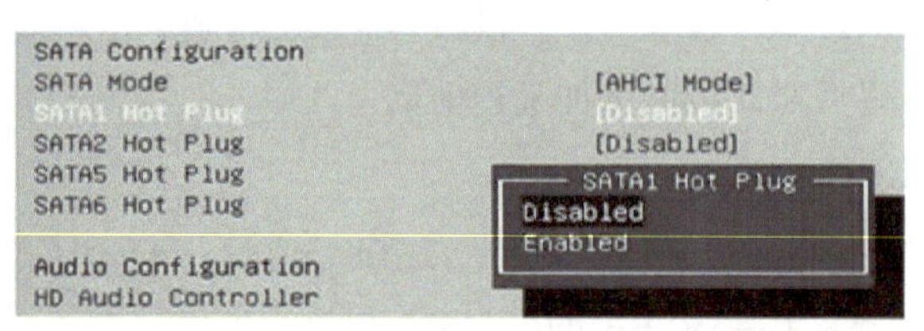

图 3-7　热插拔设置

4）HD Audio Controller。可设置开启/关闭（Enabled/Disabled）板载HD音频解码器，默认是开启的，如图3-8所示。

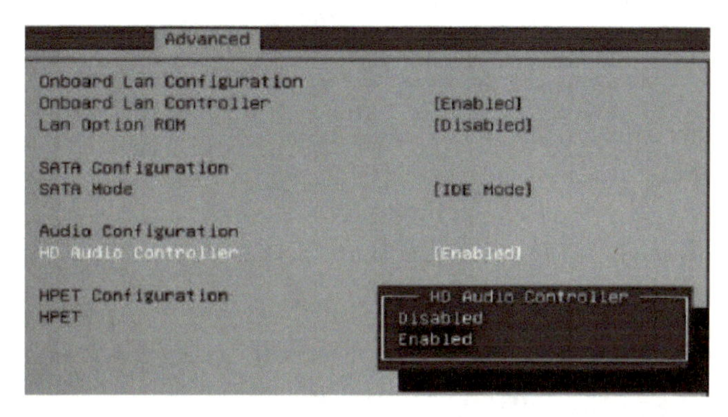

图 3-8 板载 HD 音频解码器设置

5）HPET。可设置开启/关闭（Enabled/Disabled）HPET，默认是开启的，如图3-9所示。

图 3-9 HPET 设置

（4）Integrated Graphics Configuration（集成显卡设置）

1）Initlate Graphic Adapter 内部显卡。设置项有IGD、PEG，默认是PEG，如图3-10所示，可设置开机时从哪个显卡显示。IGD是内置显卡，PEG就是独立显卡。

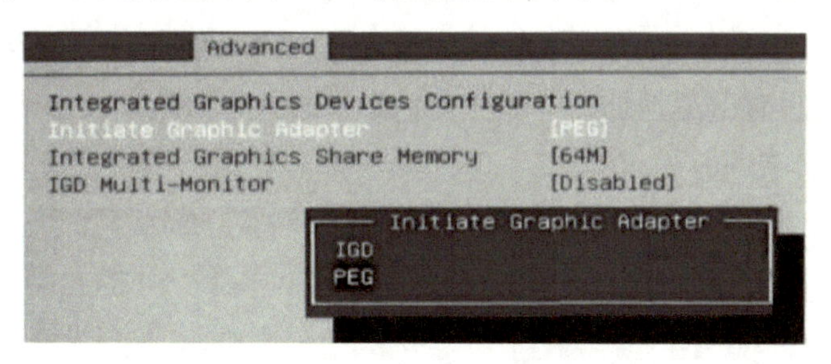

图 3-10 内部显卡设置

温馨提示

[IGD]是内置显卡，设为首选项时系统首先初始化IGD。

[PEG]是PCIE显卡，设为首选项时系统首先初始化PEG。

[PCI]是PCI显卡，设为首选项时系统首先初始化PCI。

2）Integrated Graphics Share Memory（内置显卡共享内存）。设置内置显卡共享内存的容量，设置项有32MB、64MB、128MB、256MB。这里设置的是静态共享显存。

3）IGD Multl-Monitor（IGD双显设置）。可设置内置显卡使用双显示器。设置项有开启/关闭（Enabled/Disabled）。默认是关闭。

（5）USB Configuration（USB设置）

USB设置选项如图3-11所示。

```
▶ PCI Subsystem Settings
▶ ACPI Settings
▶ Integrated Peripherals
▶ Integrated Graphics Devices
▶ USB Configuration
▶ Super IO Configuration
▶ Hardware Monitor
▶ Power Management Setup
▶ Wake Up Event Setup
```

图 3-11　USB 设置

1）USB Controller（USB控制器）。可设置开启/关闭（Enabled/Disabled）USB控制器，默认是开启，如图3-12所示。

2）Legacy USB Support（传统USB支持）。可设置开启/关闭（Enabled/Disabled）传统USB支持，默认是开启。传统USB就是USB 1.0时代的USB设备。

（6）Super IO Configuration（超级I/O配置）

超级I/O配置菜单如图3-13所示。

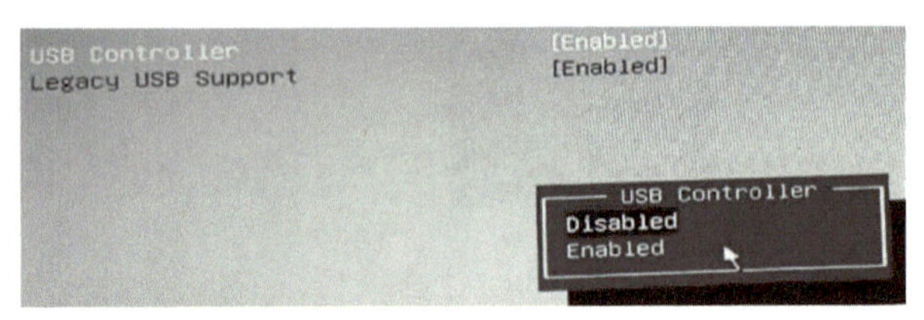

图3-12　USB控制器设置

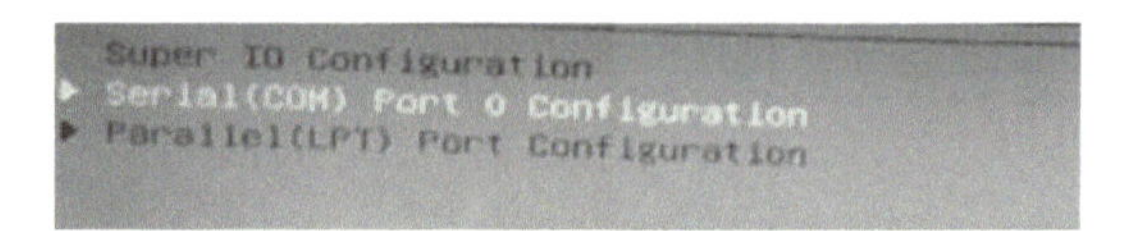

图3-13　超级I/O配置菜单

1）Serial（COM）Port 0 Configuration（串口0配置）。

① Serial（COM）Port 0（串口0）。可开启/关闭（Enabled/Disabled）串口，默认是开启。

② Serial（COM）Port 0 Settings（串口0设置）。设置项有自动和若干I/O地址、中断号，如图3-14所示。这些选项可设置避免地址、中断冲突。如果遇到串口地址、中断与其他设备冲突，就要在这里换一个选项进行尝试。

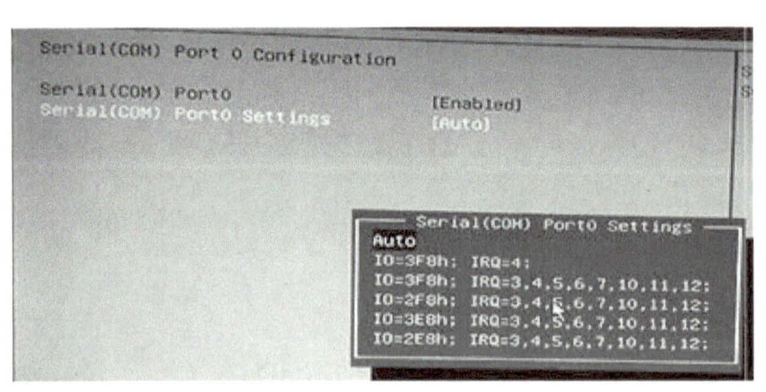

图 3-14　设置串口 0

2）Parallel（LPT）Port Configuration（并口配置）。

并口设置菜单如图3-15所示。

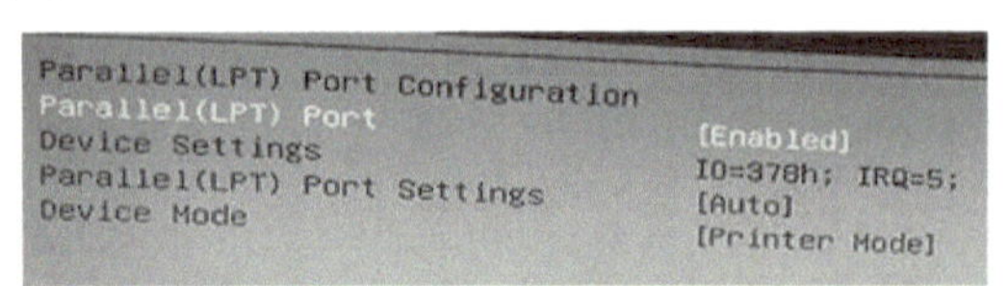

图 3-15　并口设置菜单

① Parallel（LPT）Port。用于开启/关闭并口，默认是开启。

② Parallel（LPT）Port Settings。用于设置并口I/O地址和中断号。设置项有自动和若干I/O地址、

中断号。这些选项可设置避免地址、中断冲突。如果遇到并口地址、中断与其他设备冲突，就要在这里换一个选项进行尝试。

③ Device Mode（设备模式）。一般默认选择Printer Mode打印机模式。

（7）Hardware Monitor（硬件监控）

1）监控页面。监控页面如图3-16所示。

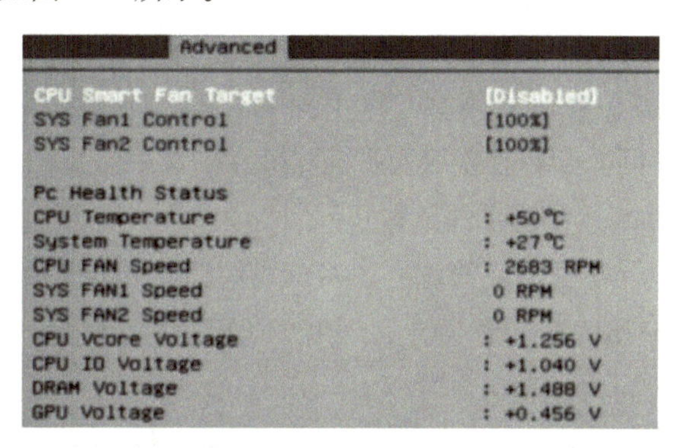

图3-16 监控页面

2）CPU Smart Fan Target（CPU智能风扇设置）。默认是关闭的。开启CPU智能风扇首先要设置目标温度。目标温度就是CPU的温度，范围为40～70℃。设置时选定一个温度，就是说CPU在达到这个温度前风扇低速转，达到这个温度后风扇加速。

3）CPU Min.Fan Speed（%）（设置CPU风扇最小转速）。设定目标温度后，弹出风扇最小转速设置，这里的转速是按风扇的实际转速百分比设置的。因为各种风扇的实际转速是不一样的，因此不能按转速设置，只能按百分比设置。

4）SYS Fan Control（系统风扇控制）。可控制系统风扇的转速，一般有3档，即50%、75%、100%。系统风扇1和2的设置方法相同。

（8）Power Management Setup（电源管理设置）

电源管理设置菜单如图3-17所示。

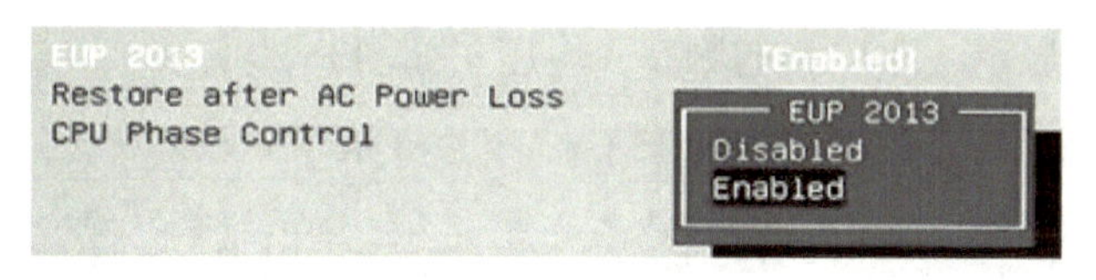

图3-17 电源管理设置菜单

1）EUP 2013。用于开启/关闭（Enabled/Disabled）EUP 2013，默认是关闭的，如图3-17所示。EUP 2013是欧盟的新节能标准，要求计算机在待机状态时其功耗降低到欧盟的要求。开启EUP 2013可能导致开机加电时间略微延迟。

2）Restore after AC Power Loss（AC掉电恢复后状态）。有3种状态：关机（Power off）、开机（Power on）、掉电前（Last State）状态，默认是关机状态。市电有时会掉电，该项可设置市电掉电后再来电时计算机是开机还是关机，或者是保持掉电前的状态。

（9）Windows 8 Configuration（Windows 8配置）

1）Windows 8特征。用于开启/关闭（Enabled/Disabled）Windows 8特征，安装Windows 8时可以开启，安装其他系统时请关闭。默认是关闭的。开启前一定要确认安装的所有设备和应用都要满足Windows 8的要求。

Enabled：系统转换到UEFI模式，以便符合Windows 8的要求。

Disabled：关闭该功能。

2）MSI Fast Boot（MSI快速启动 ）。

MSI Fast Boot是系统开机的最快方式。此项通过关闭更多的设备来加快系统开机，快于一般的Fast Boot。

开启/关闭（Enabled/Disabled）快速启动，默认为关闭。启动时，加速开机，Fast Boot将关闭。

3）Fast Boot（快速启动）。当MSI Fast Boot关闭时，此项才可用。用于开启/关闭（Enabled/Disabled）快速启动，默认为关闭。开启后会加快系统开机。

（10）Wake Up Event Setup（唤醒事件设置）

1）Wake Up Event By（唤醒事件管理）。唤醒事件管理用于设置是由BIOS管理还是OS管理，如图3–18所示。BIOS管理就需要进行时钟、鼠标、键盘、PIC/PCIE设备的设置。OS管理要到OS里设置。

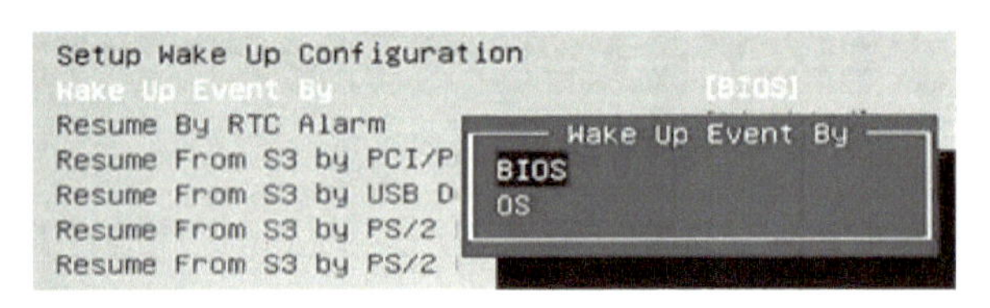

图3–18　唤醒事件管理

2）Resume By RTC Alarm（时钟唤醒）。用于开启/关闭（Enabled/Disabled）时钟唤醒，默认是关闭的。开启后弹出时间设置菜单。

3）Resume From S3 by PCI/PCIE Device（PIC/PCIE设备唤醒），默认为关闭。

4）Resume From S3 by USB Device（USB设备唤醒），默认为关闭。

5）Resume From S3 by PS/2 Mouse（PS2鼠标唤醒），默认为关闭。

6）Resume From S3 by PS/2 KB（PS2键盘唤醒），默认为关闭。

3. Overclocking（超频菜单）

该菜单主要设置CPU、显示、DRAM的频率、电压，如图3–19所示。

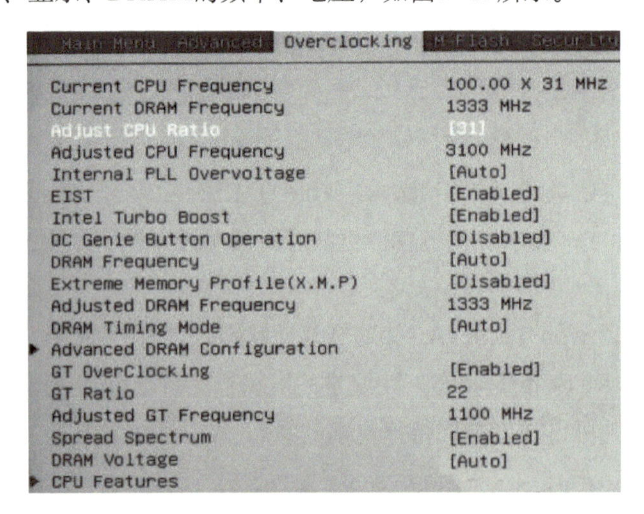

图3–19　超频菜单设置

（1）Adjust CPU Ratio（调整CPU倍率）

CPU倍率调整如图3–20所示。

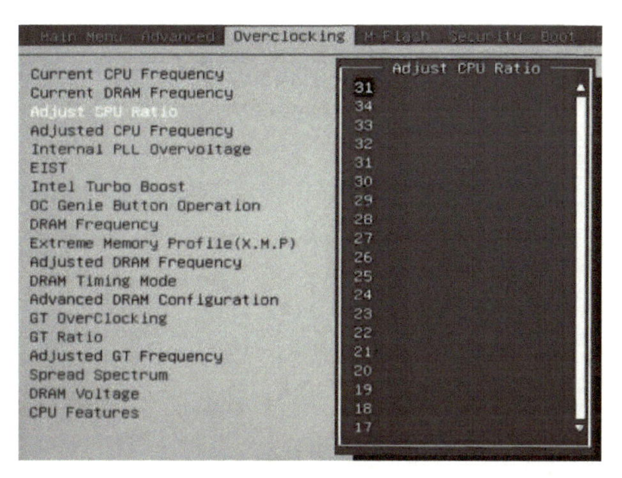

图 3-20　CPU 倍率调整

按<Enter>键可弹出倍率选择菜单，可以从中选择倍率。H61不支持CPU超频，倍频菜单中的最高倍率是CPU默认的倍率。

（2）Internal PLL Overvoltage（超内部PLL电压）

设置项有自动（Auto）、关闭（Disabled）、开启（Enabled），默认是自动，指可自动提升CPU时钟信号电压。但是在H61主板BIOS中出现，没有用处了。

（3）EIST

该选项可设置开启/关闭（Enabled/Disabled）EIST，默认为开启。EIST的全称为“Enhanced Intel Speed Step Technology”，是Intel公司专门为移动平台和服务器平台处理器开发的一种节电技术。后来，新推出的桌面处理器也内置了该项技术。它能够根据不同的系统工作量自动调节处理器的电压和频率，以减少耗电量和发热量。同时，由于发热问题得到解决，所以计算机机箱也不必使用太多额外的风扇进行散热，噪声问题也得以改善。

（4）OC Genie Function

该选项可用于开启/关闭（Enabled/Disabled）OC Genie按钮，默认是关闭。

（5）DRAM Frequency（内存频率设置）

内存频率设置如图3–21所示。

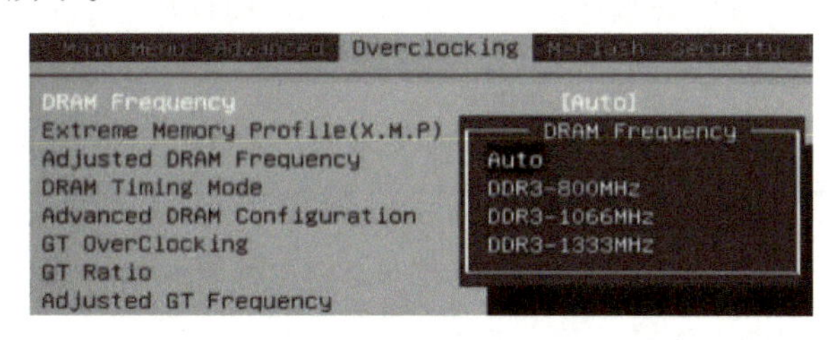

图 3-21　内存频率设置

按<Enter>键弹出频率选择菜单。H61不支持内存超频，默认的最高频率是1333MHz。

（6）DRAM Timing Mode（DRAM时序模式）

该选项可设置为Auto、Link、Unlink。Auto就是按内存的SPD参数自动设置。Link、Unlink是手动设置。Link指双通道用同一个时序进行设置，Unlink指两个通道分开设置时序。当设置了Link或Unlink后，Advanced DRAM Configuration选项变为可操作的，以便于手动设置内存时序。

（7）Advanced DRAM Configuration（内存时序设置）

内存时序设置如图3–22所示。

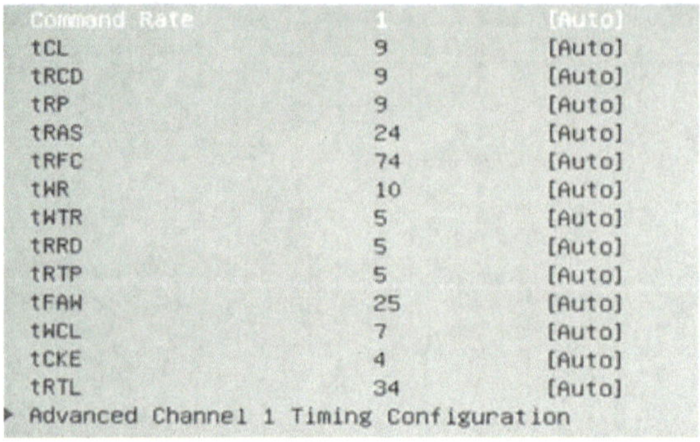

Command Rate	1	[Auto]
tCL	9	[Auto]
tRCD	9	[Auto]
tRP	9	[Auto]
tRAS	24	[Auto]
tRFC	74	[Auto]
tWR	10	[Auto]
tWTR	5	[Auto]
tRRD	5	[Auto]
tRTP	5	[Auto]
tFAW	25	[Auto]
tWCL	7	[Auto]
tCKE	4	[Auto]
tRTL	34	[Auto]
▶ Advanced Channel 1 Timing Configuration		

图 3-22　内存时序设置

下面对部分参数进行介绍。

tCL：参数范围为5～15T。tCL就是CAS# Latency，列地址选通潜伏时间，指的是“内存读/写操作前列地址控制器的潜伏时间”。CAS（Colume Address Strobe，列地址选通脉冲）控制从接收一个指令到执行指令之间的时间。因为CAS主要控制十六进制的地址，或者说是内存矩阵中的列地址，所以它是非常重要的参数，在稳定的前提下应该尽可能低。

tRCD：参数范围为4～15T。tRCD就是RAS# to CAS# Delay（RAS至CAS延迟），行地址到列地址的延迟时间，数值越小，性能越好。RAS和CAS并不是连续的，存在着延迟，对内存进行读/写或刷新操作时，需要在RAS和CAS这两种脉冲信号之间插入延迟时钟周期。

JEDEC标准（该标准主要用于定义半导体硬件的封装、接口、协议等）中，它是排在第二的参数，降低此延时，可以提高系统性能。如果该值设置得太低，同样会导致系统不稳定。

tRP：参数范围为4～15T。tRP就是Row# precharge Delay，内存行地址选通脉冲预充电时间，也称为“内存行地址控制器预充电时间”，预充电参数越小，则内存读/写速度就越快。tRP用来设定在另一行被激活之前RAS需要的充电时间。tRP参数大会导致所有的行激活延迟过长，参数小可以减少预充电时间，从而更快地激活下一行。该参数值越小，获取的性能就越高，但可能会造成行激活之前的数据丢失，内存控制器不能顺利地完成读/写操作，从而导致系统不稳定。该参数值越大，系统的稳定性就越高。

这3个参数是JEDEC规范中最重要的参数。参数值越低，内存读/写操作越快，但稳定性下降；相反数值越高，读/写速度降低，稳定性越高。

tRAS：参数范围为10～40T。tRAS就是Row# active Delay，内存行地址选通延迟，即“内存行有效至预充电的最短周期”。调整这个参数要根据实际情况而定，并不是说越大或越小就越好。如果tRAS的周期太长，系统会因为无谓的等待而降低性能。降低tRAS周期，则会导致已被激活的行地址更早地进入非激活状态。如果tRAS的周期太短，则可能因缺乏足够的时间而无法完成数据的突发传输，这样会丢失数据或损坏数据。该值一般设定为“CL的值+tRCD的值+2”个时钟周期。为提高系统性能，应尽可能降低tRAS的值，但如果发生内存错误或死机，则应该增大tRAS的值。

tRFC：参数范围为48.200T。tRFC就是Refresh Cycle Time，刷新周期时间，是行单元刷新所需要的时钟周期数。该值也表示向相同的逻辑存储库bank中的另一个行单元两次发送刷新指令（即REF指令）之间的时间间隔。tRFC值越小越好，它比tRC的值要稍高一些。

(8) GT OverClocking（集成显卡超频）

该选项可开启/关闭（Enabled/Disabled）集成显卡超频，默认为开启，如图3-23所示。

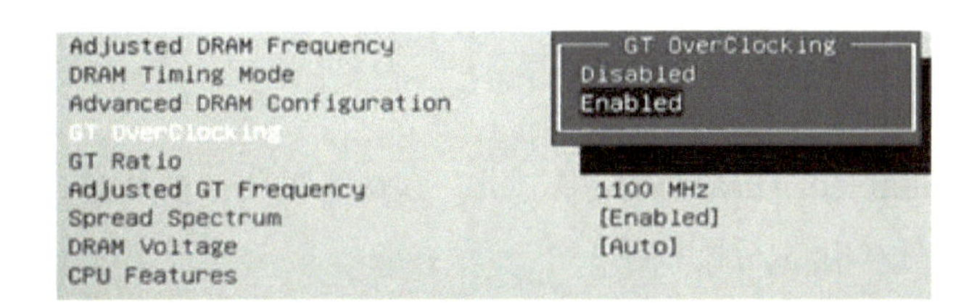

图 3-23 集成显卡超频

(9) GT Ratio

该选项可设置GPU的倍率。基频与CPU相同。可以输入数字，也可以用按+或-键调整倍频。

(10) Spread Spectrum（频展设置）

该选项可开启/关闭（Enabled/Disabled）频展，默认为开启。这项设置有利于超频稳定。

(11) DRAM Voltage（内存电压）

Auto是内存条的默认电压设置，如图3-24所示。如果因为内存兼容不良而死机，则可以适当提高内存电压。

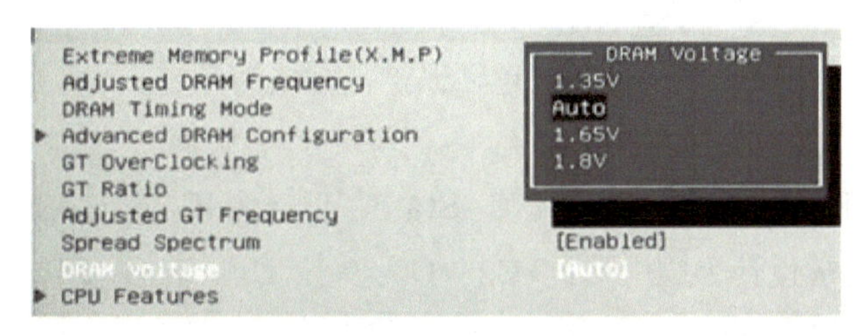

图 3-24 内存电压设置

(12) CPU Features（CPU特征）

CPU特征设置如图3-25所示。

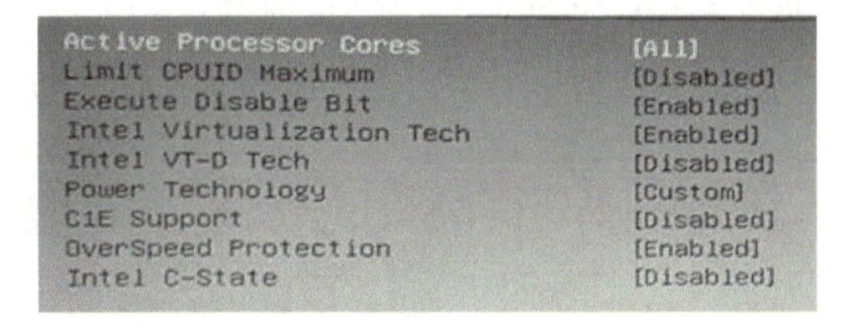

图 3-25 CPU 特征设置

1) Active Processor Cores（激活CPU内核）

该选项可设置CPU工作的内核。

2) Limit CPUID Maximum（CPUID最大限制）

该选项可开启/关闭（Enabled/Disabled）CPUID最大限制，默认为关闭。CPUID 包括了用户计算机的信息处理器的信息。信息包括CPU类型、型号、制造商信息、商标信息、序列号、缓存等。CPU执行CPUID指令后返回一个数值，如果这个数值大于某个值，可能会造成某些操作系统误动作。微软的Windows系列操作系统不受此影响，一般设置为Disabled。

3) Execute Disable Bit（执行禁止位）

该选项可开启/关闭（Enabled/Disabled）执行禁止位，默认为开启。Execute Disable Bit是Intel在新一代处理器中引入的一项功能，开启该功能后，可以防止病毒、蠕虫、木马等程序利用溢出、无限扩大等手法去破坏系统内存并取得系统的控制权。其工作原理是：处理器在内存中划分出几块区域，部分区域可执行应用程序代码，而另一些区域则不允许。当然，要实现处理器的“Execute Disable Bit”功能，需要操作系统的配合才行。现在，Windows系统、Linux 9.2及Red Hat Enterprise Linux 3 Update 3等均支持这一功能。

4）Intel Virtualization Tech（虚拟机技术）

该选项可开启/关闭（Enabled/Disabled）虚拟机，默认为关闭。安装虚拟机时需要开启。

5）Intel VT-D Tech（I/O虚拟分配技术）

该选项可开启/关闭（Enabled/Disabled）I/O 虚拟分配技术，默认为关闭。安装虚拟机时需要开启。VT-D是英特尔虚拟化技术硬件架构的最新成员。VT-D能够改进应用的兼容性和可靠性，并提供更高水平的可管理性、安全性、隔离性和 I/O 性能，从而帮助 VMM 更好地利用硬件。

6）Power Technology（电源技术）

设置项包括关闭（Disable）、能效（Energy Efficient）、自选（Custom），默认为自选。

7）C1E Support（C1E支持）

该选项可开启/关闭（Enabled/Disabled）C1E支持，默认为关闭。C1E的全称是C1E enhanced halt stat，由操作系统的HLT命令触发，通过调节倍频降低处理器的主频，同时还可以降低电压。

8）OverSpeed Protection（超频保护）

该选项可开启/关闭（Enabled/Disabled）超频保护，默认为开启。

9）Intel C-State

该选项可开启/关闭（Enabled/Disabled）C-State，默认为开启。C-State是ACPI定义的处理器的电源状态。处理器电源状态被设计为C0、C1、C2、C3、…、C*n*。C0电源状态是活跃状态，即CPU执行指令时的状态。C1～C*n*都是处理器睡眠状态，即和C0状态相比，处理器消耗更少的能源并且释放更少的热量。但在睡眠状态下，处理器都有一个恢复到C0的唤醒时间，不同的C-State要耗费不同的唤醒时间。

C-State与C1E的区别：C-State是ACPI控制的休眠机制，C1E通过HLT指令控制降低CPU频率。在这个模式下，除了关闭处理器内部时钟外，处理器的电压也被降低。

4．M-Flash

M-Flash是微星独有的从U盘BIOS启动、保存BIOS到U盘、用U盘的BIOS更新3项功能的总称，如图3-26所示。

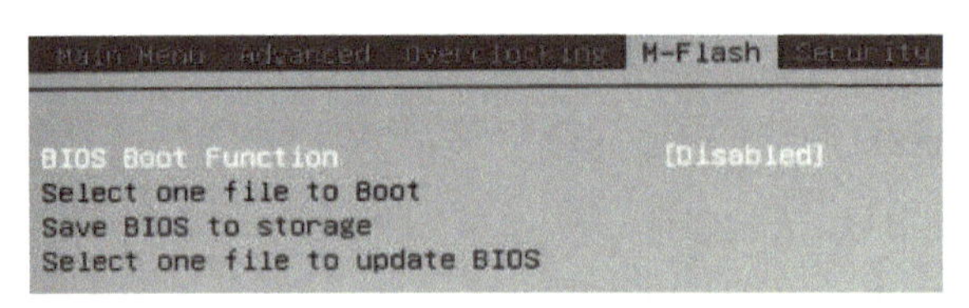

图 3-26　M-Flash 设置

（1）BIOS Boot Function（从U盘BIOS启动）

该选项可开启/关闭（Enabled/Disabled）从U盘BIOS启动功能，默认为关闭。如果要从U盘BIOS启动，需要先把带有BIOS的U盘插入USB口，开机进入BIOS的M-Flash选项，设置BIOS Boot Function为Enabled，如图3-27所示。

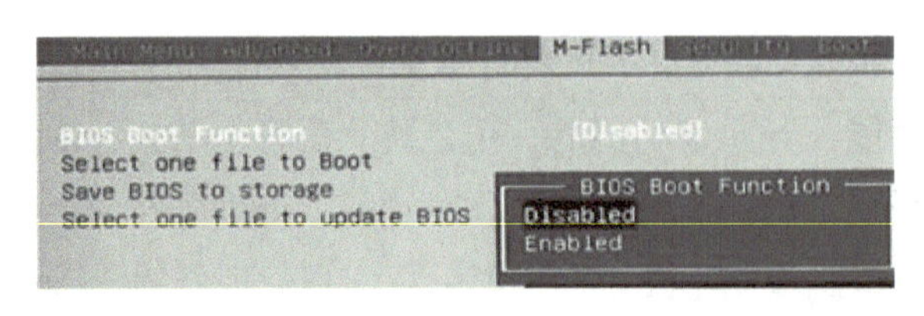

图 3-27　从 U 盘 BIOS 启动设置

开启BIOS Boot Function后，Select one file to Boot（选择启动的BIOS文件）变为可操作项，如图3–28所示，按<Enter>键弹出检测到的U盘。再次按<Enter>键就可以看到U盘里的BIOS文件，从中进行选择即可。最后按<F10>键保存并重启，就可以从U盘BIOS启动了。

图 3-28　选择启动文件

（2）Save BIOS to storage（保存BIOS到U盘）

找到Save BIOS to storage选项后按<Enter>键，就弹出检测到的U盘信息，再次按<Enter>键弹出BIOS文件名，可设置文件名，如图3–29所示。

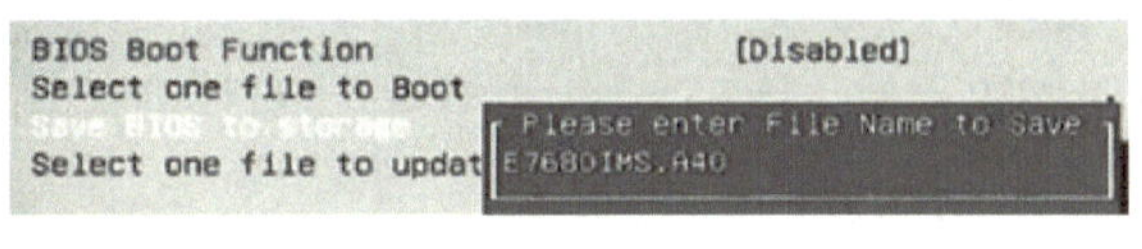

图 3-29　设置文件名

按<Enter>键即可保存，如图3–30所示。

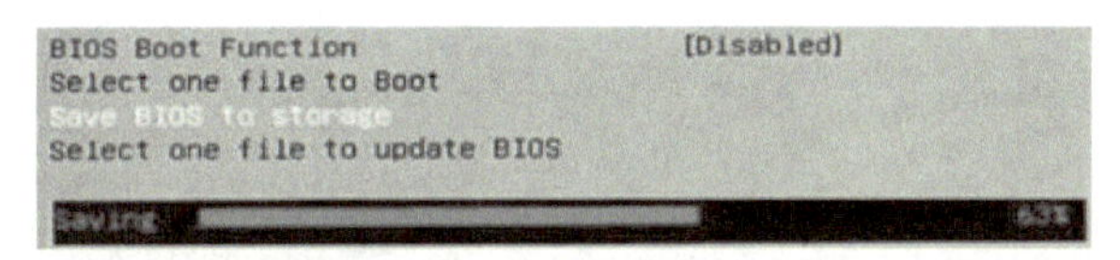

图 3-30　保存 BIOS 文件

（3）Select one file to update BIOS（用U盘的BIOS更新）

找到Select one file to update BIOS选项后按<Enter>键，弹出检测到的U盘。

按<Enter>键弹出U盘上的BIOS文件，选择更新用的BIOS文件，如图3–31所示。选定文件后按<Enter>键开始更新，如图3–32所示。

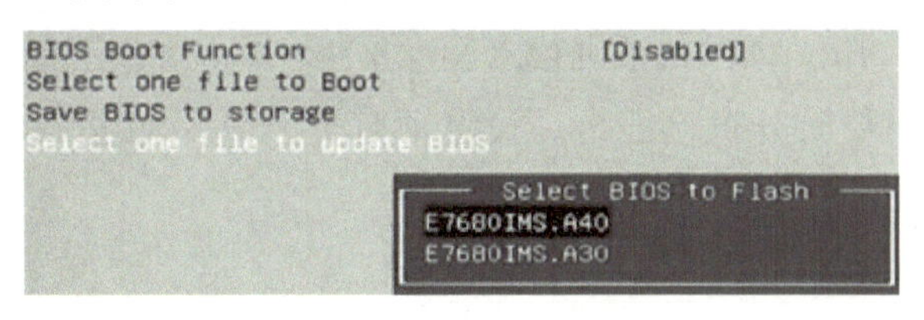

图 3-31　选择 U 盘上的 BIOS 文件

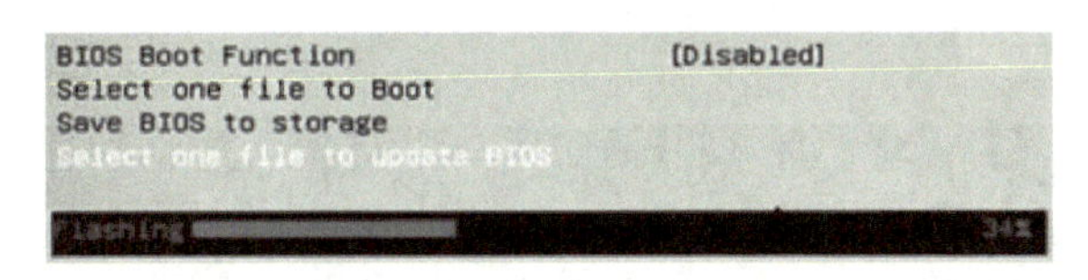

图 3-32　更新 BIOS 过程

5. Security（安全）

Security（安全）设置界面如图3–33所示。

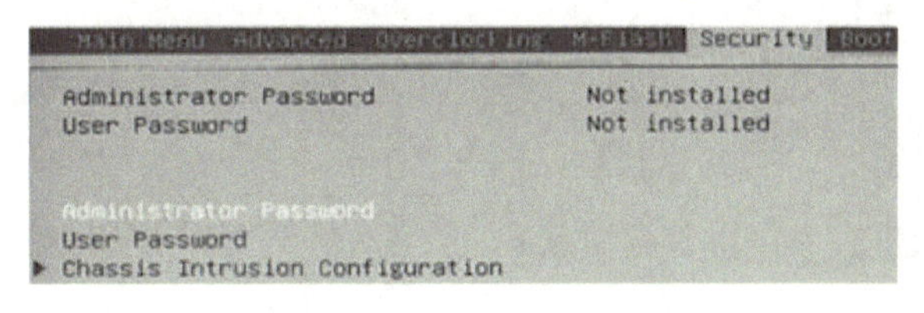

图 3-33　Security（安全）设置界面

（1）Administrator Password（管理员密码）

找到Administrator Password选项后按<Enter>键，弹出密码输入框，在框内输入密码，按<Enter>键，再输入一次密码验证。按<Enter>键保存即可，如图3-34所示。

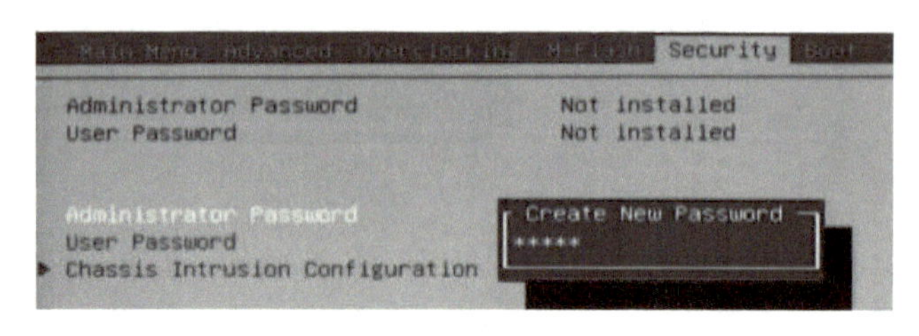

图 3-34　设置管理员密码

（2）User Password（用户密码）

设置用户密码与设置管理员密码相似。

（3）Password Check（密码核对时机）

当设置管理员密码或用户密码时，密码核对才显示出来，如图3-35所示。

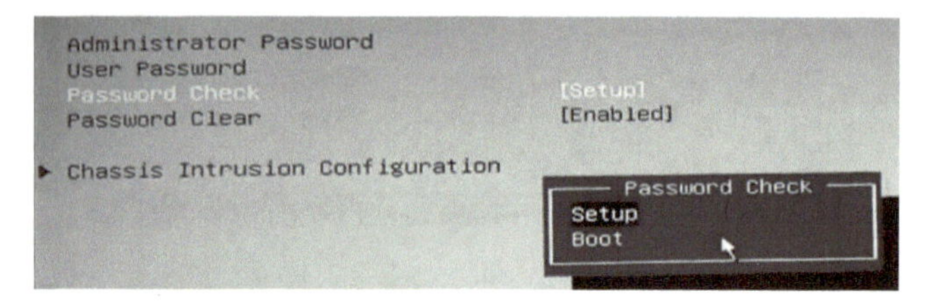

图 3-35　设置密码核对时机

1）Setup：当用户试图进入CMOS设置时输入密码，默认选择该项。

2）Boot：计算机开机时输入密码，当密码不正确时，计算机不会进入操作系统，只有当密码正确时才能进入。这就是通常所说的“开机密码”，给计算机的安全性增加了一个屏障。

（4）Chassis Intrusion Configuration（机箱入侵设置）

该项可防止开启机箱，需要防开机箱配合。设置项有关闭（Disabled）、启用（Enabled）、复位（Reset），默认为关闭。

6. Boot

Boot配置界面如图3-36所示。

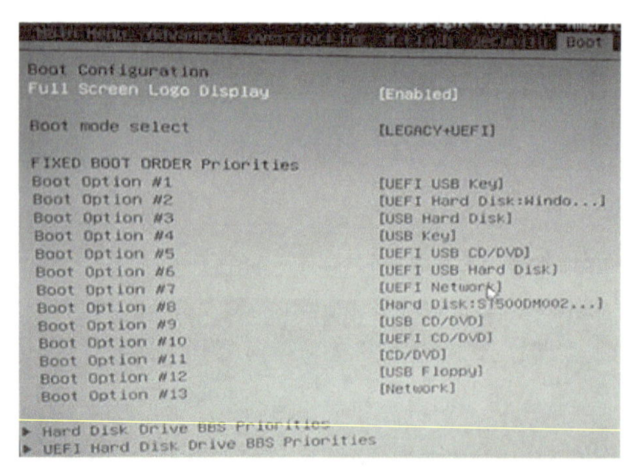

图 3-36　Boot 配置界面

(1) Full Screen Logo Display（全屏LOGO显示）

该选项可开启/关闭（Enabled/Disabled）全屏LOGO显示，默认为开启。

(2) Boot mode select（启动模式选择）

启动模式有两种方式，如图3-37所示。

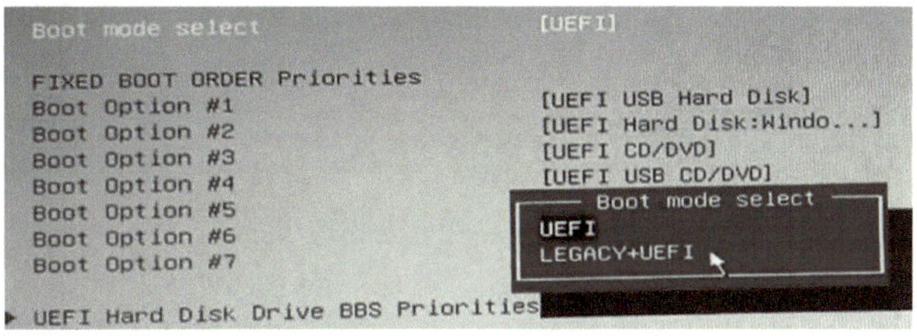

图 3-37 启动模式选择

1）UEFI：只能用UEFI启动。

2）LEGACY+UEFI：用传统兼容模式启动。

(3) FIXED BOOT ORDER Priorities（设置启动顺序）

选择好启动模式后，设置启动顺序，不同模式要选择对应的启动顺序。

第一启动盘：一般都设置为U盘启动。

第二启动盘：一般都设置为硬盘启动。

其他的启动盘可以不考虑。一般情况下，若这两个启动盘都不能正常启动，这说明某个部分出现了故障或问题，要进行排查、解决。

例如，若启动模式选择UEFI，则第一、二个启动盘只能选择以UEFI开头的启动设备；若选择传统兼容模式启动，则第一、二个启动盘只能选择非UEFI开头的设备。

启动顺序设置界面如图3-38所示。

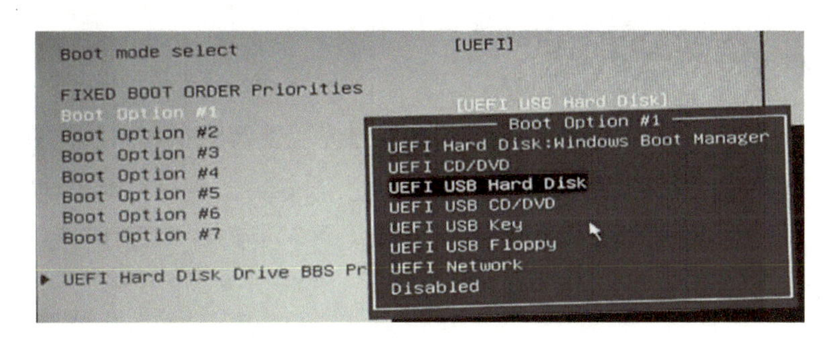

图 3-38 启动顺序设置界面

(4) UEFI Hard Disk Drive BBS Priorities（UEFI模式硬盘优先启动配置）

该选项可从可用的硬盘驱动中指定启动设备的优先级顺序。当有两个以上的同类型设备时，可通过该选项设置它们的启动顺序。

7. Save & Exit（保存和退出）

Save & Exit（保存和退出）设置界面如图3-39所示。

1）Discard Changes and Exit：放弃修改并退出。

2）Save Changes and Reboot：保存修改并重启。

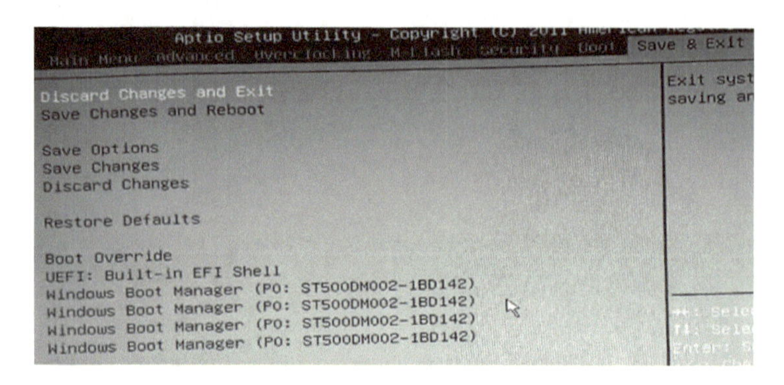

图 3-39　保存和退出设置界面

3）Save Options（保存选项）。

- Save Changes：保存修改。
- Discard Changes：放弃修改。
- Restore Defaults：恢复默认值。

4）Boot Override（跨越启动）。

跨越启动指的是不管Boot的配置，直接从下面的设备启动。

任务2　制作启动安装U盘

任务描述

任选一款启动U盘制作工具，将一个U盘制作成启动安装U盘，用于安装及维护操作系统。

任务分析

由于计算机主板一般都支持U盘启动，所以原来通过光驱安装的操作系统现在可以通过U盘进行安装。这样就需要制作一个启动安装U盘用来安装所需的操作系统。制作启动安装U盘也不难，准备一个U盘，最好大于8GB，从网上下载任一款启动U盘制作工具，可以一键制作USB启动盘。完成后，再把操作系统的镜像文件复制到U盘，启动安装U盘制作完成。

知识准备

现在生产的计算机一般都支持UEFI启动，UEFI启动作为一种新的主板引导项，被看作BIOS的继任者，它与BIOS相比有许多改进之处，取代BIOS或是大势所趋。使用UEFI启动的计算机如果想用U盘启动，就必须使U盘支持UEFI启动的模式。现在制作启动U盘的工具有很多，如电脑店、老毛桃、大白菜、U盘魔术师等优秀的启动U盘制作工具，它们还都支持UEFI模式启动。不同的制作工具软件有不同的工具特色，用户可以根据自己的需要选择合适的工具软件。开始制作UEFI启动U盘前，需要准备一个能够正常使用的U盘，建议将U盘中存放的资料备份至本地磁盘，以免在制作过程中删除其中的重要资料。U盘的容量越大越好（容量≥8GB）。

任务实施

本任务以“U盘魔术师v5全能版”为例介绍制作UEFI启动安装U盘的详细方法。

一、安装“U 盘魔术师 v5 全能版”制作工具

首先到“系统总裁”官网（https://www.sysceo.com/）下载最新的“U盘魔术师v5全能版”（U盘魔术师有不同版本，包含内容不同，约3.6GB），下载完成后安装。

二、启动安装 U 盘制作步骤

把准备好的U盘插入计算机USB接口中，运行“U盘魔术师v5全能版”，主界面如图3-40所示。

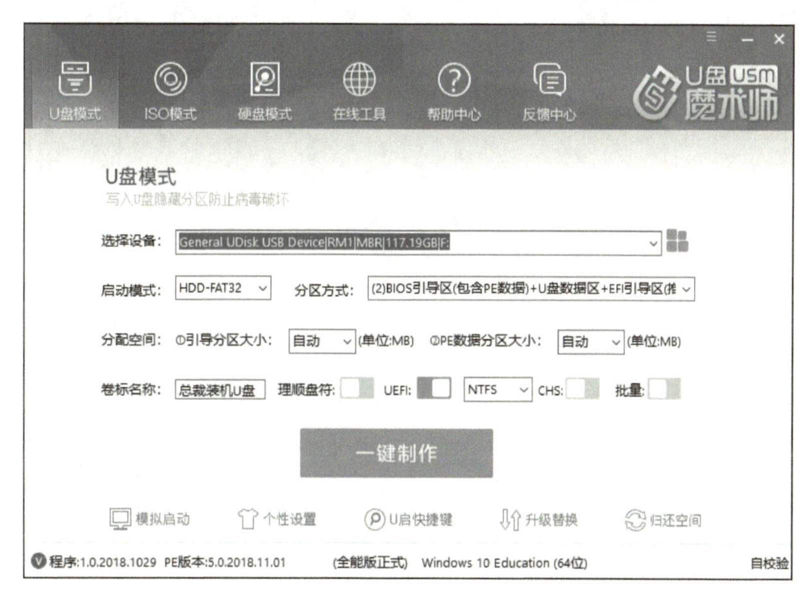

图 3-40 “U 盘魔术师 v5 全能版”主界面

这里面提供了3种制作启动盘的模式。

第一种：U盘模式。

U盘模式主要是对移动设备PE的UD模式制作，提供的功能有自动智能扫描并检测当前可用的移动设备，自定义制作参数，自定义PE菜单内容及PE系统壁纸等，模拟PE启动界面，归还移动设备空间，升级替换PE，一键全自动制作等。

第二种：ISO模式。

ISO模式主要是对移动设备PE的ISO模式制作，提供的功能有自动智能扫描并检测当前可用的移动设备，自定义制作参数，自定义PE菜单内容及PE系统壁纸等，模拟PE启动界面，刻录到光盘，一键全自动制作等。

第三种：硬盘模式。

硬盘模式严格来说不能算是U盘启动，该模式主要是将PE安装到本机系统，提供的功能有自动智能扫描并检测当前可用的分区，自定义制作参数，自定义PE菜单内容及PE系统壁纸，模拟PE启动界面，一键全自动制作。另外，该模式还支持UEFI环境。

从上面介绍的功能可以看出，U盘模式基本上能满足不同用户的需要。这里选择U盘模式。

单击“一键制作”按钮，出现的界面如图3-41所示。

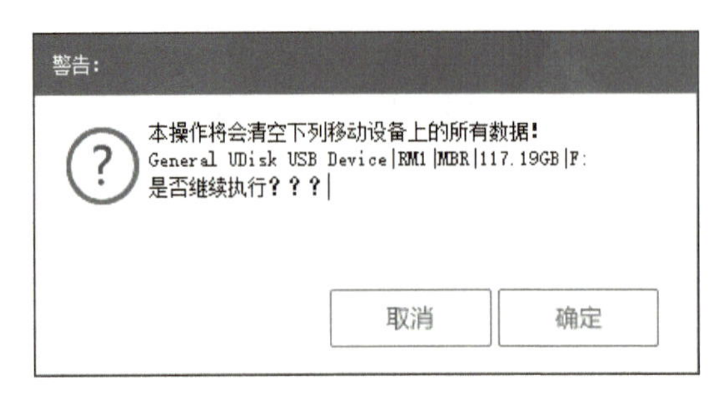

图3-41　U盘魔术师U盘模式启动制作界面（一）

单击“确定”按钮，开始制作启动安装U盘，界面如图3-42所示。

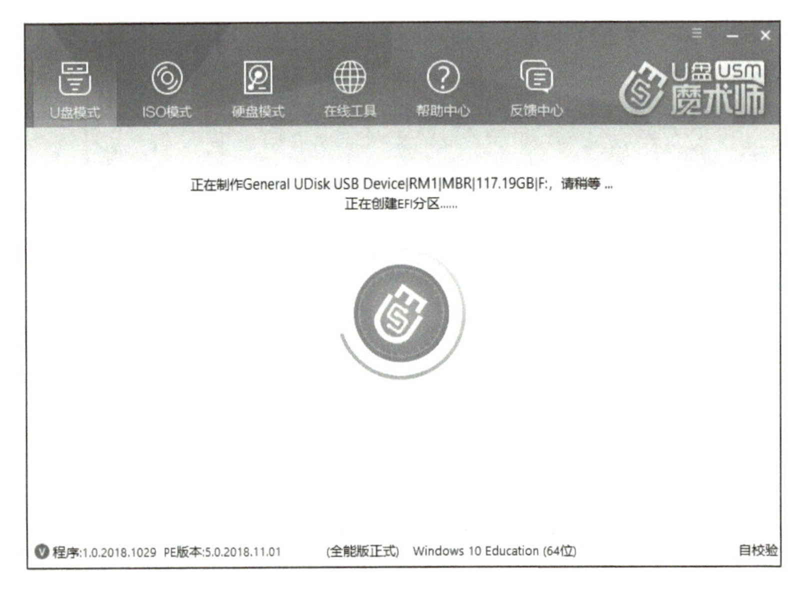

图3-42　U盘魔术师U盘模式启动制作界面（二）

U盘魔术师制作启动安装U盘的时间比较长，需要耐心等待完成，中间不要插拔U盘，以免制作启动安装U盘失败。启动安装U盘制作成功后，出现提示制作成功界面，如图3-43所示。

图3-43　启动安装U盘制作成功界面

单击“返回继续操作”按钮，关闭U盘魔术师启动安装U盘制作程序。

此时启动安装U盘已经制作好，要想成为安装盘，还必须把要安装的操作系统的ISO安装版镜像文件复制到U盘之中，这样才算正式成为启动安装U盘。Windows7.iso镜像文件64位的约3.2GB，32位的约2.4GB；Windows10.iso镜像文件64位的约4.5GB。如果要安装UEFI模式的，那么必须是64位的，32位的Windows系统不支持UEFI模式。

拓展任务

一、BIOS升级与备份

在日常的计算机维修中，有时需要更新主板BIOS来解决一些问题，各品牌主板都有自己的更新工具和方法。主板BIOS更新有两种方法：一种在DOS下进行，但在DOS下更新对新手来说有点难度；另一种就是在Windows下进行。下面以微星主板为例进行操作。有两种操作方法：第一种就是利用微星主板BIOS中自带的工具软件进行升级和备份；第二种就是在Windows下直接更新微星主板BIOS。

下面以在Windows下直接更新微星主板BIOS为例进行说明。

1. 工具

微星Live Update 5主板驱动和BIOS升级工具。

2. 方法与步骤

先下载微星Live Update 5。

下载完成后，解压并安装Live Update 5。启动Live Update 5，在首页可以看到当前BIOS版本号为3.60，如图3–44所示。

图3-44 Live Update 5软件界面

在Live Update 5界面中选择Live Update选项卡，再单击“扫描”按钮，如图3–45所示。

扫描完成后就可以看到当前计算机可更新的BIOS程序，然后单击“下载”按钮，如图3–46所示。

此时弹出对话框，记录一下保存的路径，以便以后快速找到刷新程序，如图3–47所示。

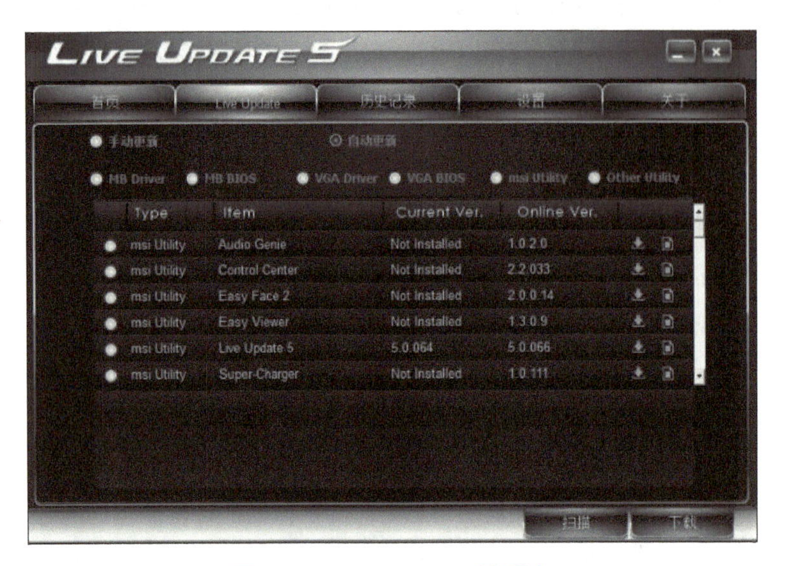

图 3-45　Live Update 选项卡

图 3-46　可更新的 BIOS 程序

图 3-47　弹出的保存路径对话框

下载完成后，找到下载的刷新程序，如图3-48所示。

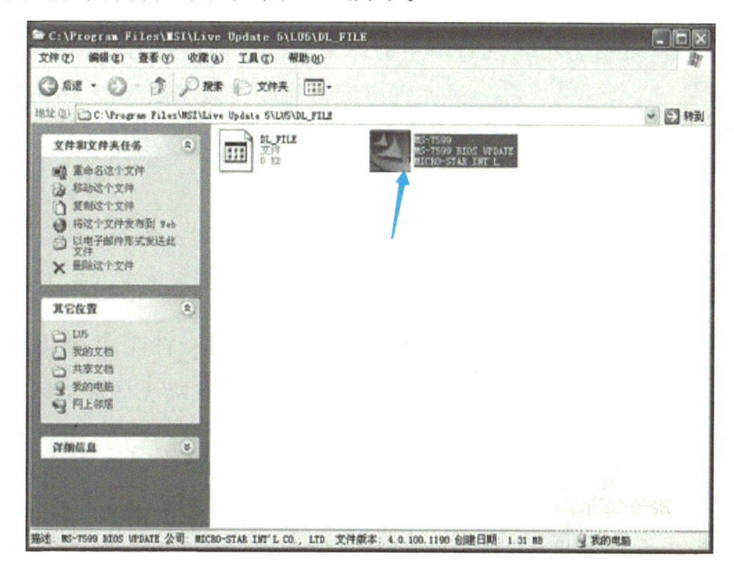

图 3-48　下载的微星主板 BIOS 刷新程序

双击BIOS刷新程序，这个窗口中的文字出现问题，不是正确的简体中文，不过不影响使用，单击“???>”按钮即可，如图3-49所示。

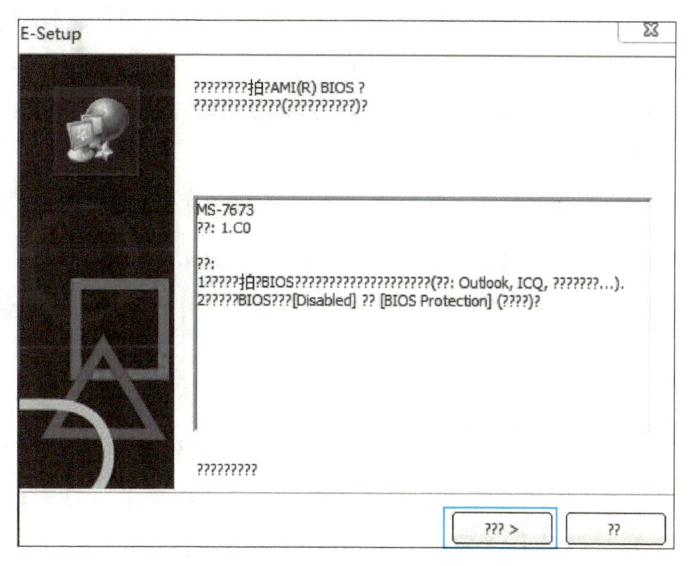

图 3-49　安装微星主板 BIOS 刷新程序

此时在弹出的对话框中有3个选项，在第一个选项中输入“a”就可以了。输入后计算机开始BIOS程序更新。更新完成后按任意键，计算机重新启动，就完成了Windows下BIOS程序的更新，如图3-50所示。

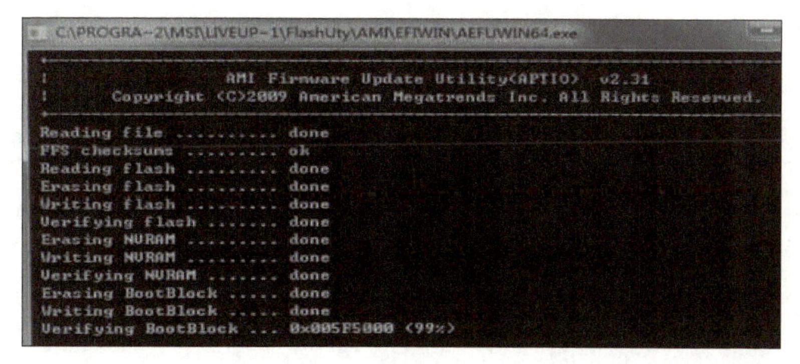

图 3-50　Windows 下 BIOS 程序更新完成

温馨提示

在运行BIOS更新程序之前要把其他的程序全部关闭，建议重新启动计算机后再开始刷新。

二、UEFI与Legacy

1. UEFI

UEFI（Unified Extensible Firmware Interface，统一的可扩展固件接口）是一种详细描述类型接口的标准。这种接口用于操作系统自动从预启动的操作环境加载到另一种操作系统上。

可扩展固件接口（Extensible Firmware Interface，EFI）是Intel为PC固件的体系结构、接口和服务提出的建议标准。其主要目的是提供一组OS加载之前（启动前）在所有平台上一致的、正确指定的启动服务。

UEFI是以EFI 1.10为基础发展起来的，它的所有者已不再是Intel，而是一个称为Unified EFI Form的国际组织。

2. Legacy和UEFI的启动模式

（1）Legacy启动模式

Legacy启动模式是多年来PC一直在使用的启动方式（从MBR中加载启动程序），当系统首次引导或被重置时，处理器会执行一段位于已知位置处的代码，来启动一个位于闪存或ROM中的已知地址处的程序。通常，它执行上电自检（POST）操作来检查机器。最后，它通过引导驱动器上的主引导记录（MBR）加载第一个扇区。

引导程序位于MBR第一个扇区里面。此时引导程序被装入RAM并执行，BIOS自检完成之后，将MBR的代码读入内存，管理权交给MBR，MBR再读取DPT（Disk Partition Table，磁盘分区表），从DPT中找出硬盘的所有分区中哪一个是激活的主分区。DPT找到主分区之后再查找这个主分区的引导记录，去引导操作系统。

（2）UEFI启动模式

与传统BIOS引导启动方式相比，UEFI BIOS减少了BIOS自检的步骤，节省了大量的时间，从而加快了平台的启动。它被看作BIOS的继任者。通常，在UEFI启动模式下，只能运行特定架构的UEFI操作系统和EFI应用程序（EBC程序除外）。例如，采用64位UEFI固件的PC，在UEFI启动模式下只能运行64位操作系统启动程序。在UEFI启动模式下，硬盘有两个很小的隐藏分区：一个为ESP分区（EFI系统分区），另一个为MSR分区（Microsoft保留分区，通常为128MB）。ESP对UEFI启动模式来说很重要，UEFI的引导程序是以扩展名为.efi的文件存放在ESP分区中的，ESP分区采用FAT32文件系统。通常计算机开机并完成UEFI初始化后，引导ESP中的引导程序进入操作系统。

为了更直观、更容易理解，这里对Legacy和UEFI启动模式进行比较，如图3-51所示。

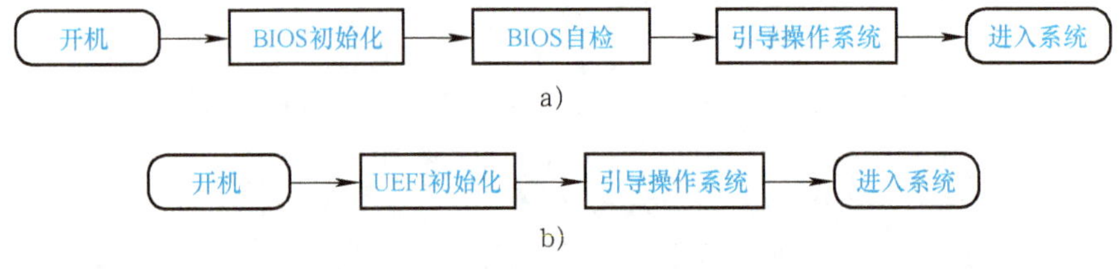

图3-51 Legacy和UEFI启动模式的区别

a）Legacy启动模式 b）UEFI启动模式

3. UEFI优势

（1）提供更大的磁盘容量

传统MBR分区只能支持最大2.2TB的硬盘和最多4个主分区（最多支持24个硬盘分区），而UEFI规范了GPT分区格式，可以支持过百TB大小的硬盘和无限个主分区（无限个主分区是理论上而言的，实际上受操作系统的影响，一般只能分到128个主分区）。

（2）提供更高的效能

BIOS专为传统的16位处理器定制，寻址能力低，效能表现很差；而UEFI可以适用于任何64位处理器，寻址能力强，效能表现优秀，在加载更多硬件的同时能更快地启动Windows。

（3）安全性更强

UEFI启动需要一个独立的分区，它将系统启动文件和操作系统本身隔离，可以更好地保护系统的启动。即使系统启动出错，需要重新配置，也只要简单对启动分区重新进行配置即可。可以确保在加载操作系统之前，就能够执行已签名并获得认证的“已知安全”代码和启动加载程序，可以防止用户在根路径中执行恶意代码。

（4）启动配置更灵活

UEFI在启动的时候可以调用EFI Shell，在此可以加载指定硬件驱动，选择启动文件。比如默认启动失败，在EFI Shell加载U盘上的启动文件继续启动系统。

（5）更快的开机、休眠恢复

传统BIOS使用Int 13中断读取磁盘，每次只能读64KB，非常低效，而UEFI每次可以读1MB，载入更快。此外，微软的Windows 7以上操作系统，更是进一步优化了UEFI支持，可以实现快速开机。

4. UEFI和Legacy模式的Winpe系统引导比较

为了让MicroCloud365团队成员进一步掌握UEFI和Legacy两种启动模式是否正确设置，可以通过Winpe系统的引导来快速判断。首先把U盘做成UEFI启动模式，插入计算机USB接口，重新启动计算机进入BIOS设置，设置成UEFI启动模式，设置第一启动盘为U盘启动，保存设置重启计算机，UEFI启动Winpe界面如图3-52所示。

图 3-52 UEFI 启动 Winpe 界面

重新启动计算机，把启动模式设置成Legacy启动模式，第一启动盘从U盘启动，保存设置并重启计算机，Legacy启动Winpe界面如图3-53所示。

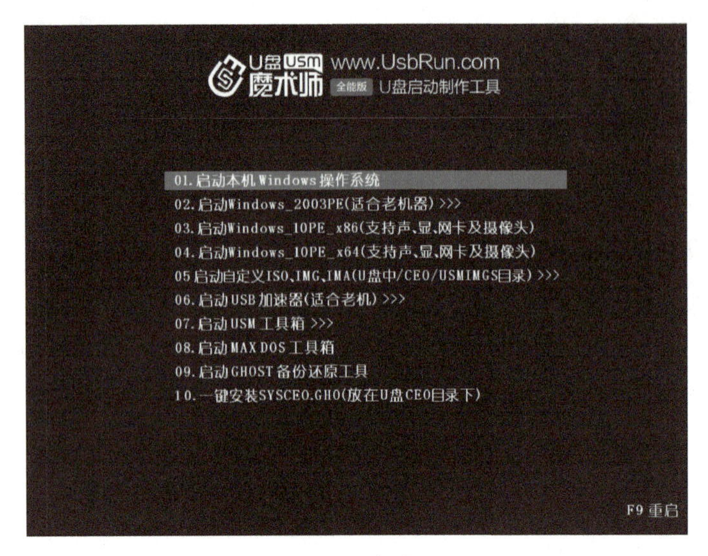

图 3-53 Legacy 启动 Winpe 界面

这两种不同的启动界面可以让人们快速判断所设置的启动模式是否是所需要的模式。

知识巩固与提高

1．BIOS有哪些类型？

2．BIOS设置和CMOS设置的区别和联系是什么？

3．BIOS有哪些功能？

4．计算机有哪些启动模式？它们各自的特点是什么？

5．用不同的制作工具制作启动安装U盘，测试是否能成功引导，若不能启动则仔细查找原因。

学习单元4

硬盘分区与格式化

单元情景

MicroCloud365团队成员在专业指导老师的指导下，已经掌握了BIOS参数的基本设置，接着就可以安装系统了。可是在系统安装过程中，却遇到了一些问题：眼看着硬盘已经复制文件，可以安装系统了，可是重启计算机后，屏幕却出现“硬件不支持，不能继续安装”的故障。于是，团队成员咨询了专业指导老师，原来是分区表不支持相应的系统安装方式。在团队所有成员中，几乎一致认为分区是件简单的事情，却没想到因为硬盘分区表而导致了系统安装的不成功。

学习目标

- 了解MBR和GPT硬盘分区表的区别
- 掌握分别以BIOS和UEFI安装启动系统的区别
- 掌握使用分区工具及利用Windows自带的分区功能创建分区
- 学会用DiskGenius进行分区大小的调整，分区格式的转换及进行分区备份。

任务1 认识硬盘分区与格式化

任务描述

在硬盘上安装操作系统前，需进行硬盘分区、各分区格式化及安装操作系统3个步骤的操作。硬盘分区和硬盘分区表有何种联系，硬盘分区表的创建对系统安装又有何影响，还是让我们和MicroCloud365团队成员一起来认识一下吧。

任务分析

在硬盘上安装操作系统前，需进行硬盘分区及格式化的操作。如果硬盘分区参数设置不正确，则操作系统将不能识别硬盘，即无法进行操作系统的安装。

知识准备

一、硬盘格式化的概念

工厂生产的硬盘必须经过低级格式化、分区和高级格式化（文中均简称为格式化）3个处理步骤后，计算机才能利用硬盘存储数据。

低级格式化是对硬盘有损耗的操作，目的是划定磁盘可供使用的扇区和磁道并标记有问题的扇区。该操作在硬盘出厂时已由硬盘生产商完成，如非必要，使用者无须再进行操作。

用户需要使用操作系统所提供的磁盘工具（如fdisk.exe、format.exe等程序）进行硬盘“分区”和“格式化”（即高级格式化）。

高级格式化是对硬盘的各个分区进行磁道的格式化，可以清空硬盘各个分区的文件。不同的操作系统有不同的格式化程序、格式化结果和不同的磁道划分方法。

低级格式化是对硬盘进行物理格式化，高级格式化是对硬盘进行逻辑格式化。低级格式化只能针对整块硬盘进行，高级格式化则可以对硬盘的每个分区独立进行。

根据目前流行的操作系统来看，常用的分区格式有4种，分别是FAT16、FAT32、NTFS和Linux。

二、认识硬盘分区格式

“分区”只针对硬盘，而文件系统则是针对所有磁盘及存储介质的。例如，Windows系列操作系统支持的FAT16、FAT32和NTFS都是文件系统。

1. FAT16

这是MS-DOS和早期的Windows 95操作系统中最常见的磁盘分区格式。它采用16位的文件分配表，能支持最大为2GB的分区。几乎所有的操作系统都支持这一种格式。最大的缺点是磁盘利用效率低。

2. FAT32

这种格式采用32位的文件分配表，大大增强了其对磁盘的管理能力，突破了FAT16对每一个分区容量只有2GB的限制。FAT32最大的优点：可以大大地减少磁盘的浪费，提高磁盘利用率。支持这一磁盘分区格式的操作系统有Windows 97、Windows 98和Windows 2000。这种分区格式的缺点是由于文件分配表的扩大，运行速度比采用FAT16格式分区的磁盘要慢。另外，DOS系统不支持这种分区格式。还有一点就是FAT32格式分区不支持4GB及以上文件。

3. NTFS

它的优点是安全性和稳定性很高，在使用中不易产生文件碎片，可以更有效率地管理磁盘空间。它能对用户的操作进行记录，通过对用户权限进行非常严格的限制，使每个用户只能按照系统赋予的权限进行操作，充分保护了系统与数据的安全。这种格式采用NT核心的纯32位Windows系统才能识别，DOS、Windows 95和Windows 98系统不能识别。

4. Linux

Linux的磁盘分区格式与其他操作系统完全不同，共有两种，一种是Linux Native主分区，一种是Linux Swap交换分区。这两种分区格式的安全性与稳定性都很高，结合Linux操作系统后，死机的次数大大减少。目前支持这一分区格式的操作系统只有Linux。

三、认识硬盘分区表

人们在使用计算机时，有时会由于异常操作及病毒侵袭等导致某个分区消失或硬盘无法启动。出现该状况的主要原因是硬盘分区表受损。硬盘分区表是支持硬盘正常工作的骨架。操作系统正是通过它把硬盘划分为若干个分区，然后在每个分区里面创建文件系统，写入数据文件。

1. MBR

目前广泛使用的是“MBR分区方案”，广义的MBR包含整个扇区（引导程序、分区表及分隔标识），也就是所说的主引导记录，而狭义的MBR仅指引导程序。

硬盘的0柱面、0磁头、1扇区称为主引导扇区（也叫主引导记录）。它由3个部分组成，即主引导程序、磁盘分区表（Disk Partition Table，DPT）和分区有效标识（55AA）。在总共512字节的主引导扇区里主引导程序占446个字节。第二部分是硬盘分区表，即DPT，占64个字节，每个分区占用16个字节，其中，这16个字节中有活动状态标识、文件系统标识、起止柱面号、磁头号、扇区号、隐含扇区数目（4个字节）、分区总扇区数目（4个字节）等内容，因此，只能记录4个分区的信息，即硬盘主分区数不能超过4个。第三部分是Magic Number，占2个字节，固定为55AA。

由于MBR分区表采用4个字节存储分区的总扇区数，最大能表示2^{32}的扇区个数，按每扇区512字节计算，其最大可寻址的存储空间只有2TB（2^{32}×512字节）。启动系统时，需要有引导扇区，并要有一个处于激活状态的主分区。

2. GUID

GUID分区表简称GPT，是GUID Partition Table（全局唯一标识分区表）的简称，是一种基于Itanium计算机中的可扩展固件接口（EFI）标准的一种较新的磁盘分区表结构。与目前普遍使用的主引导记录（MBR）分区方案相比，GPT提供了更加灵活的磁盘分区机制。

它具有如下特点：

1）支持2TB以上的大硬盘，理论上支持的最大卷容量可达到18EB（Exabytes）。

2）每个磁盘的分区个数几乎没有限制。Windows系统最多可划分128个主分区（1个系统保留分区及127个用户定义分区）。

3）分区大小几乎没有限制。

4）分区表自带备份，可提高分区数据的完整性和安全性。

5）支持唯一的磁盘标识符和分区标识符（GUID）。

6）每个分区可以有一个名称（不同于卷标）。

7）启动时要有一个EFI（ESP）分区及一个主分区。

使用限制：

1）支持的操作系统包括Windows XP（64位）、Windows Server 2003（64位）、Windows Server 2003 SP1（及后续版本）、Vista、Windows Server 2008、Windows 7、Windows 8、Mac OS X和Linux。

2）不论计算机是否属于Itanium架构，MBR磁盘与GPT磁盘均可混搭使用。在Microsoft Windows XP（64位）、Windows Server 2003（64位）、Windows Server 2003 SP1（及后续版本）、Vista、Windows Server 2008等操作系统下，在非基于Itanium的计算机上使用的GPT磁盘分区只能用于数据存储，而不能用于系统引导启动。只有基于Itanium的操作系统才能从GPT磁盘上启动。

3）在单个动态磁盘组中既可以有MBR磁盘，也可以有GPT磁盘。基本GPT磁盘和MBR磁盘也可以混搭使用，但它们不是磁盘组的一部分。可以同时使用MBR和GPT磁盘来创建镜像卷、带区卷、跨区卷和RAID-5卷，但是MBR的柱面对齐的限制可能会使得创建镜像卷有困难。通常可以将MBR的磁盘镜像到GPT磁盘上，从而避免柱面对齐的问题。

4）不允许GPT磁盘间扇区到扇区的全盘复制，以免产生磁盘及分区GUID的非唯一性，但允许基本数据扇区间的复制和迁移。不能在可移动媒体，或者在与群集服务使用的共享SCSI或Fibre Channel总线连接的群集磁盘上使用GPT分区样式。

5）在受支持的操作系统下，可将MBR磁盘转换为GPT磁盘，也可将GPT磁盘转换为MBR磁盘。但磁盘分区模式的转换，会导致原有数据的丢失。

PC快速开机需要具备3个条件：一是主板支持UEFI；二是系统支持UEFI（Windows 8）；三是硬盘需采用GPT分区。

UEFI（Unified Extensible Firmware Interface，统一的可扩展固件接口）是一种详细描述全新类型接口的标准，是适用于计算机的标准固件接口，旨在代替BIOS（基本输入/输出系统）。

UEFI具备图形化界面，有多种多样的操作方式，允许植入硬件驱动等，比传统BIOS更加易用、功能更多、更加方便。

UEFI让硬件初始化以及引导系统变得简捷、快速，使计算机的BIOS更像是一个小型的固化在主板上的操作系统一样。在UEFI环境下安装的Windows 8将会比传统BIOS安装的系统拥有更快的启动速度以及更安全的机制。

实现UEFI启动的四大条件如下。

1）支持UEFI启动的主板：2010年以后的主板及支持i3、i5、i7的主板基本上都支持UEFI。主板若支持UEFI，一般会默认开启。

2）64位NT6内核操作系统：Windows Vista/7/8/8.1/10均为NT6内核，但要使用UEFI，则需要64位系统才支持。（部分32位Windows 8设备使用了UEFI，是特殊现象。）

3）GPT分区表： GPT分区表只在硬盘容量大于2TB时才有必要使用。若安装系统的硬盘容量小于2TB，可直接用BIOS+MBR模式。

4）FAT分区：在GPT分区表中其实也就是ESP分区。UEFI启动引导系统的方法是查找硬盘分区中第一个FAT分区内的引导文件进行系统引导，这里并没有指定分区表格式，但FAT分区必备。

安装系统的基本原则（以安装64位Windows 7、Windows 8、Windows 8.1的系统U盘为例）如下：

1）以传统的BIOS方式启动计算机，系统只能安装在MBR分区的硬盘中，如果硬盘是GPT分区，则无法下一步 。

2）以UEFI方式启动计算机，系统只能安装在GPT分区中，如果硬盘是MBR分区，则无法进行下一步。

3）使用DiskGenius专业版，可以无损相互转换（所谓的无损也是相对的，不是绝对的）。

任务实施

基于MBR和GUID两种分区表的不同，采用快速分区法转换分区表，分别对硬盘分5个区。

1．使用快速分区创建MBR分区表，并对硬盘分5个区

打开“快速分区”对话框，“分区表类型”选择MBR，在“高级设置”区域，选择前3个“主分区”复选框，第4个和第5个分区分别设置为扩展分区下生成的逻辑分区，同时选择“重建主引导记录（MBR）”复选框如图4–1所示。也就是说，MBR分区表下设置5个分区，其中前3个为主分区，后两个为逻辑分区。

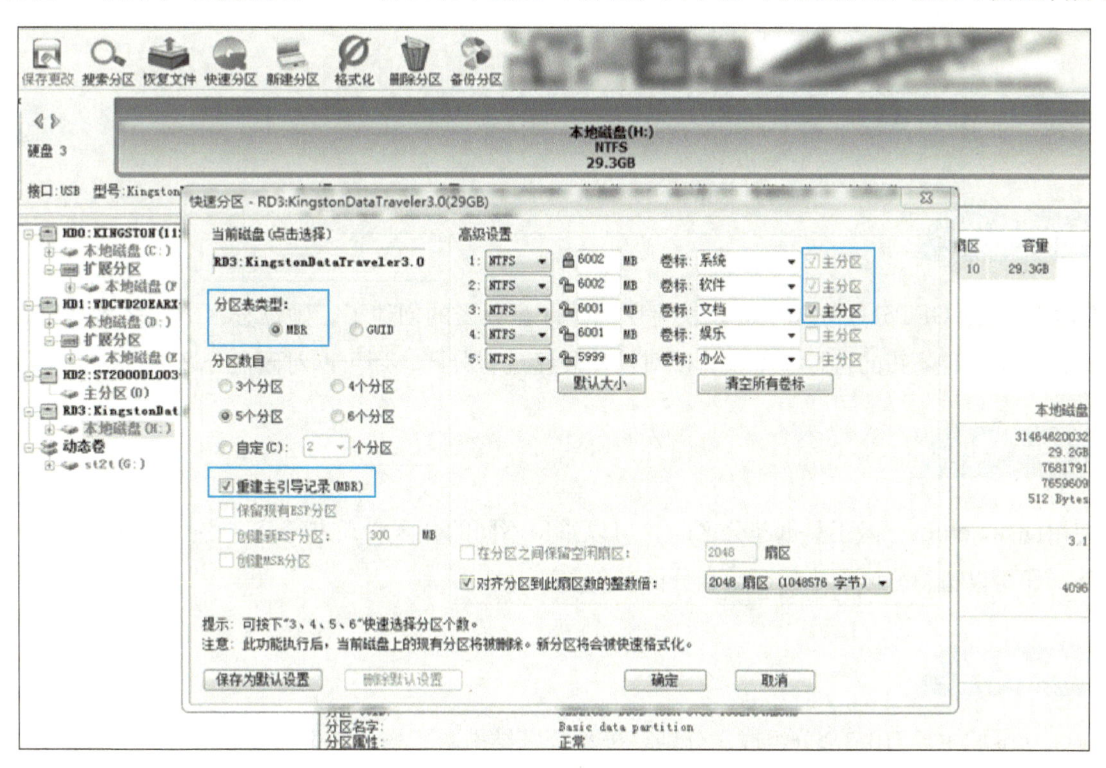

图 4–1　MBR 分区设置

2．使用快速分区创建GUID分区表，并对硬盘分5个区

打开“快速分区”对话框，“分区表类型”选择GUID，设置硬盘为5个分区，在“高级设置”区域不进行主分区的选择，可见采用GUID分区表所建的分区均为主分区。

在“快速分区”对话框中选择“创建新ESP分区”和“创建MSR分区”复选框，可使用默认ESP分区大小，即300MB，也可设置ESP分区为500MB，如图4–2所示。

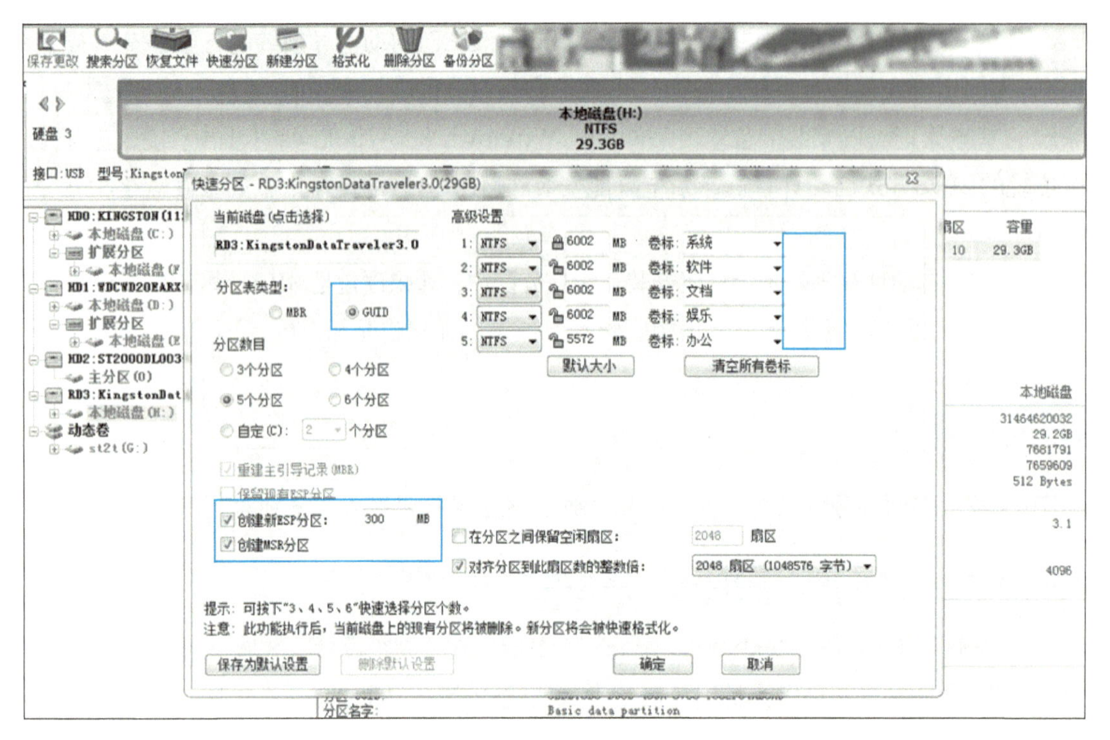

图4-2　GUID分区设置

任务2　利用分区工具进行硬盘分区

任务描述

了解了MBR和GPT分区表的不同，就可以进行硬盘分区的创建了。硬盘分区方法多种多样，借助硬盘分区工具就是一种不错的选择，不仅可以对新旧硬盘进行分区，还可以对硬盘分区大小进行调整。

任务分析

在使用DiskGenius分区工具创建分区时，可以采用不同的分区表来进行分区格式和分区大小的设置。除此以外，还可以进行分区大小的调整和分区备份等。

知识准备

DiskGenius的主界面由3部分组成，分别是硬盘分区结构图、分区目录层次图、分区参数图，如图4–3所示。

其中，在硬盘分区结构图中，用文字显示了分区卷标、盘符、类型、大小。硬盘分区结构图下方显示了当前硬盘的常用参数。单击硬盘分区结构图左侧的两个“箭头”图标可在不同的硬盘间切换。

分区目录层次图显示了分区的层次及分区内文件夹的树状结构。通过单击其中的选项可切换当前硬盘、当前分区。单击“+”号按钮可显示文件列表。文件列表显示了文件的图标、名称、大小、类型、以字母表示的属性、短文件名、修改时间、创建时间等信息。文件列表会显示所有文件，包括Windows资源管理器在正常情况下无法显示的系统文件、禁止用户访问的文件夹内的文件等。不同属性的文件会以不同的颜色区分。不同容量单位的文件大小也用不同的颜色区分。

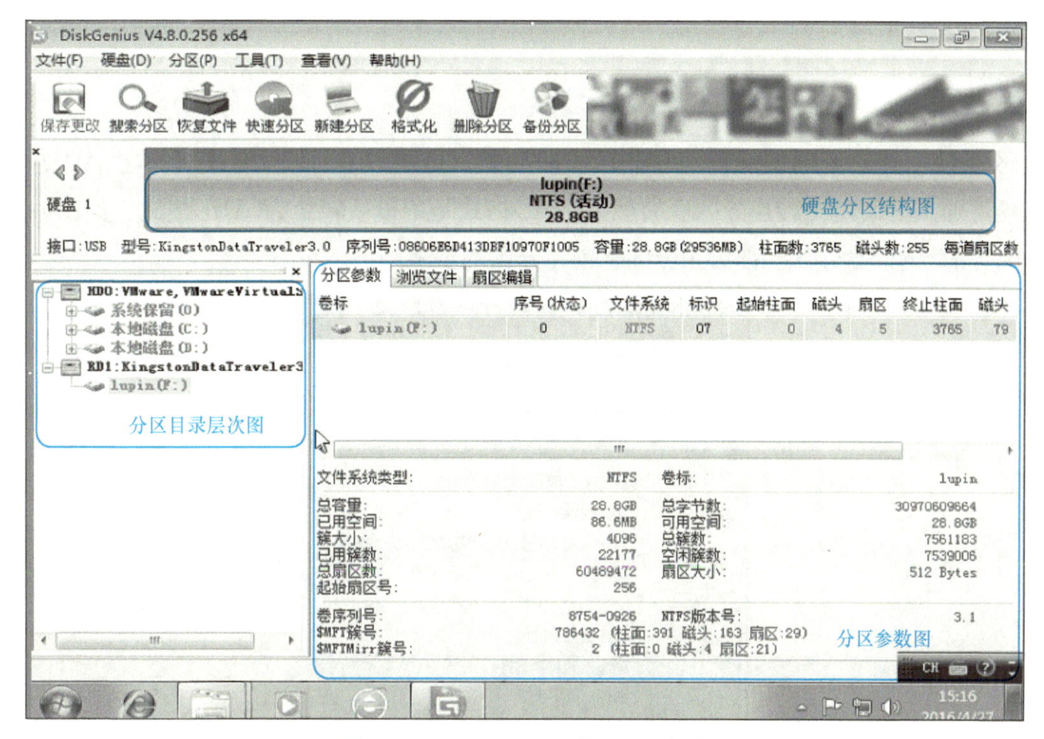

图 4-3 DiskGenius 主界面的组成

在分区参数图的上部显示了“当前硬盘”各个分区的详细参数（文件系统、标识、起始柱面等），下部显示了当前所选择分区的详细信息。

为了便于区分，采用不同的颜色显示不同类型的分区。每种类型分区使用的颜色是固定的。例如，FAT32分区用蓝色显示，NTFS分区用棕色显示等。“分区目录层次图”及“分区参数图”中的分区名称也用相应类型的颜色显示。各个视图中的分区颜色是一致的。

主界面的各个部分都支持右键菜单，以方便操作，如图4-4所示。

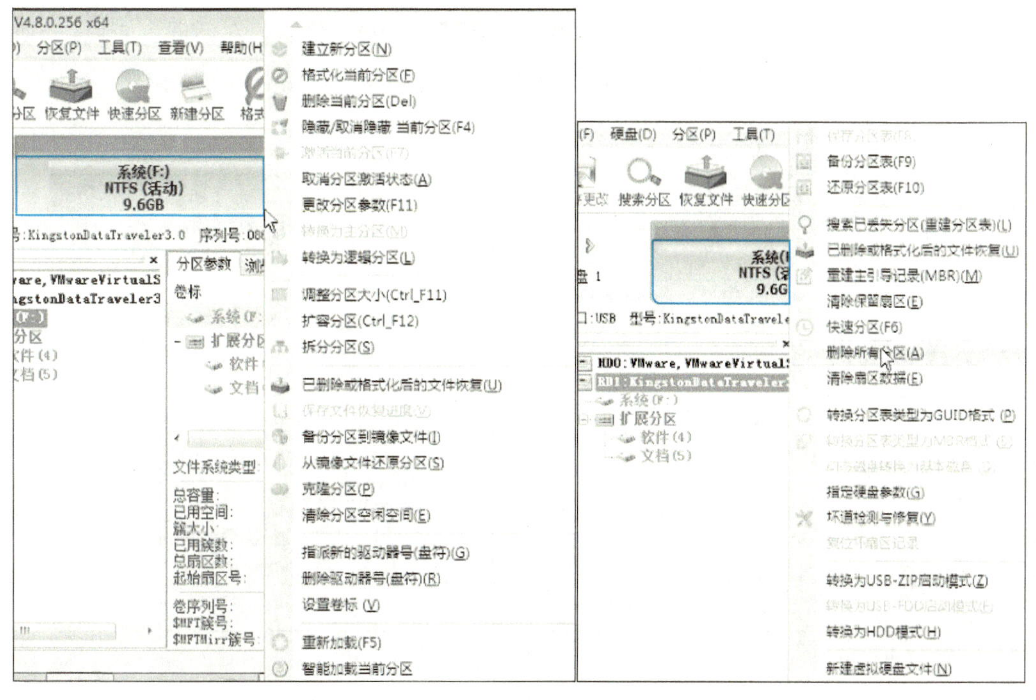

图 4-4 硬盘分区右键菜单

任务实施

1. 在硬盘空闲区域或新硬盘上建立新分区

建立分区之前，首先要确定准备建立分区表的类型。这里以在UEFI模式下创建GUID硬盘分区为例，新的硬盘可通过“硬盘→转换分区表类型为GUID格式”菜单项转换为GUID模式，如图4–5所示。在GUID模式下，新建的硬盘分区全部为主分区。创建分区的步骤如下。

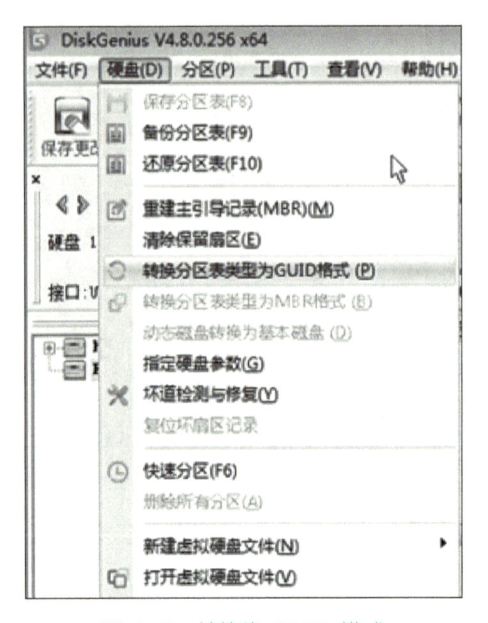

图 4–5　转换为 GUID 模式

步骤1：建立ESP、MSR分区。建议ESP分区为100MB，MSR分区为128MB。

在硬盘分区结构图上选择要建立分区的空闲区域（以灰色显示），然后单击工具栏中的“新建分区”按钮，或在菜单栏中选择“分区→建立新分区”菜单项，也可以在空闲区域上单击鼠标右键，然后在弹出的菜单中选择“建立新分区”菜单项，程序会弹出“建立ESP、MSR分区”对话框，如图4–6所示。

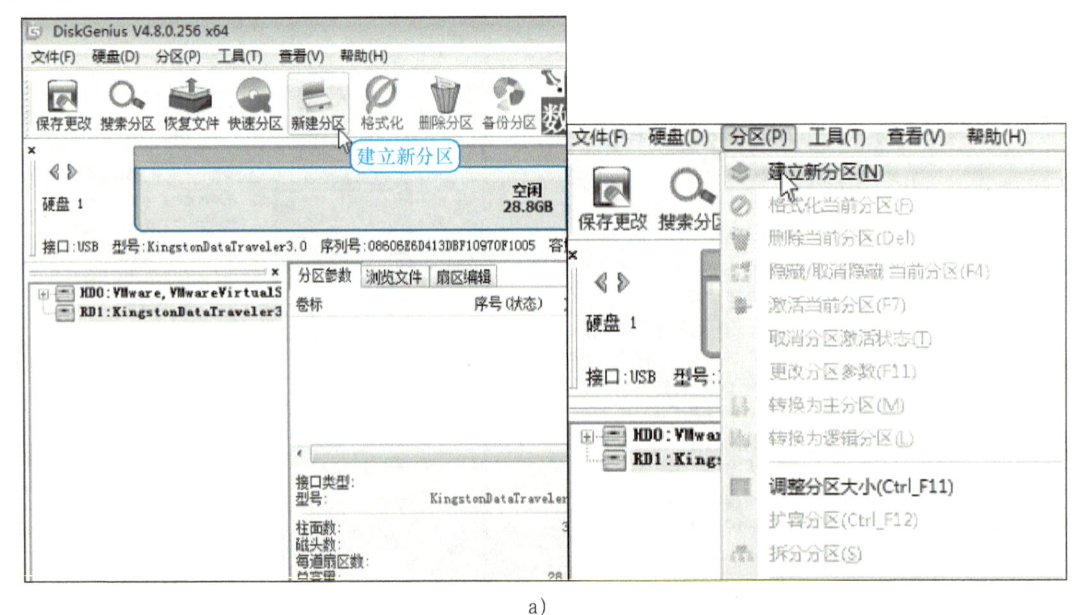

a）

图 4–6　建立新分区操作及“建立 ESP、MSR 分区”对话框

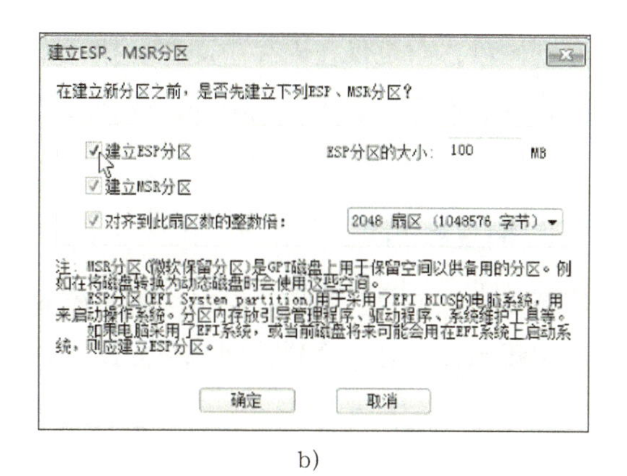

b)

图 4-6　建立新分区操作及“建立 ESP、MSR 分区”对话框（续）

a）建立新分区操作　b)“建立 ESP、MSR 分区”对话框

温馨提示

ESP分区非常重要，该分区用于存放系统引导文件。如果不创建ESP分区会导致系统无法引导。

MSR分区是系统保留分区。系统组件可以将MSR分区的部分分配到新的分区以供它们使用。例如，将基本GPT磁盘转换为动态磁盘后，系统分配的MSR分区将被用作“逻辑磁盘管理器”（LDM）元数据分区。MSR分区的大小会因GPT磁盘的大小不同而发生变化。对于大于16 GB的磁盘，MSR分区为128 MB。MSR分区在“磁盘管理”中不可见，用户也无法在MSR分区上存储或删除数据。

建议在“建立ESP、MSR分区”对话框中选择“对齐到此扇区数的整数倍”复选框，这涉及硬盘的4K对齐，对固态硬盘和新技术的机械硬盘非常重要，可以设置为2048扇区。

分区完毕后，若DiskGenius没有为ESP分区分配盘符，则右键单击ESP分区，通过右键菜单指定新的驱动器号即可。ESP分区默认是隐藏的，进入系统会自动隐藏。

步骤2：建立其他多个主分区，分区个数及大小应按需设置。

按步骤1的方法，选择要建立分区的空闲区城（以灰色显示），然后单击工具栏中的“新建分区”按钮，或选择“分区”→“建立新分区”菜单项，打开“建立新分区”对话框，即可继续创建其他多个主分区。在“建立新分区”对话框中按需要选择分区类型、文件系统类型，输入分区大小后单击“确定”按钮即可建立新分区。如果需要设置新分区的详细参数，可单击“详细参数”按钮，以展开对话框进行详细参数设置，如图4-7所示。

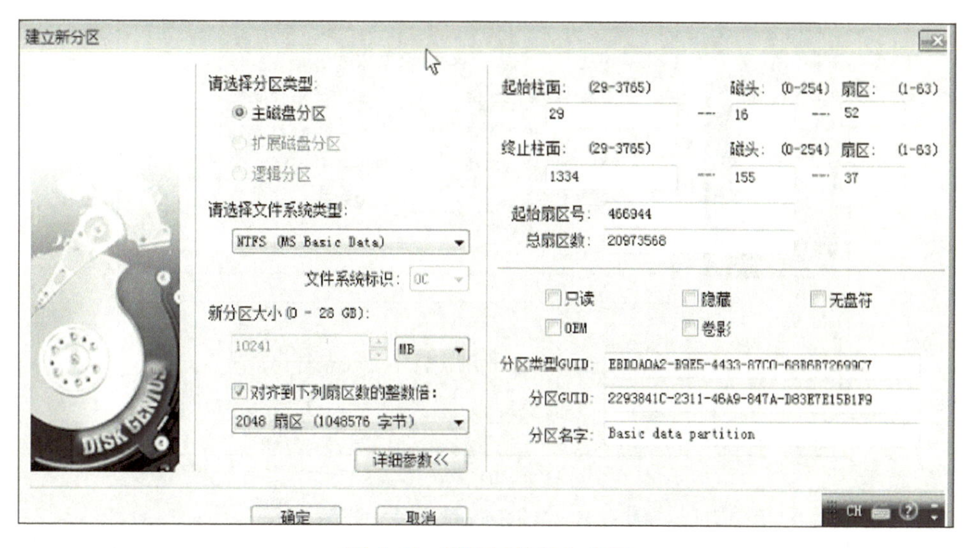

图 4-7　创建其他各主分区

新分区建立后并不会立即保存到硬盘，而是仅在内存中建立。执行“保存分区表”操作后才能在计算机中看到新分区。这样做是为了防止因误操作而造成数据破坏。要使用新分区，还需要在保存分区表后对其进行格式化。

2. 在已经建立的硬盘分区上建立新分区

如果需要从已经建立的分区中划分出一个新分区来，使用DiskGenius软件工具也很容易实现。

选中需要建立新分区的分区，单击鼠标右键，选择“建立新分区”菜单项，弹出“调整分区容量”对话框，如图4-8所示。

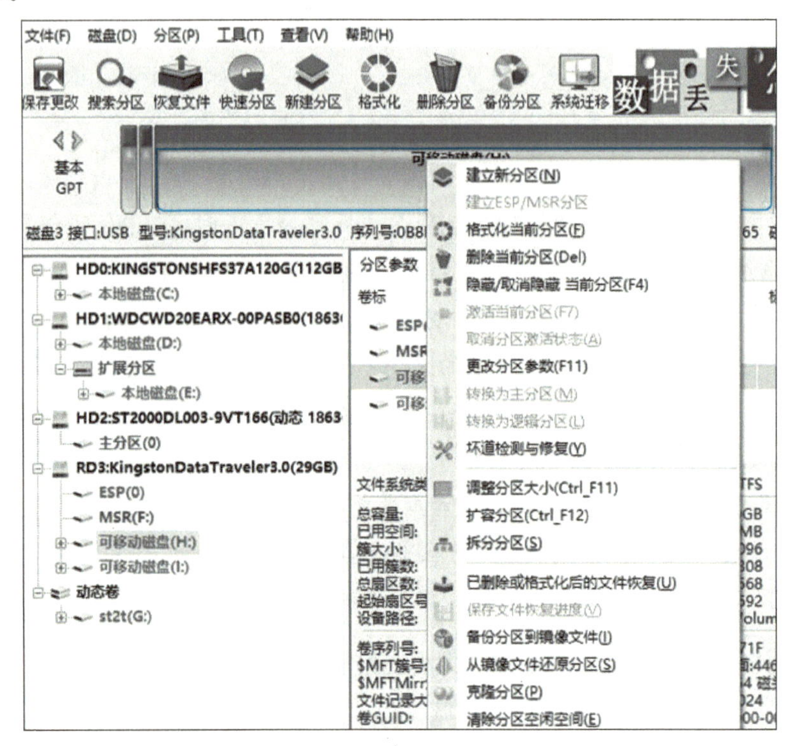

a)

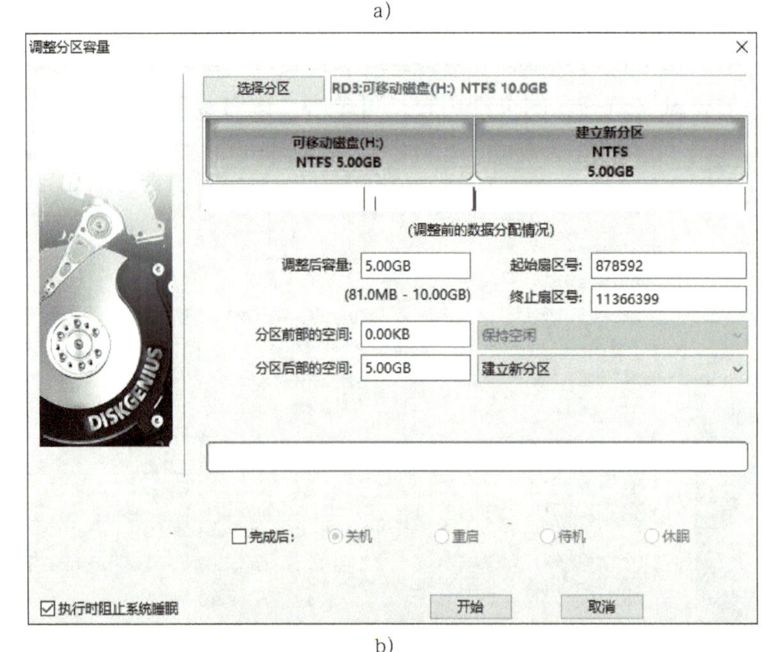

b)

图 4-8 在已有分区上建立分区

a）选择“建立新分区”菜单项 b）“调整分区容量”对话框

在“调整分区容量”对话框中设置新建分区的位置与大小等参数，然后单击“开始”按钮。所有操作均与无损分区大小调整相同。

分区大小的调整，通常涉及两个或两个以上的分区。在使用DiskGenius进行分区调整时，首先选择的是某个需要被调整小的分区。图4−9所示是一个移动硬盘的分区情况，这里假设将I分区调整出来7GB的空间，分配给J分区5GB，分配给K分区2GB。

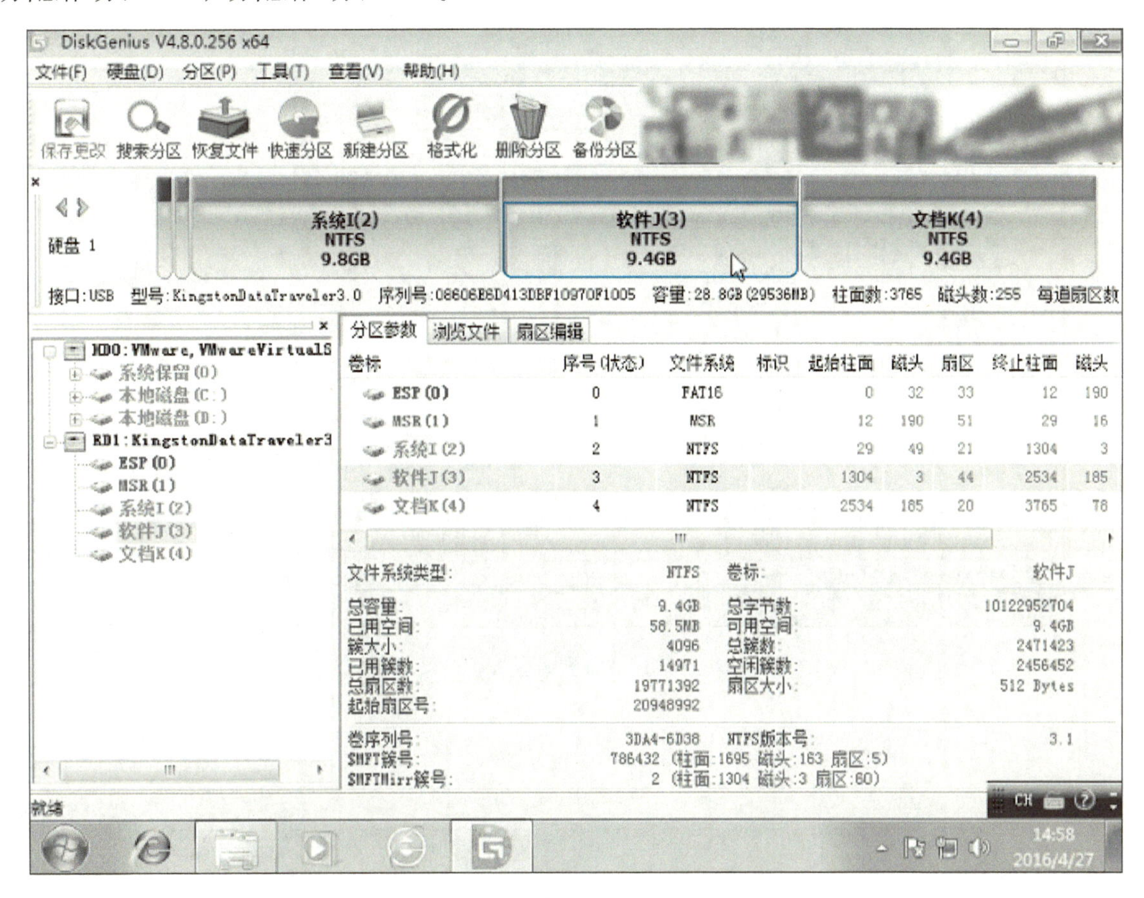

图 4−9　移动硬盘的分区情况

温馨提示

调整分区前应注意的事项：

1）在进行分区调整之前要对分区的重要数据进行备份，以防丢失或损坏；调整时注意分区内的数据大小，最好保留1GB以上的剩余空间。

2）进行分区调整时，只能对相邻分区进行调整，不可以跨分区操作。

3）在调整过程中不要进行重启、断电等操作。

使用DiskGenius进行无损分区调整的步骤如下。

步骤1：选中I分区，单击鼠标右键，选择“调整分区大小”菜单项，如图4−10所示。

步骤2：在弹出的“调整分区容量”对话框中调整各个分区大小，如图4−11所示。

1）在“分区前部的空间”文本框中输入“5.00GB”，然后按<Enter>键或将光标切换到别的编辑框上，这时，DiskGenius的显示如图4−12所示。

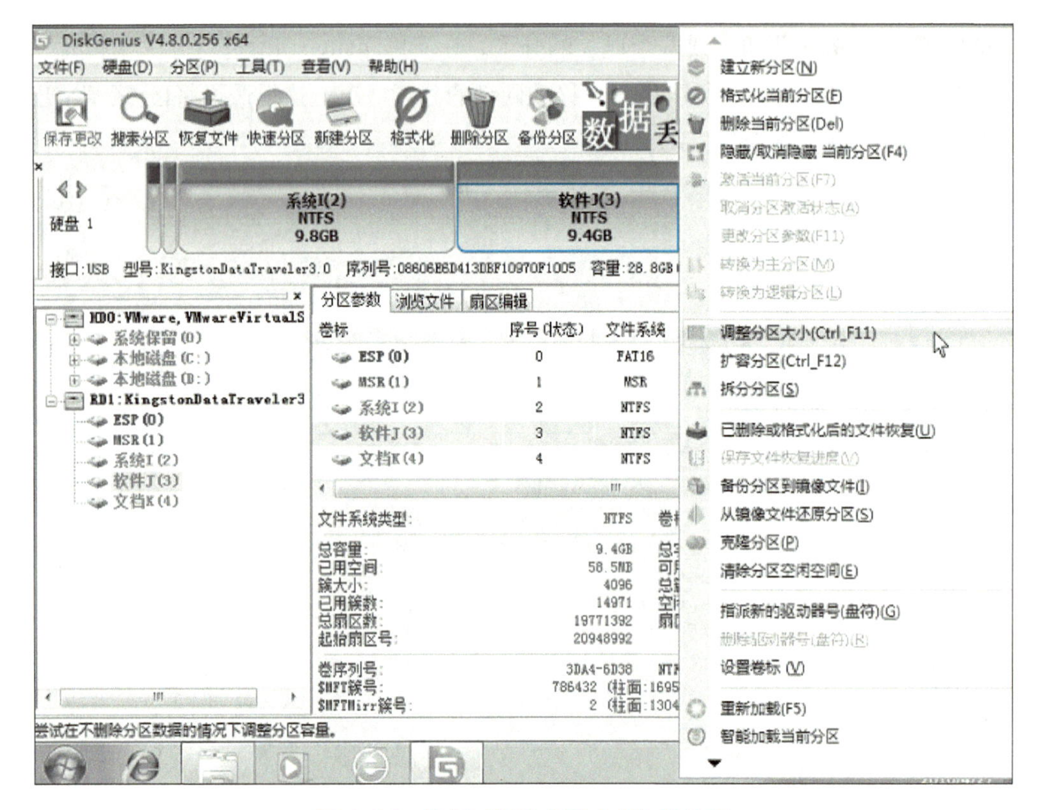

图 4-10　选择“调整分区大小”菜单项

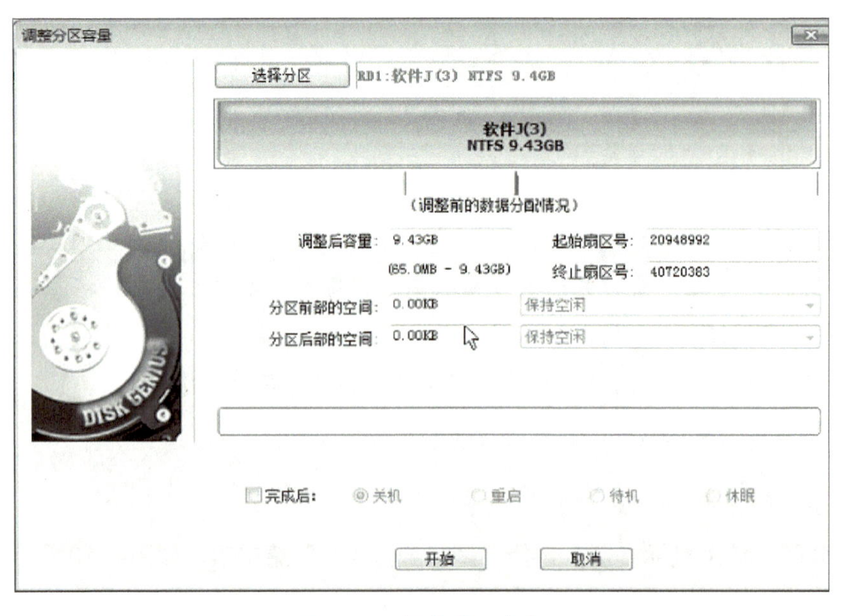

图 4-11　调整分区大小

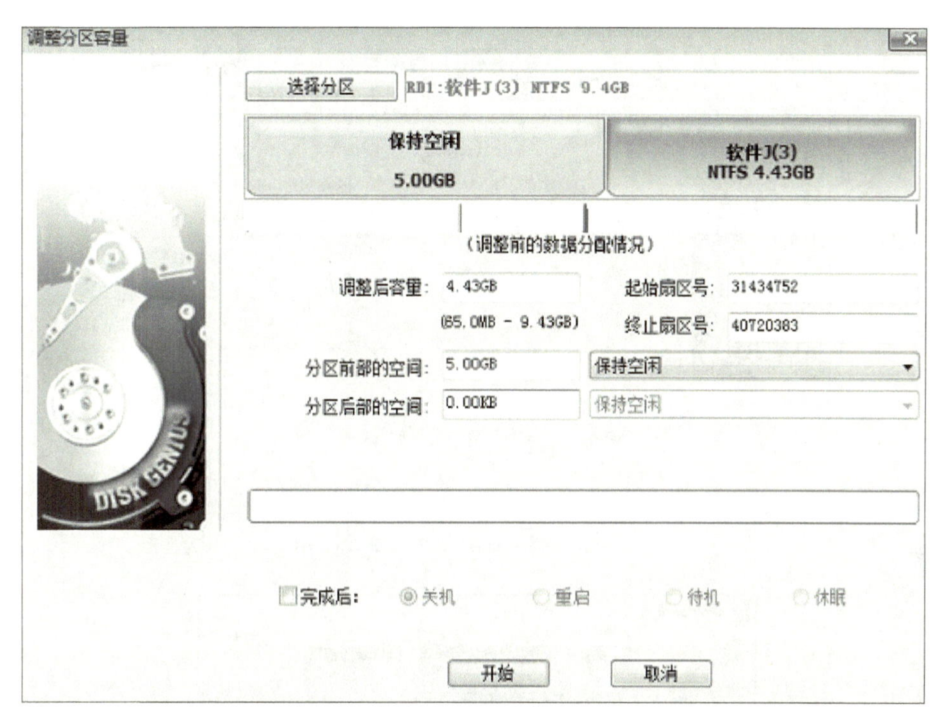

图 4-12 调整分区前部的空间大小

2）这5GB的磁盘空间空闲，可以单击后面的下拉按钮，选择“合并到系统I（2）”选项，如图4-13所示。

图 4-13 分区前部空间的合并调整

3）按相同的方法调整分区后部的空间，调整大小为2GB，调整选项为“合并到文档K（4）”，如图4-14所示。

步骤3：单击“开始”按钮，DiskGenius会显示一个提示窗口，显示本次无损分区调整的操作步骤以及一些注意事项，如图4-15所示。

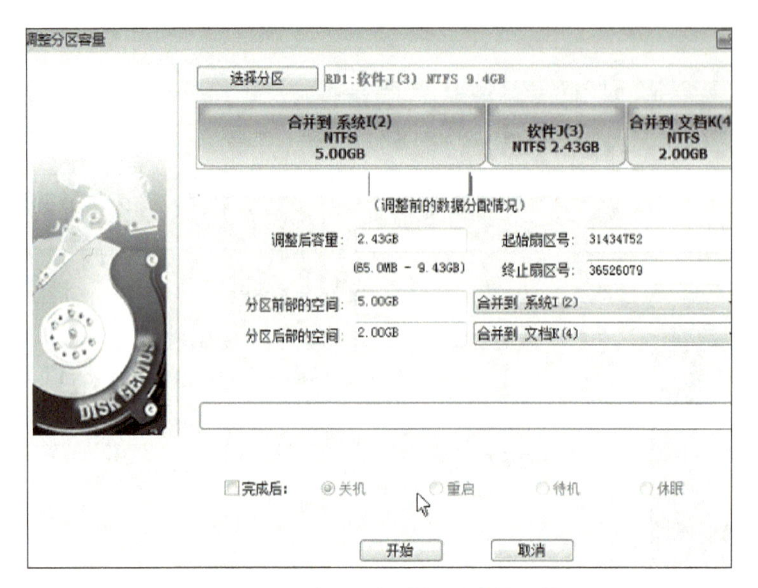

图 4-14　分区后部空间的合并调整

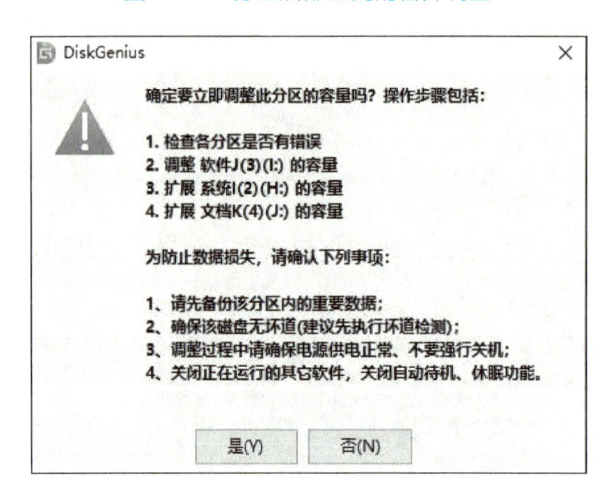

图 4-15　分区调整确认信息提示框

步骤4：单击“是”按钮，DiskGenius开始进行分区无损调整操作，如图4-16所示。调整过程中，会详细显示当前操作的信息。

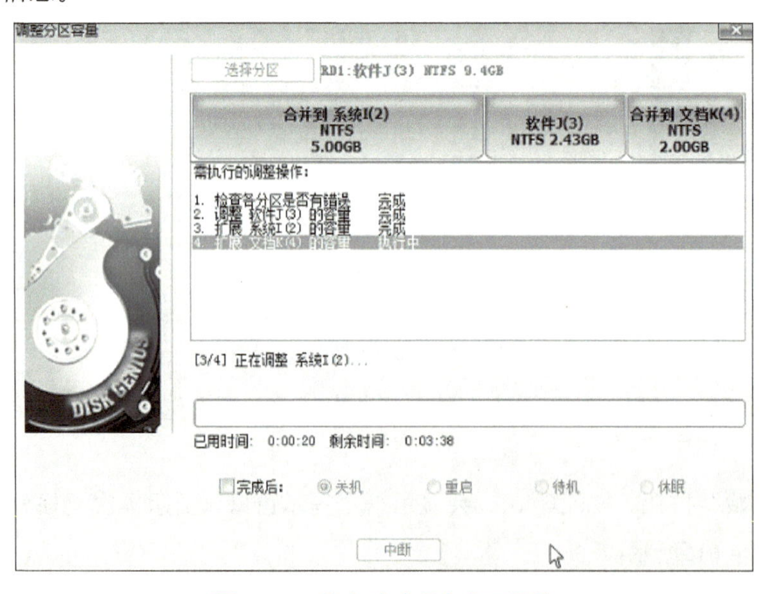

图 4-16　执行移动硬盘分区调整

步骤5：调整分区结束后，单击“完成”按钮，关闭调整分区容量对话框即可，如图4-17所示。

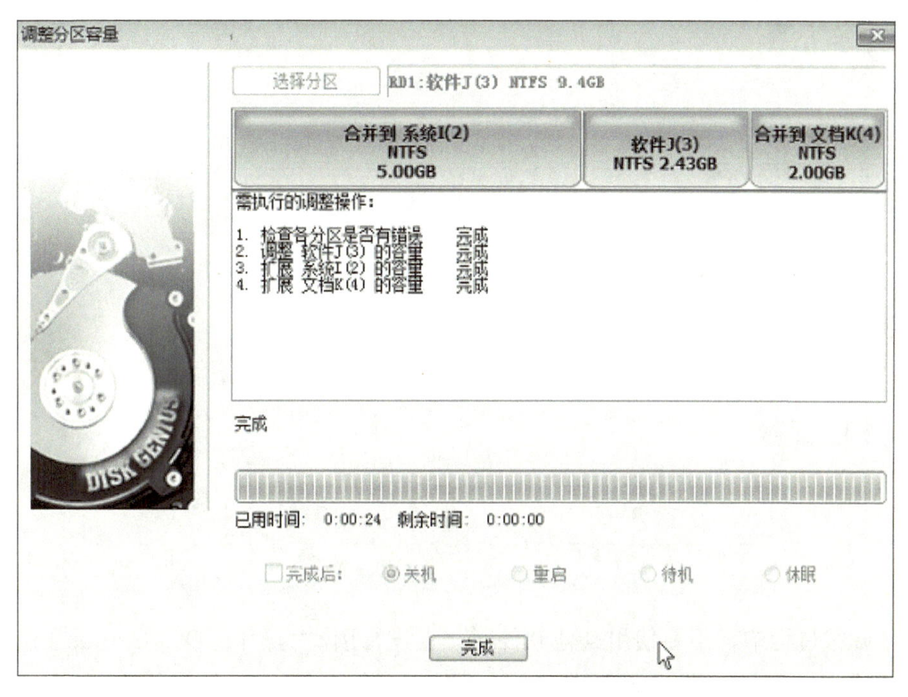

图 4-17　完成移动硬盘分区调整

此时可以看到磁盘分区的容量已经调整，如图4-18所示。

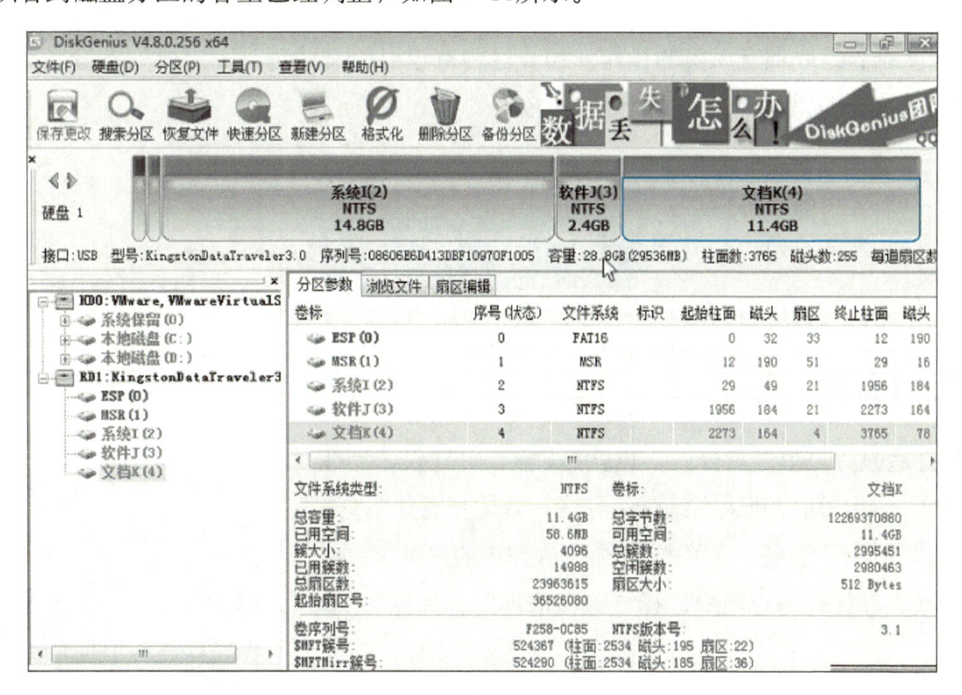

图 4-18　新调整的移动硬盘分区

分区调整注意事项：

1）无损分区调整操作，如果涉及系统分区（通常是C），需将D盘压缩分区，向右移动，使C盘右侧相邻空间为未分配状态，才能进行扩容。

2）扩展C盘容量时提示：“您选择的分区不支持无损调整容量。”可以通过关闭设备加密的方法解决：打开“设置”→“更新和安全”→“设备加密”。关闭过程可能需要等待一段时间，完成后打开DiskGenius软件进行磁盘分区扩容，就不会出现报错了，如图4-19所示。

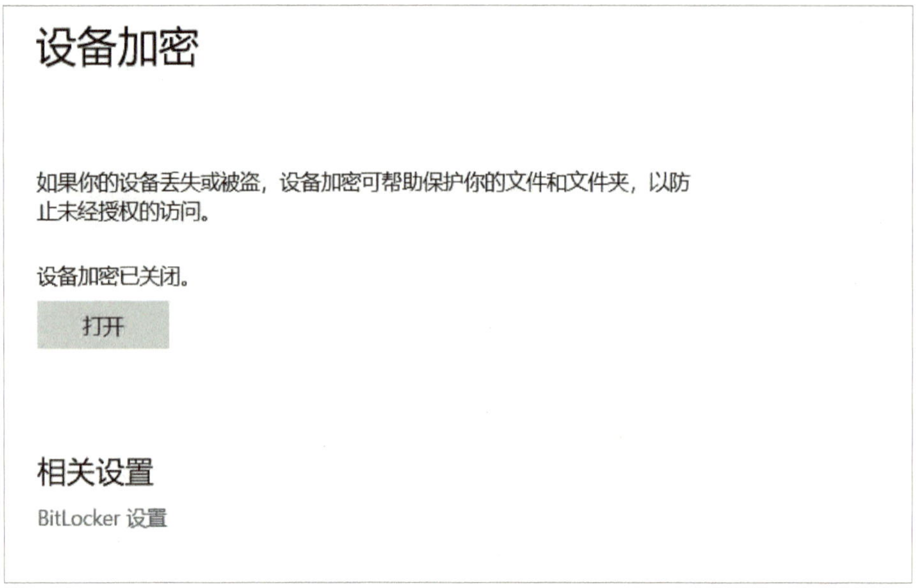

设备加密
如果你的设备丢失或被盗，设备加密可帮助保护你的文件和文件夹，以防止未经授权的访问。
设备加密已关闭。
打开
相关设置
BitLocker 设置

图 4-19　通过鼠标操作进行分区调整

3）无损分区调整过程中，不要使用其他软件对磁盘进行读/写操作。DiskGenius在进行无损分区调整过程中，会自动锁住当前正在调整大小的分区。

4）分区调整应在硬盘状态良好的情况下进行。如果硬盘存在问题，应先解决这些问题，再进行调整。

5）无损分区调整是一项有风险的操作。当分区内有重要的文件时，一定要先备份好重要数据，再进行无损分区调整操作，防止误操作造成个人数据丢失。

拓展任务

磁盘分区管理

系统安装好后只有一个磁盘分区，也就是C盘，（建议C盘的空间大于30GB），用户可以进入系统继续分区，具体步骤如下。

步骤1：单击“开始”按钮，并单击“开始”菜单中的“Windows管理工具”选项，在打开的选项中选择“磁盘清理”，如图4−20所示。

Windows 管理工具
iSCSI 发起程序
ODBC Data Sources (32-bit)
ODBC 数据源(64 位)
Windows 内存诊断
本地安全策略
磁盘清理
打印管理
服务

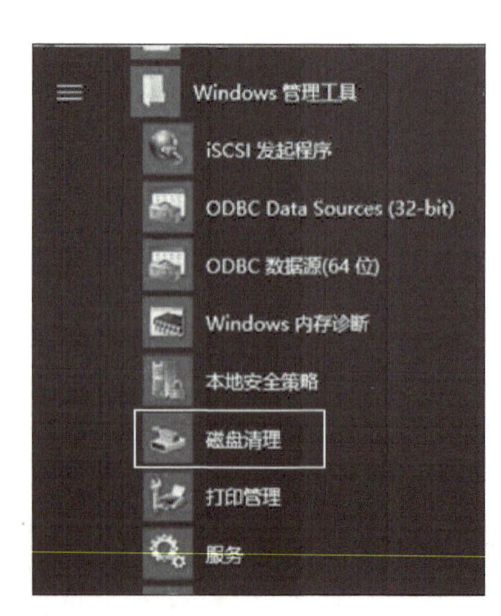

图 4-20　选择“磁盘清理”选项

步骤2：在弹出的“计算机管理”窗口中，在左边导航栏中展开“存储”项，单击“磁盘管理”选项，这时会在右边的窗格中加载磁盘管理工具，如图4−21所示。

步骤3：单击磁盘0（若是第二块硬盘，则是磁盘1，以此类推）中的“未分配”空间，右键单击，选择“新建简单卷”菜单项，出现图4−22所示的“新建简单卷向导”欢迎界面，单击“下一步”按钮。

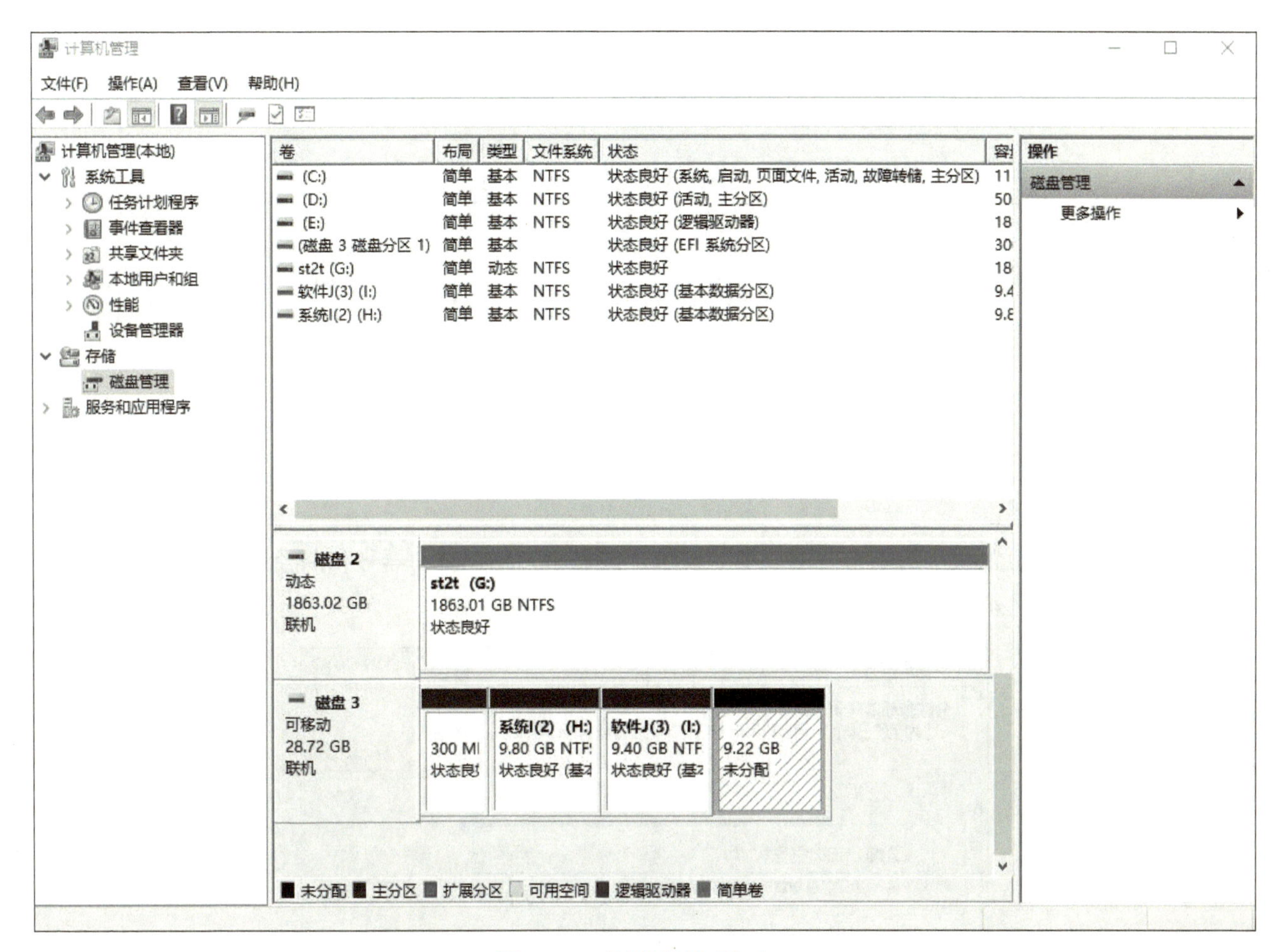

图4-21　“计算机管理”窗口

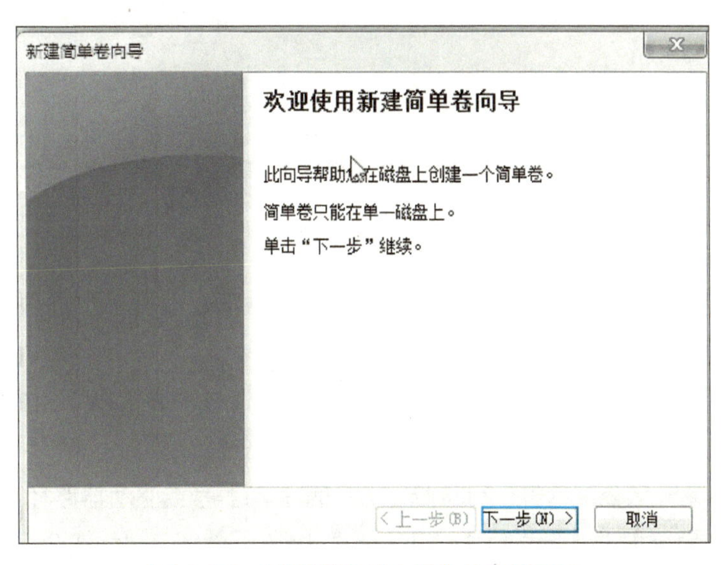

图4-22　“新建简单卷向导”的欢迎界面

步骤4：在“指定卷大小”界面设定分区大小，如图4-23所示。

Windows 允许用户创建的最小空间为8MB、没有空间上限的分区（若有足够的可分配空间），这里的单位为MB（兆字节），用户可以根据磁盘的可分配空间和个人需要进行分配。

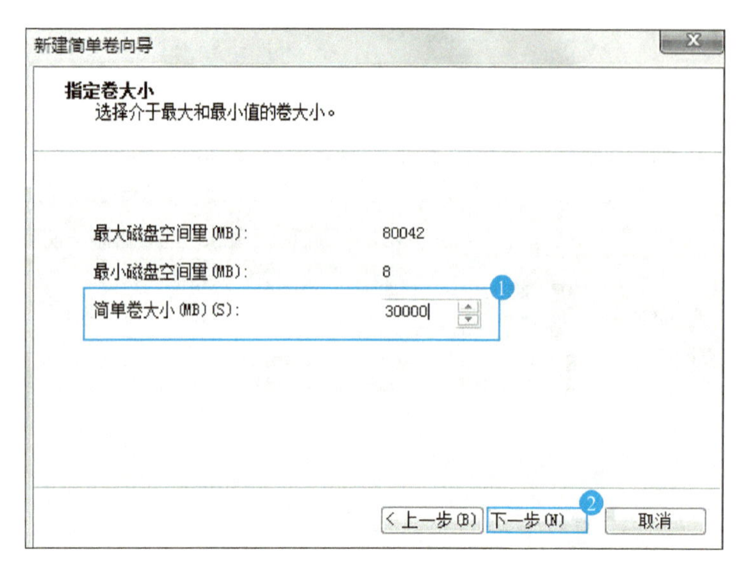

图 4-23　指定卷大小

步骤5：设置好分区大小后单击“下一步”按钮，会显示“分配驱动器号和路径”界面，用户可设置盘符或路径，如图4-24所示。

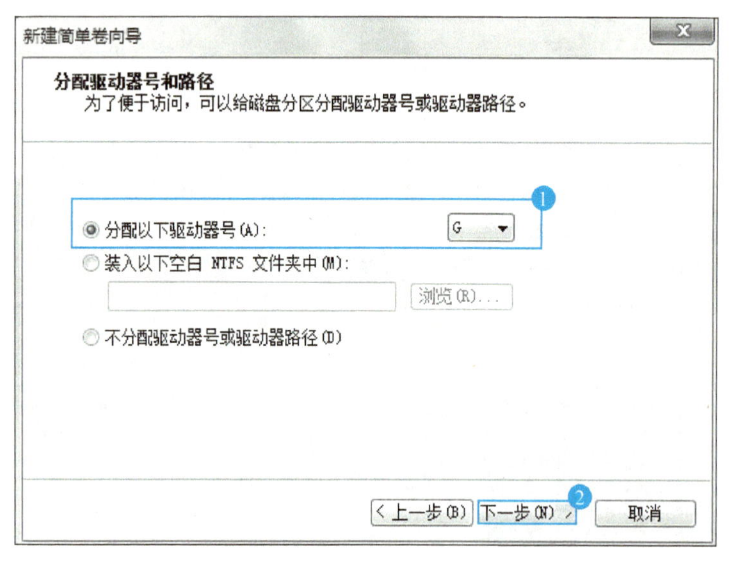

图 4-24　分配驱动器号和路径

这里用户可以选择3种分配方式：

1）如果用户需要建立一个新的分区，可以单击“分配以下驱动器号”选项旁的下拉按钮来更换盘符，也可以使用默认选项。

2）如果需要将新的分区装入一个磁盘或文件夹中，可以选择“装入以下空白NTFS文件夹中”单选按钮，并单击“浏览”按钮选择或建立一个空白文件夹以装载分区。

3）如果不希望为新的分区分配盘符，可选择“不分配驱动器号或驱动器路径”单选按钮。

步骤6：设置好分区的分配方式后，单击“下一步”按钮，会显示“格式化分区”界面，用户需要为新建的分区进行格式化，如图4-25所示。

要使分区可用，用户必须将分区进行格式化，选择“按下列设置格式化这个卷”单选按钮，并进行一系列的设置。

1）文件系统：文件系统是指底层的文件系统格式，有“NTFS”和“FAT32”两种选项，选择默认的“NTFS”文件系统即可。

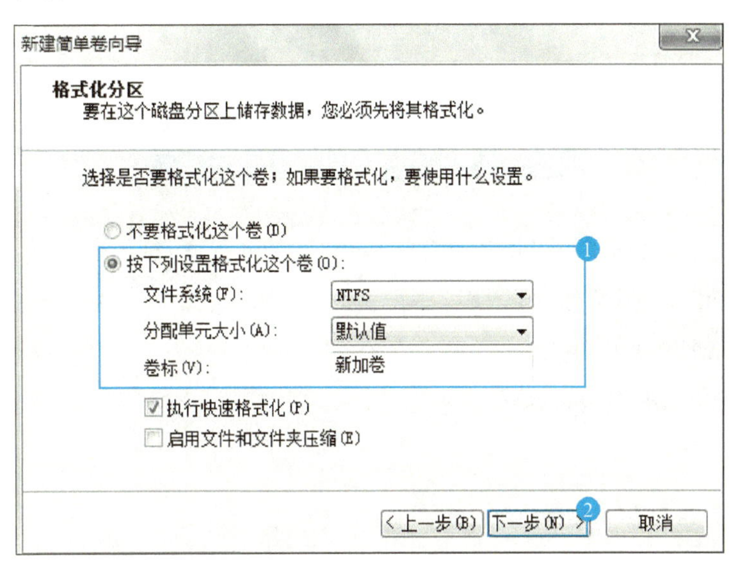

图 4-25　格式化分区

2）分配单元大小：此选项用于设置分配单元大小，即“簇”大小。若要存放较大的文件，用户可以适当地将此选项设置得大一点，以便拥有更好的磁盘性能；若用于存放较小的文件，可以将此选项设置得小一点，以便可以节约空间。一般选择默认值即可。

3）卷标：卷标即指分区名称，如“本地磁盘”等，可自行设置。

4）执行快速格式化：勾选此选项，可以更快地完成分区的格式化，它能够在不完全擦除硬盘中内容的情况下建立新的文件表（对于新购置的磁盘不存在擦除的情况）。

5）启用文件和文件夹压缩：如果用户所选择的文件系统是“NTFS”，则勾选此选项。

步骤7：设置好格式化选项后单击“下一步”按钮，显示“新建简单卷向导”的“正在完成新建简单卷向导”界面，其中包括用户选择的创建分区的设置。

用户可单击“上一步”按钮，返回相应的步骤进行重新设置。确认无误后，单击“完成”按钮，如图4-26所示。此时系统便会为物理磁盘创建分区。

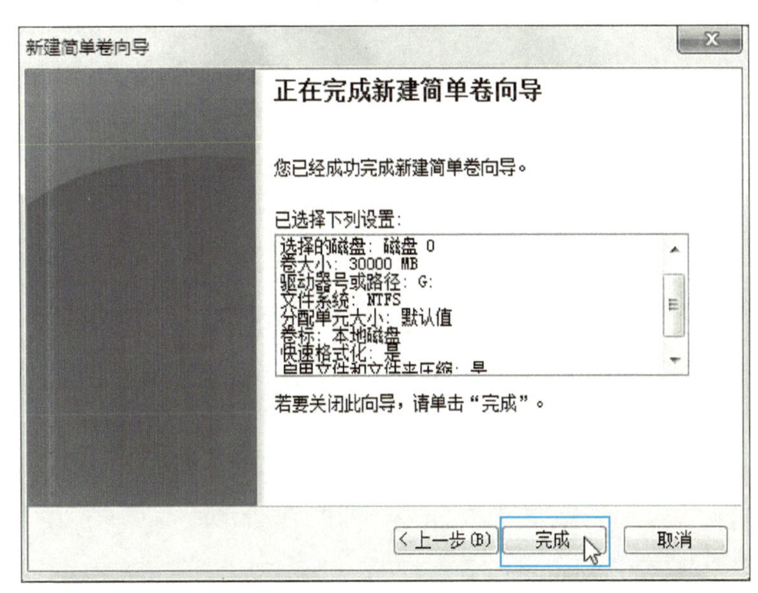

图 4-26　完成新建简单卷向导

当分区创建好后，系统会自动连接新的分区。用户可以按照上述方法，创建更多的磁盘分区。

知识巩固与提高

1．如何使用DiskGenius分区工具备份硬盘分区表？
2．如何使用DiskGenius还原系统分区？
3．何种情况下可以使用GPT分区？
4．分区如何设置会造成系统安装失败？

学习单元5

计算机软件系统安装

单元情景

MicroCloud365团队经过前面知识的学习，对计算机有了初步的了解，可是只会这些知识，计算机还是不能发挥它的优势和作用，只有安装了软件系统的计算机才可正常使用。MicroCloud365团队对计算机软件的安装知识还不了解，于是决定基于计算机系统装调与维护的工作过程，以组建MC365创新创业工作室为项目引导，围绕安装Windows 10操作系统、安装设备驱动程序、常用应用软件的安装与卸载、安装与使用虚拟机等学习内容，以任务驱动方式，系统地学习计算机软件安装方面的理论知识与操作技能，以使得MicroCloud365团队尽快实现MC365创新创业工作室的DIY工作。

学习目标

- 学会安装操作系统
- 能够正确安装硬件设备驱动程序
- 能够正确安装和卸载常用应用软件
- 能够正确安装虚拟机并使用
- 掌握双操作系统安装的方法
- 学会安装Ubuntu操作系统

任务1 安装Windows 10操作系统

任务描述

为计算机安装Windows 10操作系统。

任务分析

从市场刚买来的计算机，一般都没有安装操作系统（有些品牌机有预装系统）。没有安装操作系统的计算机，什么操作也不能执行，此时要做最重要的一件事：安装操作系统。

安装什么样的操作系统应根据用户的需求去选择。绝大多数的计算机用户会选择微软公司的操作系统，这里以Windows 10（UEFI模式）的安装为例进行说明。

知识准备

一、硬盘的分区形式

在安装系统前，首先应了解硬盘的分区模式，目前有两种形式：MBR和GPT分区形式。MBR是以前的分区形式，GPT是一种新的分区形式，现在GPT逐渐取代MBR分区形式。

GPT带来了很多新特性，但MBR仍然拥有最好的兼容性。GPT并不是Windows专用的新标准，Mac OS X、Linux及其他操作系统同样使用GPT。在使用新磁盘之前，必须对其进行分区。MBR（Master Boot Record）和GPT（GUID Partition Table）是在磁盘上存储分区信息的两种不同方式。这些分区信息包含了分区从哪里开始，这样操作系统才知道某个扇区是属于哪个分区的，以及哪个分区是可以启动的。在磁盘上创建分区时，必须在MBR和GPT之间做出选择。

1．MBR的局限性

MBR的意思是“主引导记录”，MBR支持最大2TB磁盘，它无法处理大于2TB容量的磁盘。MBR支持最多4个主分区，如果需要更多分区，则需要创建“扩展分区”，并在其中创建逻辑分区。MBR已经成为磁盘分区和启动的工业标准。

2．GPT的优势

GPT（GUID分区表）是一个正逐渐取代MBR的新标准。它和UEFI相辅相成——UEFI用于取代老旧的BIOS，而GPT则取代老旧的MBR。之所以叫作“GUID分区表”，是因为驱动器上的每个分区都有一个全局唯一的标识符（GUID，Globally Unique Identifier）——这是一个随机生成的字符串，可以确保为地球上的每一个GPT分区都分配唯一的标识符。这个标准没有MBR的那些限制。磁盘驱动器容量可以大很多，可大到操作系统和文件系统都没法支持。它同时还支持几乎无限个分区数量，限制只在于操作系统——Windows支持最多128个GPT分区。GPT硬盘上没有主分区、扩展分区的概念，所有的分区都称为分区。

二、Windows操作系统安装方法

Windows操作系统的安装方法有多种，下面介绍几种常用的方法。

1. 光盘安装操作系统

这种安装系统的方法适用于安装有光驱的计算机。没有光驱的计算机是不能用这种方法来安装系统的。

用光盘安装计算机系统的要点：

按计算机电源开关开机，向光驱中插入系统安装光盘，进入BIOS，设置计算机从光盘启动，按<F10>键保存后重启计算机。计算机自动重启进入系统安装界面，按提示进行操作直到系统安装完成。系统安装完成后重启计算机，开机时进入BIOS，设置计算机从硬盘启动，按<F10>键保存后重启计算机，此时开机即可从硬盘启动。安装完系统后，更新驱动程序。

2. U盘安装操作系统

这种方法适合绝大多数的计算机，用U盘安装计算机系统的要点：

先制作U盘启动盘，再下载一个要安装的系统文件的ISO文件，把ISO解压后的系统文件直接复制到U盘中，U盘启动安装盘就做好了。用U盘安装系统时，向计算机的USB接口插入U盘启动盘，开机进入BIOS，设置从USB启动，按<F10>键保存后重启计算机。运行操作系统文件夹中的setup.exe文件，进行操作系统的安装。安装完成后重启计算机，开机时进入BIOS，设置计算机从硬盘启动。安装完系统后，更新驱动程序。

3. 硬盘安装操作系统

这种方法对所有的计算机都适用。这里要用到硬盘安装器，用硬盘安装器安装计算机系统的要点：

下载硬盘安装器到计算机的非系统盘，下载Windows或者其他系统文件到非系统盘。启动硬盘安装器，按提示选择计算机文件夹中的系统文件后一直单击“下一步”按钮，重启计算机后安装系统。这种安装方法的优点是：不需要进入BIOS设置启动，安装步骤简单，适用于初学安装系统的用户。

4. Ghost安装操作系统

这种安装方法被普遍采用，方法简单，操作容易。用Ghost安装计算机系统的要点：

利用Ghost工具软件将系统映像文件（Ghost版）直接复制到硬盘中，实现快速安装，一般情况下，Ghost版的操作系统包括一些常用的软件，如Office、QQ、解压软件等。

任务实施

一、安装Windows 10操作系统

我们已经把启动安装U盘制作好，下面以安装64位Windows 10为例（UEFI模式）来介绍通过U盘安装操作系统的详细过程。

首先设置BIOS，让计算机通过U盘进行引导。启动计算机，进入BIOS参数设置界面，移动到Boot菜单下，引导模式（Boot mode select）设置为UEFI，如图5-1所示。

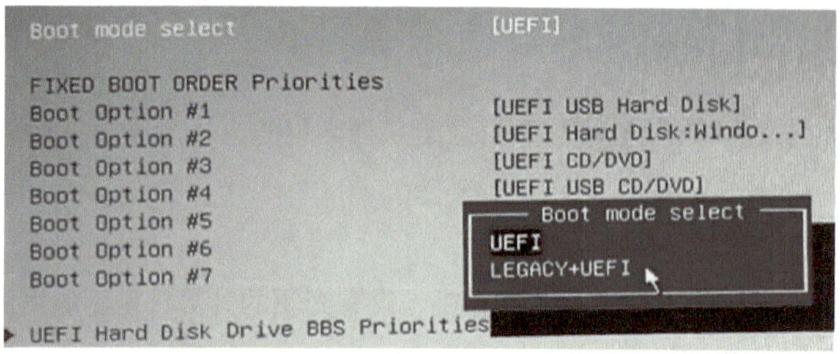

图5-1　Windows 10操作系统安装——设置引导模式

将第一启动项设置为UEFI USB Key引导，如图5-2所示。将第二启动项设置为UEFI Hard Disk引导，如图5-3所示。

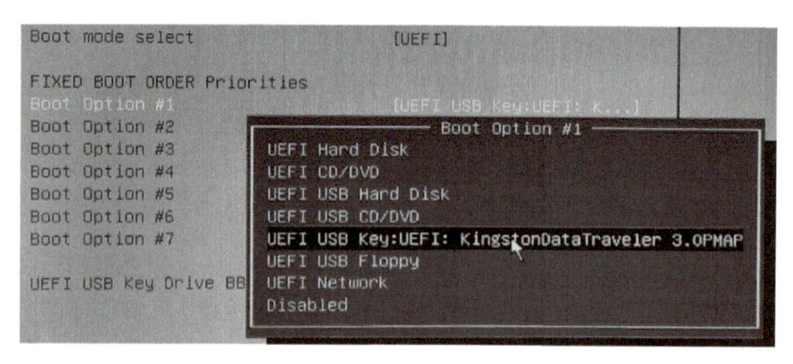

图5-2　Windows 10操作系统安装——设置第一启动项

图5-3　Windows 10操作系统安装——设置第二启动项

因为UEFI模式硬盘必须是AHCI模式，不能是IDE模式，所以要到高级（Advanced）选项中修改SATA Mode 为AHCI模式，如图5-4所示。

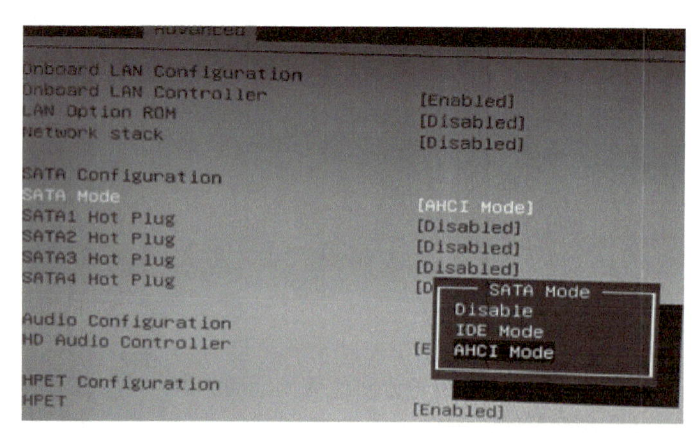

图5-4　Windows 10操作系统安装——设置硬盘SATA模式

设置完以上各项后按<F10>键，再按<Enter>键，保存设置后重启计算机，让计算机从U盘进行引导。

从U盘成功引导后进入Windows 10 PE系统，如图5–5所示。

图5–5　U盘启动进入Windows 10 PE系统

在安装系统之前，一般先对硬盘进行分区和格式化，也可以在系统安装过程中进行硬盘分区，只有经过分区和格式化的硬盘才可以存储数据文件。下面就以在操作系统安装过程中进行硬盘分区为例进行介绍，双击桌面上的分区工具，进入DiskGenius主界面，如图5–6所示。

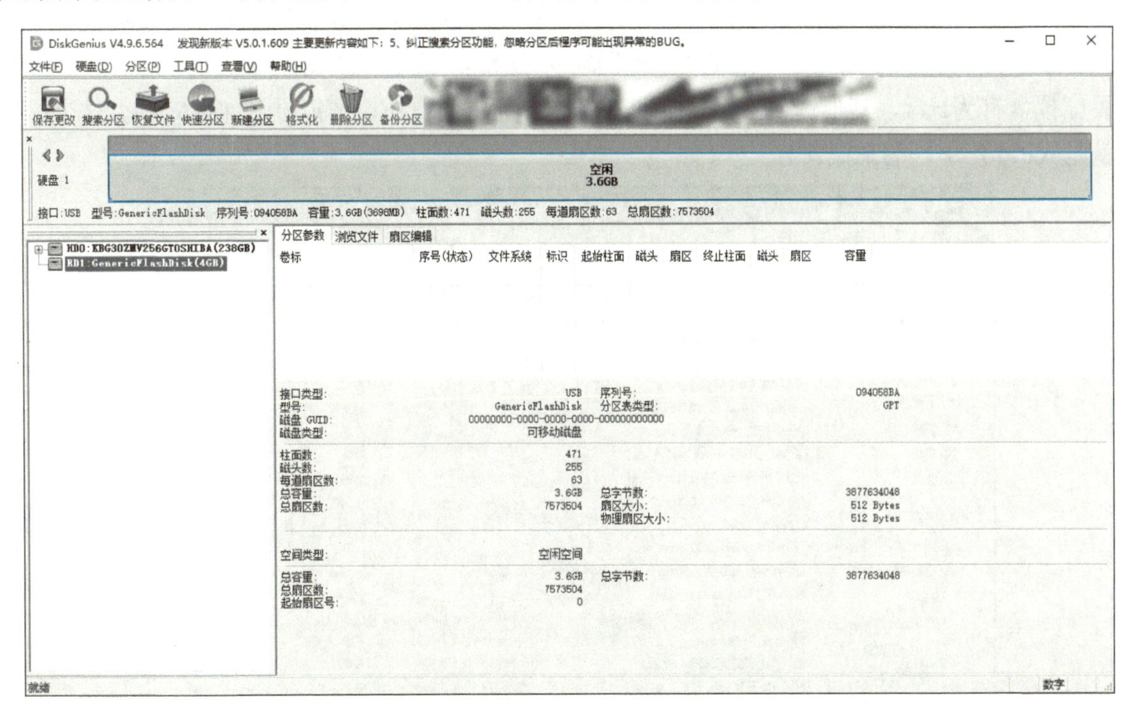

图5–6　DiskGenius主界面

在主界面左侧右击要操作的磁盘，在弹出菜单中选择“转换分区表类型为GUID格式”菜单项，如果磁盘已经是GUID格式，则“转换分区表类型为GUID格式”为灰色不可用，如图5–7所示。

此时弹出提示对话框，如图5–8所示。

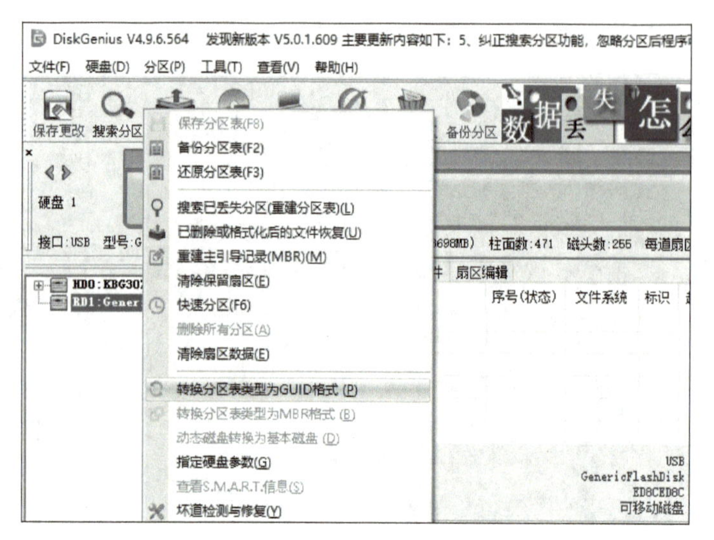

图5-7　选择“转换分区表类型为GUID格式”菜单项

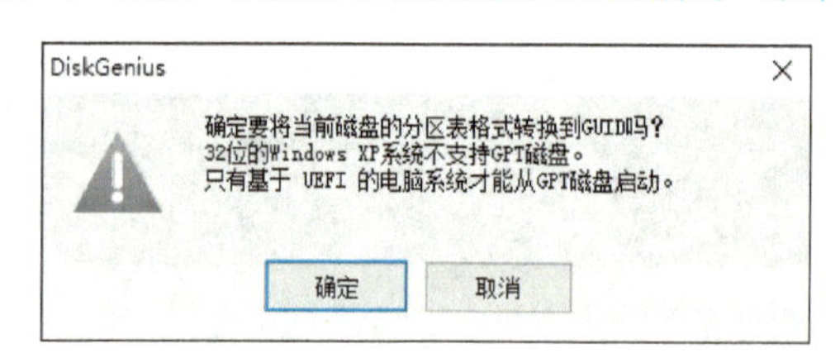

图5-8　分区表类型转换提示对话框

直接单击“确定”按钮，再单击工具栏中的“保存更改”按钮，出现“更改立即生效”的提示，单击“是”按钮完成硬盘分区格式的转换。关闭DiskGenius主界面窗口。

双击桌面上的“此电脑”图标，找到U盘并打开，在U盘中找Windows10_X64.iso安装镜像文件后右击，选择“装载为ImDisk虚拟磁盘”菜单项，如图5-9所示。出现“装载虚拟磁盘”对话框，如图5-10所示。设置虚拟盘符为H盘，其他选项不需要改动，单击“确定”按钮，虚拟磁盘加载完成。这个虚拟磁盘的内容就是Windows 10的系统安装文件。

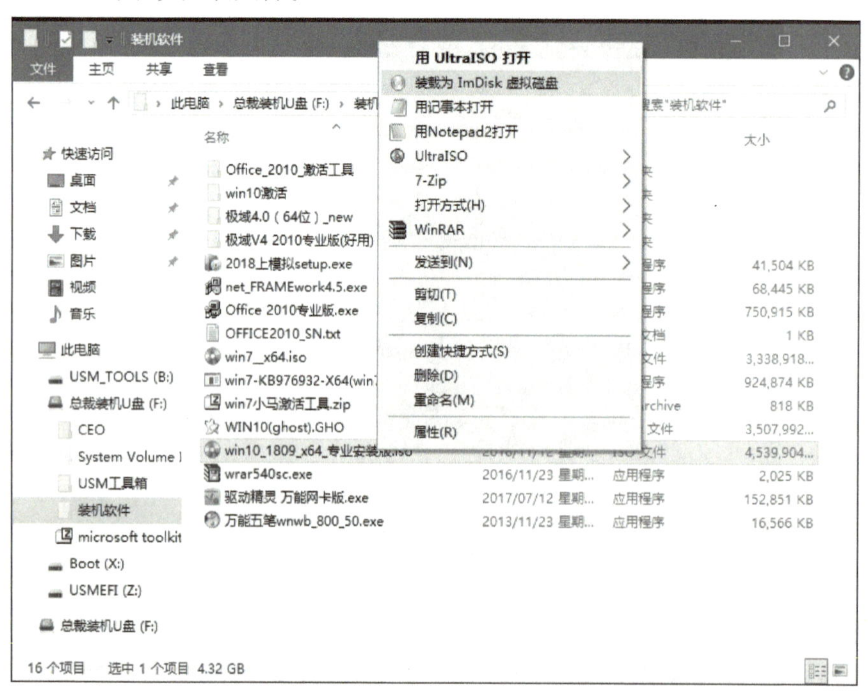

图5-9　选择“装载为ImDisk虚拟磁盘”菜单项

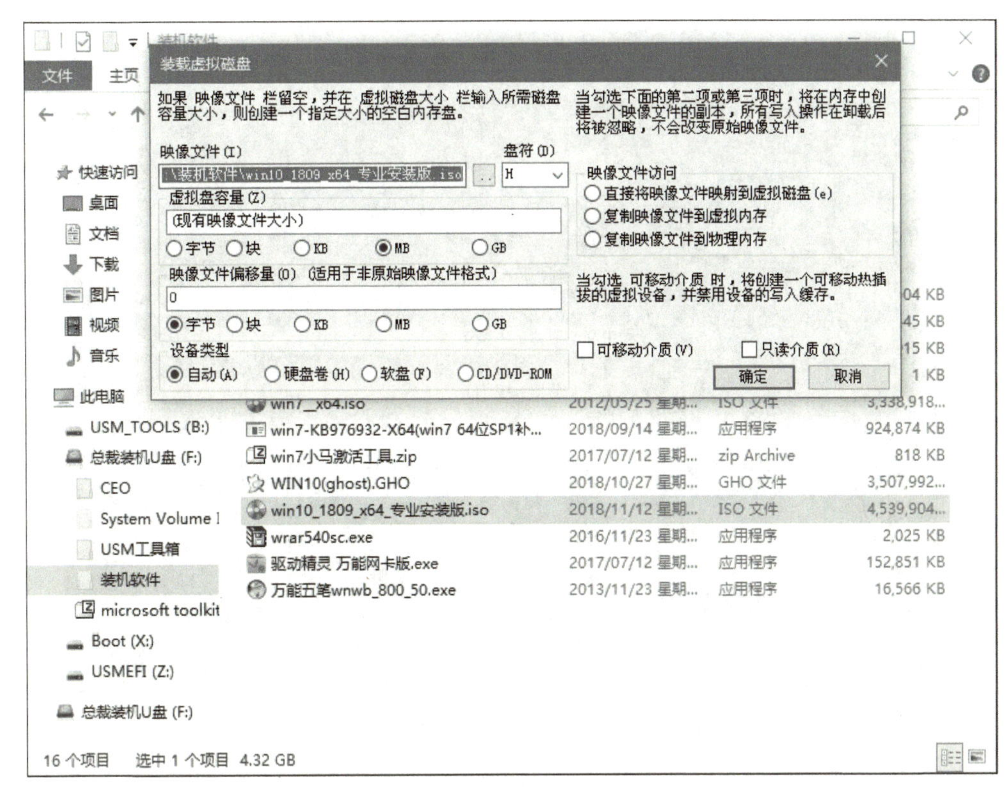

图5-10 “装载虚拟磁盘”对话框

在计算机中找到并打开虚拟磁盘H盘，找到setup.exe文件，双击执行此文件，如图5-11所示。

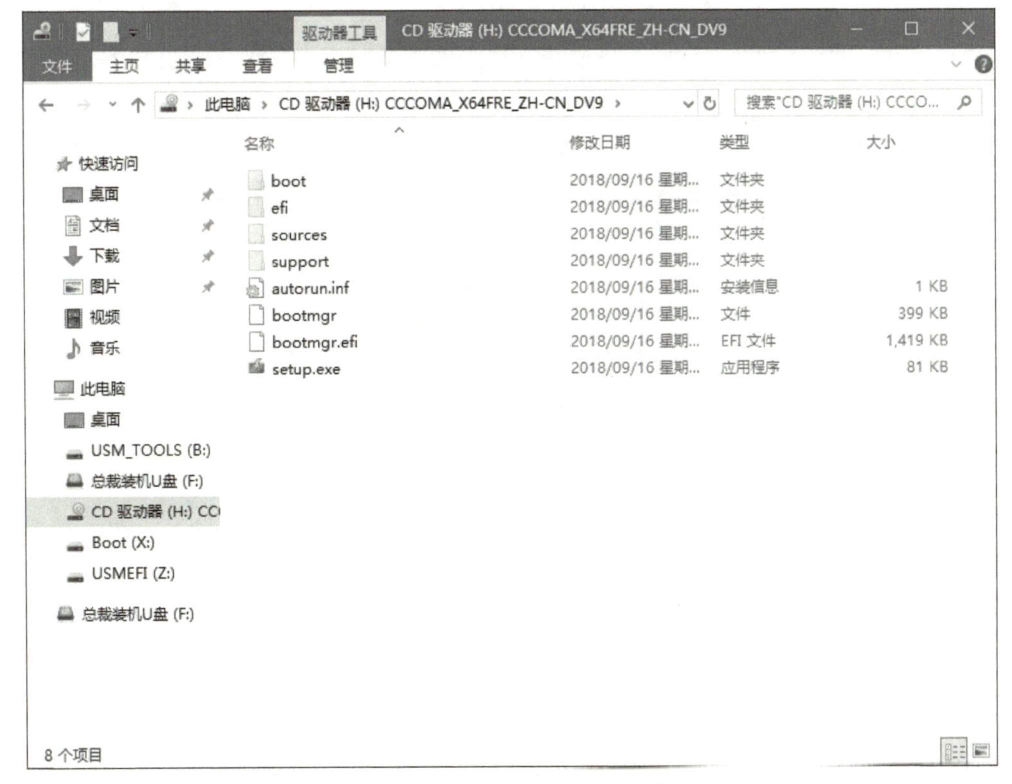

图5-11 双击setup.exe文件

此时出现“Windows安装程序”向导的Windows 10初始安装界面，如图5-12所示。

“要安装的语言”和“时间和货币格式”选择“中文（简体，中国）”，“键盘和输入方法”选择“微软拼音”。

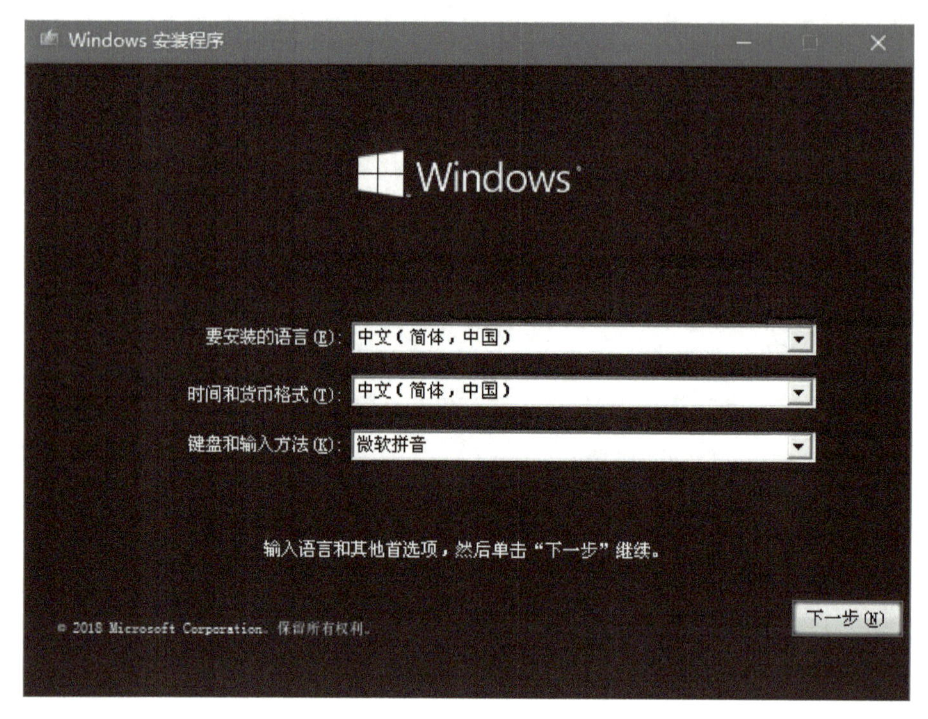

图5-12　Windows 10初始安装界面

直接单击界面右下角的“下一步”按钮开始安装。在出现的界面中单击“现在安装”按钮，显示“激活Windows”界面，如图5-13所示。

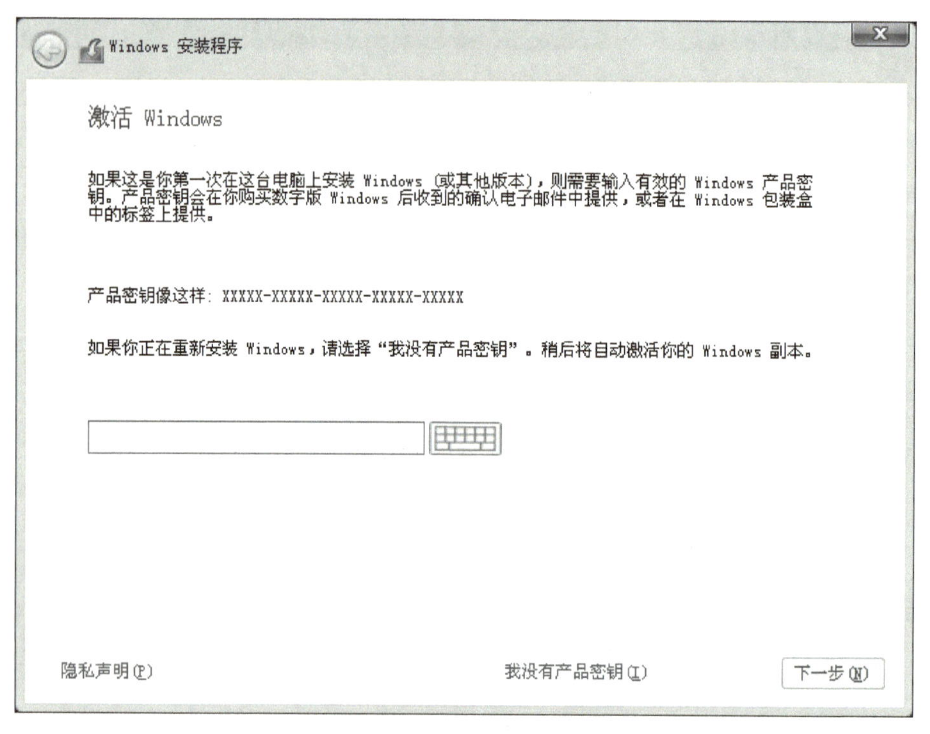

图5-13　“激活Windows”界面

输入正确的产品密钥，单击“下一步”按钮，进入“适用的声明和许可条款”界面，如图5-14所示。如果没有产品密钥，则不输入，直接单击“下一步”按钮，等系统安装完成后，再单独激活。

勾选“我接受许可条款”复选框，单击“下一步”按钮。

此时打开“你想执行哪种类型的安装？”界面，如图5-15所示。

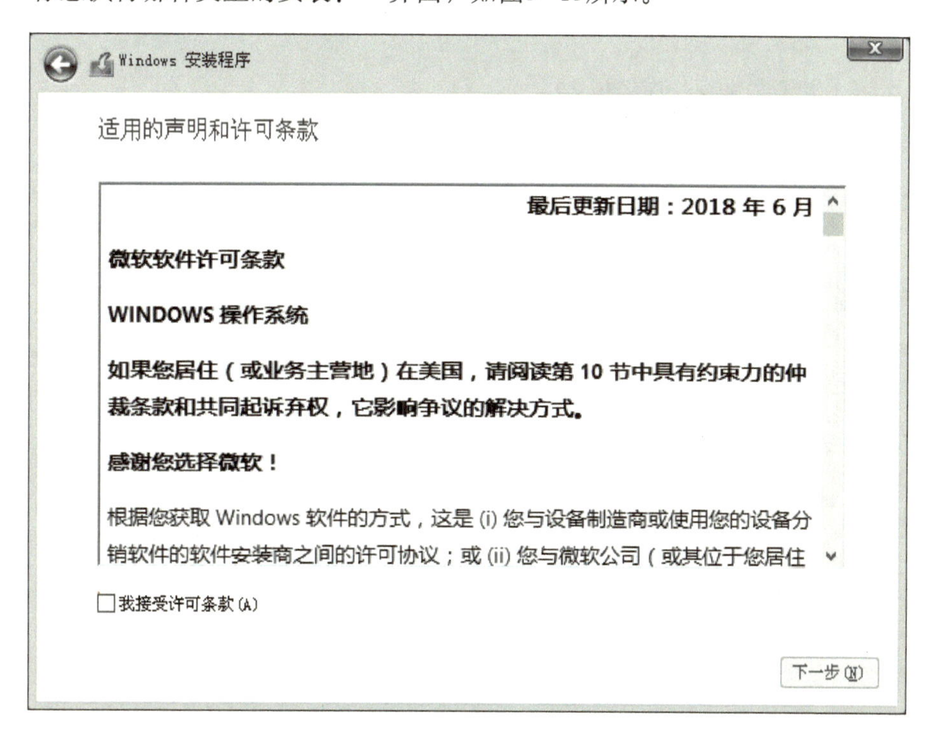

图5-14　“适用的声明和许可条款”界面

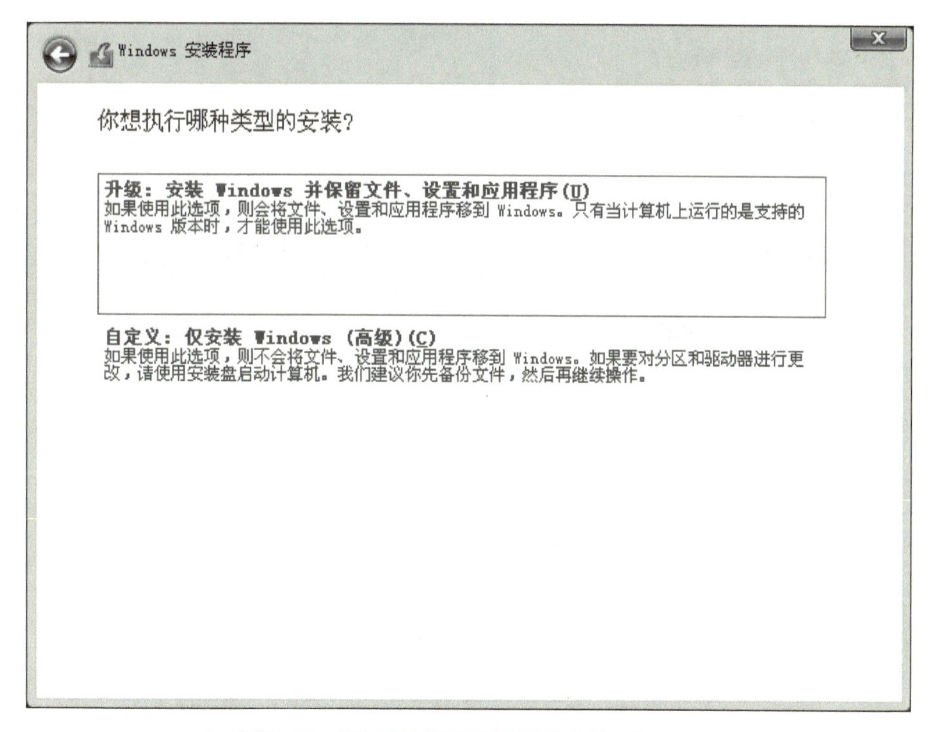

图5-15　“你想执行哪种类型的安装？”界面

选择“自定义：仅安装Windows（高级）”选项继续安装，弹出“你想将Windows安装在哪里？”界面。在此界面中选择目标磁盘或分区，如图5-16所示。

如果硬盘已经分区并且符合UEFI模式安装特征，选择一个主分区后单击“下一步”按钮；如果硬盘没分区，单击“新建”按钮，输入新建分区的大小，再单击“应用”按钮，弹出提示对话框，如图5-17所示。

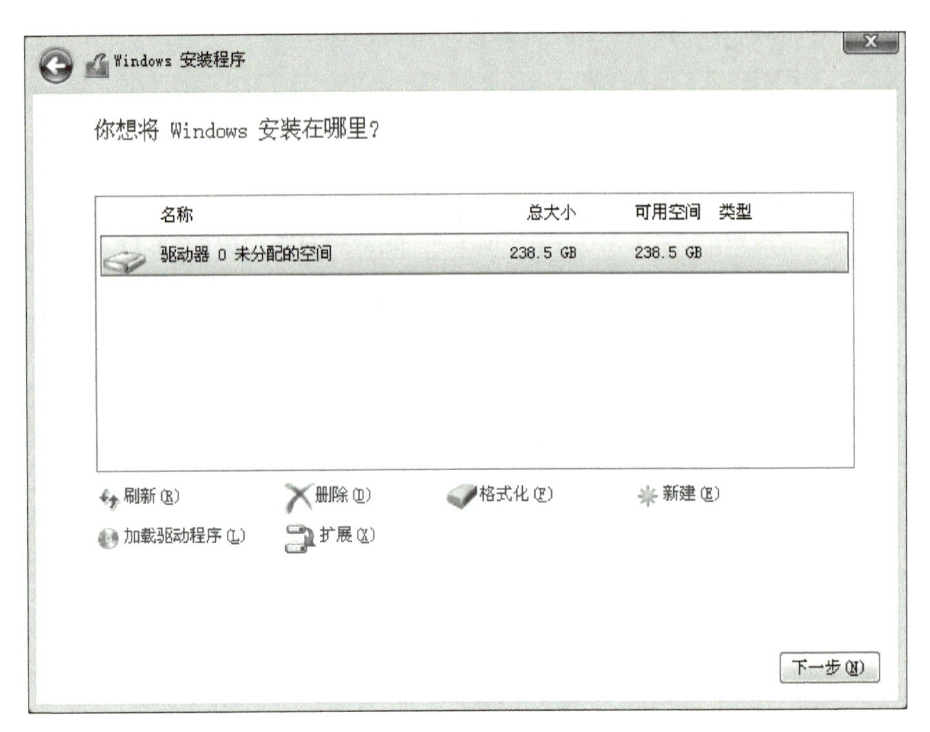

图5-16 “你想将Windows安装在哪里？”界面

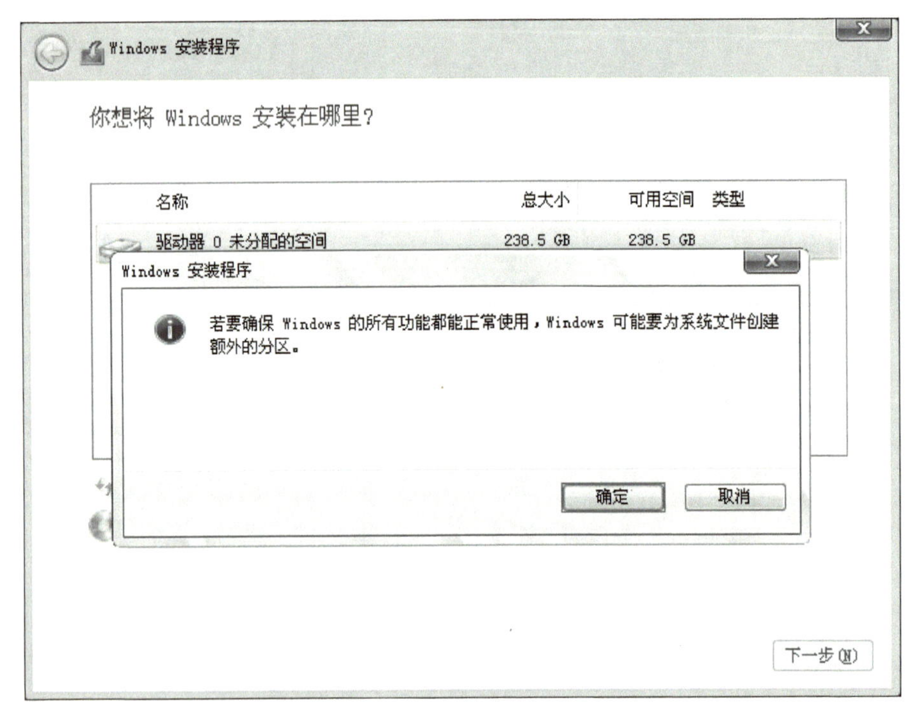

图5-17 分区创建提示对话框

单击“确定”按钮，否则系统无法进行安装，系统会自动创建ESP、MSR和恢复区3个分区，如图5-18所示。

继续对硬盘中未分配的空间分区，完成分区后选择要安装操作系统的主分区进行格式化，格式化完成后，单击“下一步”按钮，将进入“正在安装Windows”界面，如图5-19所示。

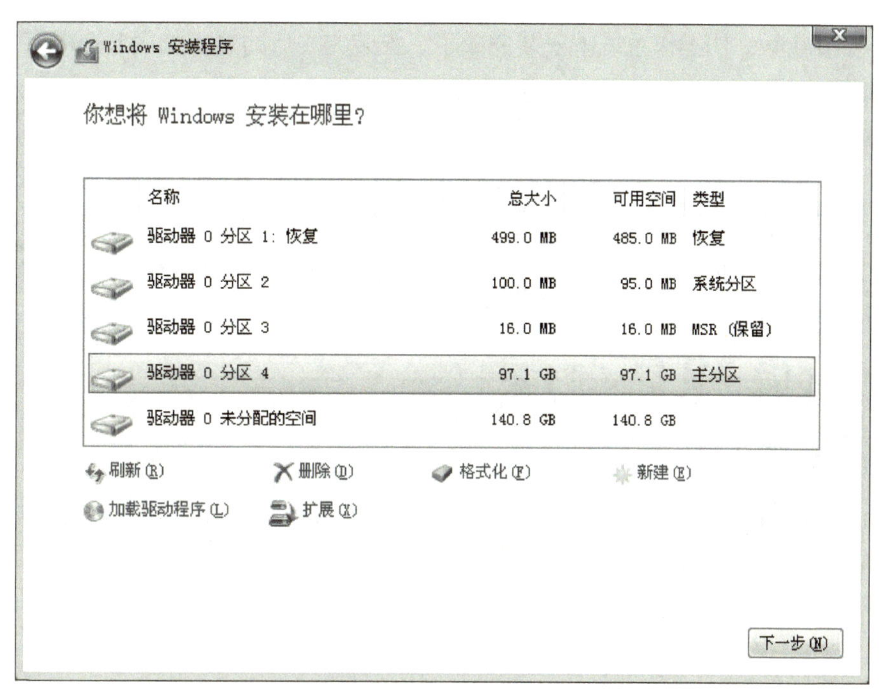

图5-18　创建的分区

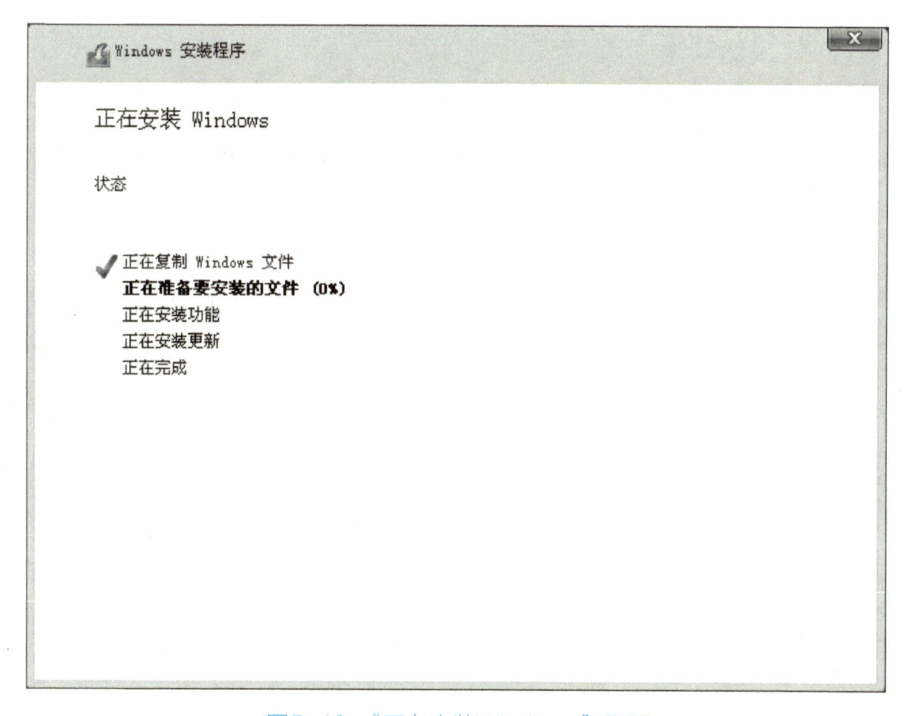

图5-19　“正在安装Windows”界面

此界面中的前4个步骤在首次重新启动之前已完成。这些步骤是：

- 复制Windows文件。
- 准备要安装的文件。
- 安装功能。
- 安装更新。

这4个步骤全部完成后，将自动重新启动。在计算机重启系统引导之前把U盘拔下，让系统从硬盘引导启动。系统成功引导后，继续未完成的操作系统安装操作，在出现“为你的设备选择隐私设置”界面时，单击“接受”按钮，在第一次进入Windows 10操作系统主界面时，弹出“网络”设置对话框，一般单击“是”按钮，Windows 10操作系统就安装完成了。安装完成后的桌面如图5-20所示。

图5-20　系统安装成功后的桌面

二、Windows 10操作系统配置

1．显示Windows 10系统桌面图标

刚装好的Windows 10系统桌面只有两个图标：回收站和Microsoft Edge，如图5-20所示。如何把“计算机”“控制面版”“网络”“用户的文件”4个图标在桌面显示出来以方便用户熟练地操作计算机呢？具体步骤如下。

步骤1：在桌面图标外的空白处右击，选择“个性化”菜单项。

步骤2：在“设置”窗口中单击左侧区域的“主题”选项，然后在右侧区域找到“桌面图标设置”，如图5-21所示。

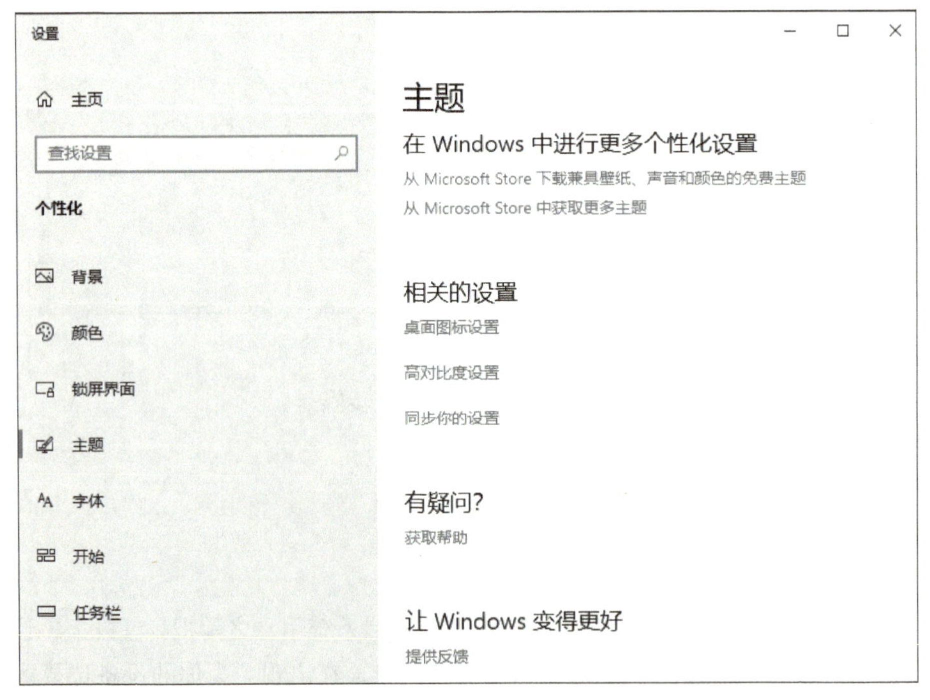

图5-21　“设置”窗口

单击“桌面图标设置”选项，弹出“桌面图标设置”对话框，如图5–22所示。

在“桌面图标设置”对话框中选中“计算机”“控制面版”“网络”“用户的文件”复选框，再单击“确定”按钮，在桌面上就显示这几个图标了。

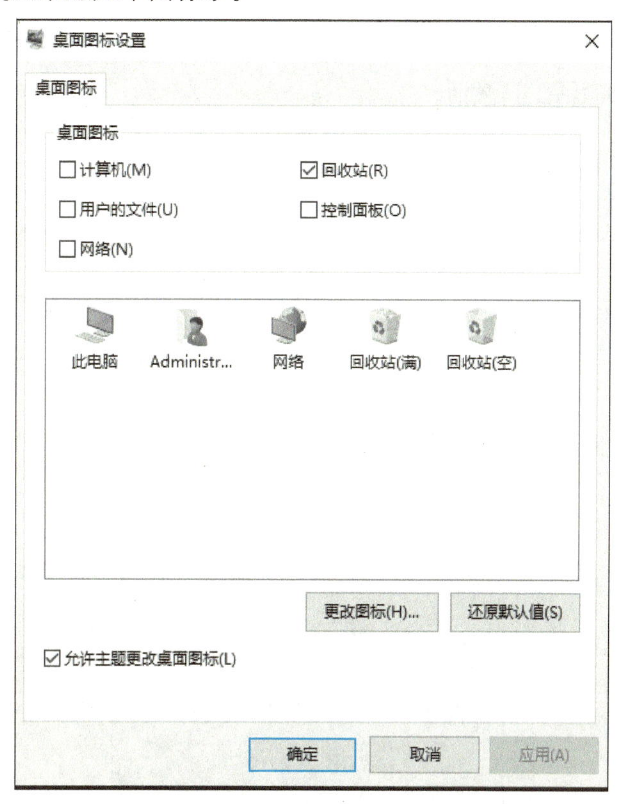

图5–22　“桌面图标设置”对话框

2. 查看Windows 10系统属性并激活

右击Windows 10桌面上的“此电脑”图标，选择“属性”菜单项，出现“查看有关计算机的基本信息”界面如图5–23所示。

图5–23　“查看有关计算机的基本信息”界面

界面最下方的“Windows激活”区域提示“Windows尚未激活”，这说明Windows 10系统还没有激活，把Windows 10系统激活的方法如下。

方法1：找到激活码，一般购买正版的Windows 10操作系统，都附有产品密钥，单击“激活Windows”选项，输入正确的激活码，单击“确定”按钮，根据提示完成操作系统的激活。

方法2：用Windows 10激活工具激活。

这里选择第2种方法：用Windows 10激活工具激活。

上网搜索并下载“HEU_KMS_Activator”，如图5-24所示。

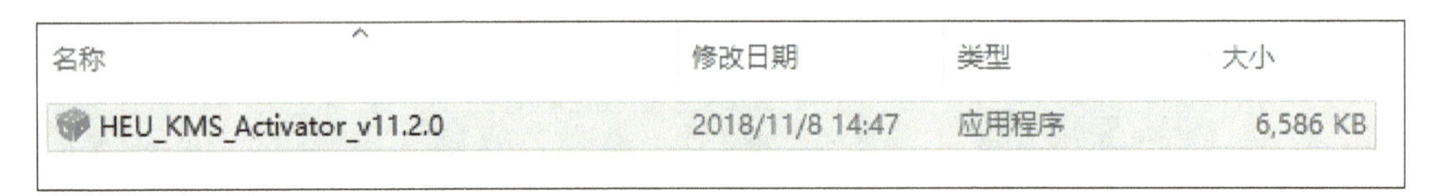

图5-24　下载激活工具

双击“HEU_KMS_Activator”，运行界面如图5-25所示。

图5-25　HEU_KMS_Activator界面

单击HEU_KMS_Activator界面中的“激活Windows VL”按钮，稍等片刻，软件就会提示成功激活，提示框如图5-26所示。

单击“确定”按钮，HEU_KMS激活工具会弹出是否自动安装续期服务的提示框，这是由于现在的Windows 10激活工具只能让Windows 10系统激活180天，过期后还要再次重新激活Windows 10，所以HEU_KMS提供了续期自动激活服务，提示框如图5-27所示。

单击“确定”按扭，自动安装续期服务，最后提示续期服务安装成功，关闭HEU_KMS_Activator软件。

重新启动计算机，再次查看计算机属性，查看是否完成激活。从属性窗口下面的“Windows激活”区域可以很清楚地看到“Windows已激活”信息。

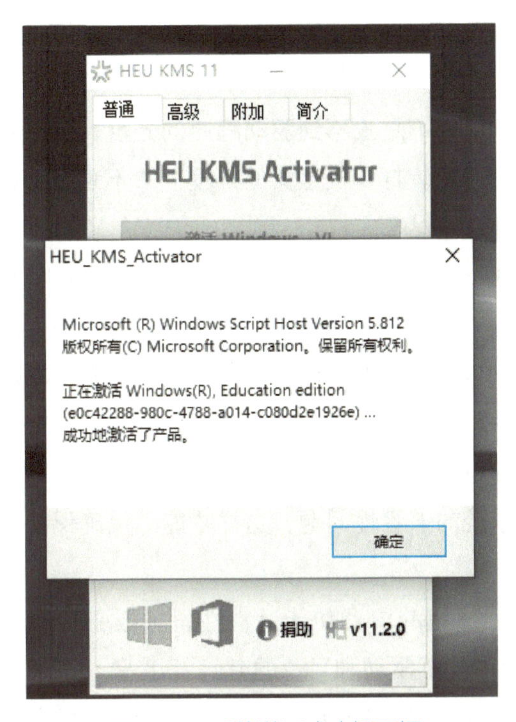

图5-26 系统激活成功提示框

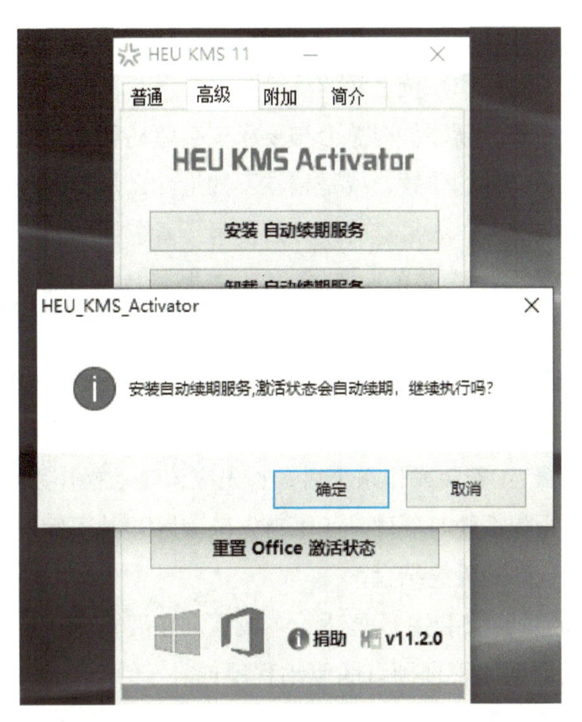

图5-27 续期自动激活提示框

任务2 安装设备驱动程序

任务描述

把计算机中硬件设备所需的驱动程序全部安装到计算机中，让设备能正常运行。

任务分析

计算机操作系统的裸系统安装好了，但是并不表示计算机就能正常使用了。要想计算机能上网、能打印文档等，还要进行另一个重要的工作，就是把每个硬件的设备驱动程序安装上去，使计算机能正常使用。

知识准备

驱动程序（Device Driver）全称为“设备驱动程序”，是一种可以使计算机与设备通信的特殊程序，可以说相当于硬件的接口。操作系统只能通过这个接口，才能控制硬件设备的工作，假如某设备的驱动程序未能正确安装，便不能正常工作。

驱动程序在系统中所占的地位十分重要，一般当操作系统安装完毕后，首要的便是安装硬件设备的驱动程序。不过，大多数情况下，并不需要安装所有硬件设备的驱动程序，例如，硬盘、显示器、光驱等就不需要安装驱动程序，而显卡、声卡、扫描仪、摄像头、Modem等就需要安装驱动程序。另外，不同版本的操作系统对硬件设备的支持也是不同的，一般情况下，版本越高，所支持的硬件设备也越多。

简单地说，驱动程序提供了硬件到操作系统的一个接口，并可协调二者之间的关系，正是因为驱动程序有如此重要的作用，所以人们称驱动程序是“硬件的灵魂”“硬件的主宰”。另外，驱动程序也被形象地称为“硬件和系统之间的桥梁”。

当在安装新硬件时总会被要求安装驱动程序，此时很多用户不是找不到驱动程序的光盘，就是找不到所需驱动文件的位置，或是根本不知道什么是驱动程序。比如安装打印机这类的外设，并不是把连接线接上就算完成了，如果这时候开始使用，系统就会提示找不到驱动程序。

驱动程序安装的一般顺序：主板芯片组（Chipset）→显卡（VGA）→声卡（Audio）→网卡（LAN）→无线网卡（Wireless LAN）→红外线（IR）→触控板（Touchpad）→PCMCIA控制器（PCMCIA）→读卡器（Flash Media Reader）→调制解调器（Modem）→其他（如电视卡、CDMA上网适配器等）。不按顺序安装，很有可能导致某些软件安装失败。

步骤1：安装操作系统后，首先应该装上操作系统的Service Pack（SP）补丁。由于驱动程序直接面对的是操作系统与硬件，所以首先应该用SP补丁解决操作系统的兼容性问题，这样才能尽量确保操作系统和驱动程序的无缝结合。

步骤2：安装主板驱动。主板驱动主要用来开启主板芯片组的内置功能及特性，主板驱动中一般包括主板识别和管理硬盘的驱动程序或补丁，如Intel芯片组的INF驱动和VIA的4in1补丁等。如果还包含其他补丁，那么一定要先安装完主板驱动再安装其他补丁，这一步很重要，也是造成系统不稳定的直接原因。

步骤3：安装DirectX驱动。一般推荐安装最新版本，DirectX是微软嵌在操作系统上的应用程序接口（API）。DirectX由显示部分、声音部分、输入部分和网络部分组成，其声音部分（Direct Sound）可带来更好的声效；输入部分（Direct Input）可支持更多的游戏输入设备，并对这些设备进行识别与驱动，充分发挥设备的最佳状态和全部功能；网络部分（Direct Play）可增强计算机的网络连接，提供更多的连接方式。只不过DirectX在显示部分的改进比较大，更引人关注，从而忽略了其他部分的功能，所以安装新版本DirectX的意义并不仅在于显示部分。当有兼容性问题时另当别论。

步骤4：安装显卡、声卡、网卡、调制解调器等插在主板上的板卡类驱动。

步骤5：最后安装打印机、扫描仪、读写机这些外设驱动。

这样的安装顺序能使系统文件合理搭配，协同工作，充分发挥系统的整体性能。

另外，显示器、键盘和鼠标等设备也有专门的驱动程序，特别是一些品牌产品。虽然不用安装驱动程序也可以被系统正确识别并使用，但是安装驱动程序后，能增加一些额外的功能并提高稳定性和性能。

任务实施

一、利用设备驱动光盘安装设备驱动程序

下面介绍Windows系统中硬件设备的驱动程序不同的安装方法，先右击桌面中的“此电脑”图标，选择“管理”菜单项，在打开的“计算机管理”窗口中单击左侧栏中的“设备管理器”，在右侧栏中则显示此计算机中所有设备的属性，如图5-28所示。其中带有“！”的，说明此设备的驱动程序没有安装或此设备没有正确工作。

由图5-28可以看出，有一部分设备的驱动程序没有安装或没有正常运行，只有正确安装此设备的驱动程序才能让设备正常运行。那么该如何安装呢?

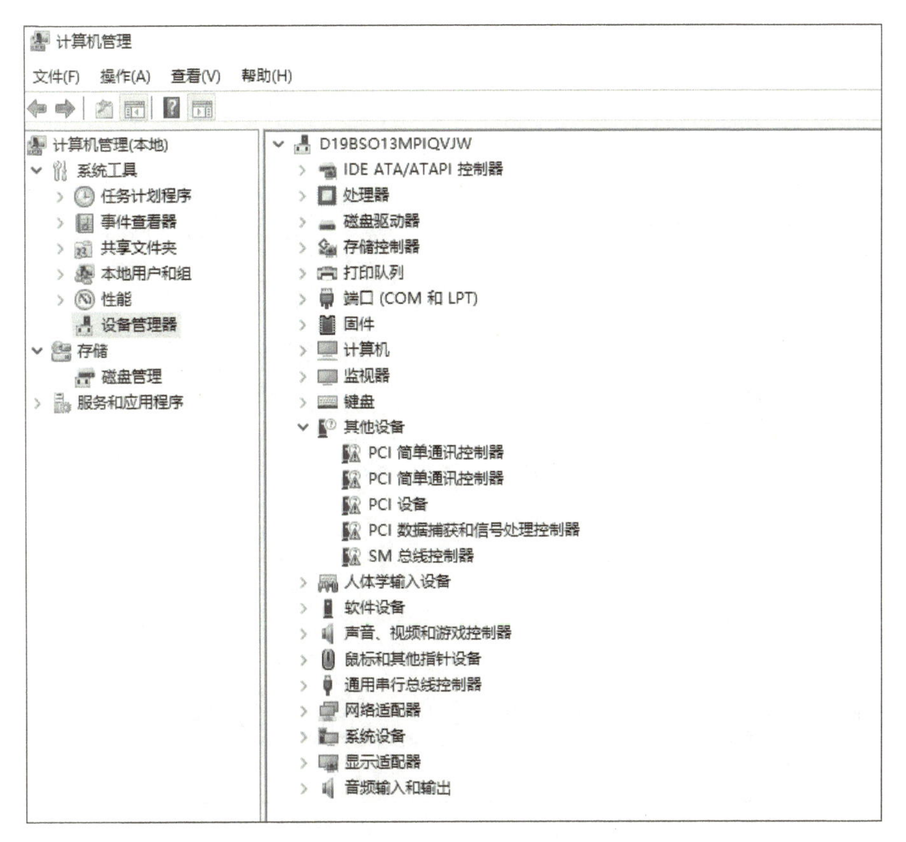

图5-28　计算机设备管理器属性

驱动程序的安装通常有以下两种方法。

方法1：用计算机随机附带的驱动程序光盘进行安装。

方法2：利用驱动精灵（或驱动人生）工具软件进行安装。

下面先介绍第1种，现在的驱动光盘都做得比较好，把光盘放入光驱一般会自动运行，显示出安装驱动程序主界面，如图5-29所示（以微星主板MSI-H61为例）。

该界面中会显示硬件所需的驱动程序，用户可分别选择其中一个进行安装，也可单击“完全安装”按钮把所有驱动都安装上去。

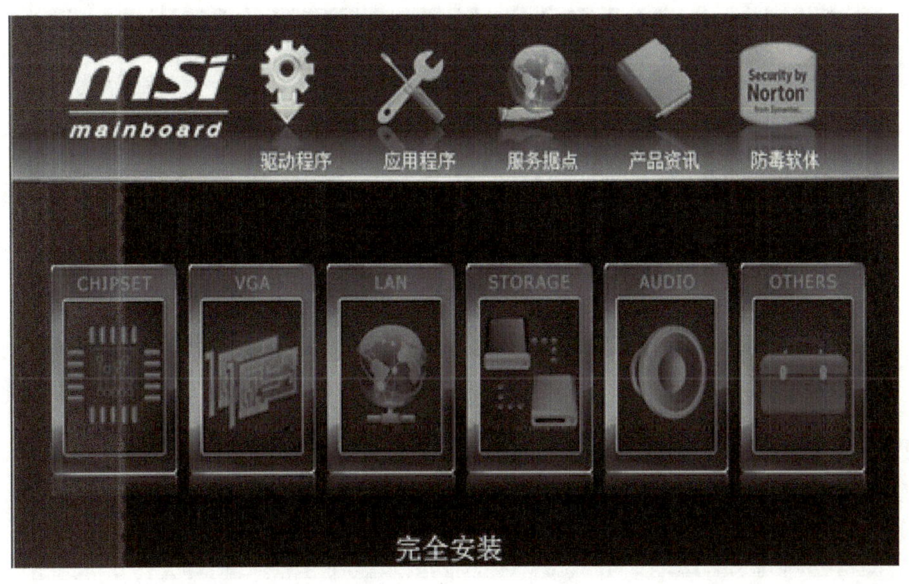

图5-29　微星主板MSI-H61安装驱动程序主界面

1. 安装声卡驱动程序

在驱动程序主界面中单击AUDIO图标，安装声卡，出现图5–30所示的界面。

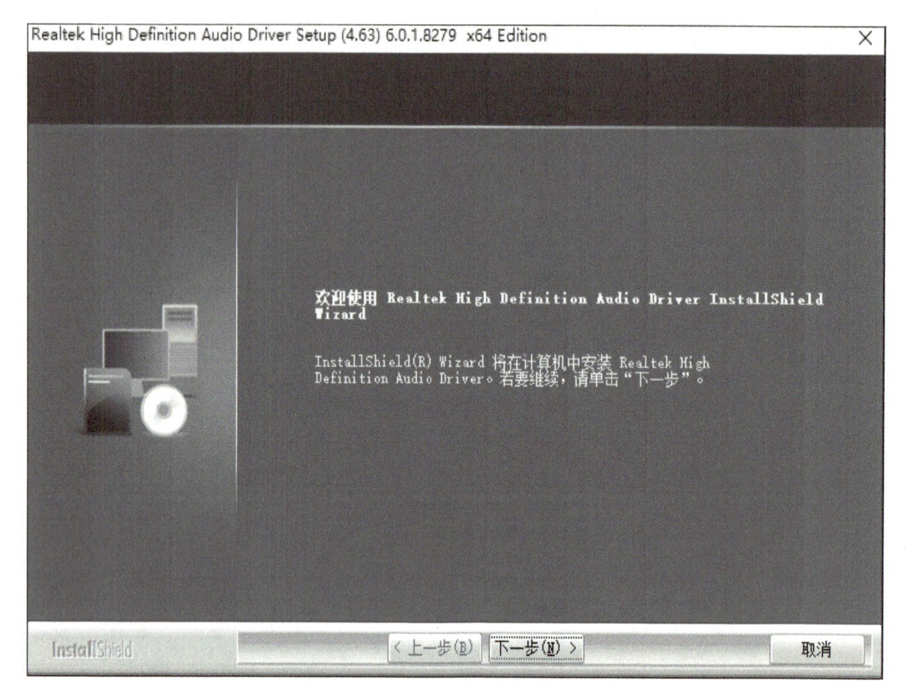

图5–30　安装声卡驱动程序（1）

单击“下一步”按钮，弹出安装声卡驱动程序的中间过程界面，如图5–31所示。

当声卡驱动程序安装完成后，提示是否要立即重新启动计算机，如图5–32所示。一般情况下是把所有驱动程序都装完了再重新启动计算机，这样可以节省不少时间，除非有特殊要求。单击“完成”按钮，安装声卡驱动程序结束。

并不是所有的厂家都做成这样简单易安装的界面，如果没有这样的界面，只能按照主板说明书到光盘中查找驱动程序进行手动安装。一般说明书上都会标明每种设备所需的驱动程序在什么位置，只要按照此路径找到驱动程序并双击运行，便可完成安装。

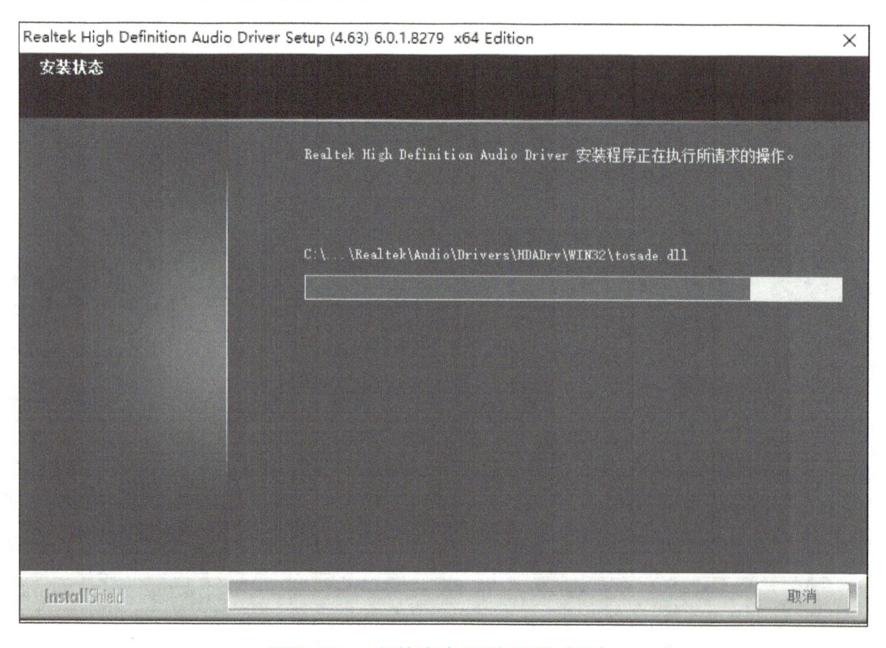

图5–31　安装声卡驱动程序（2）

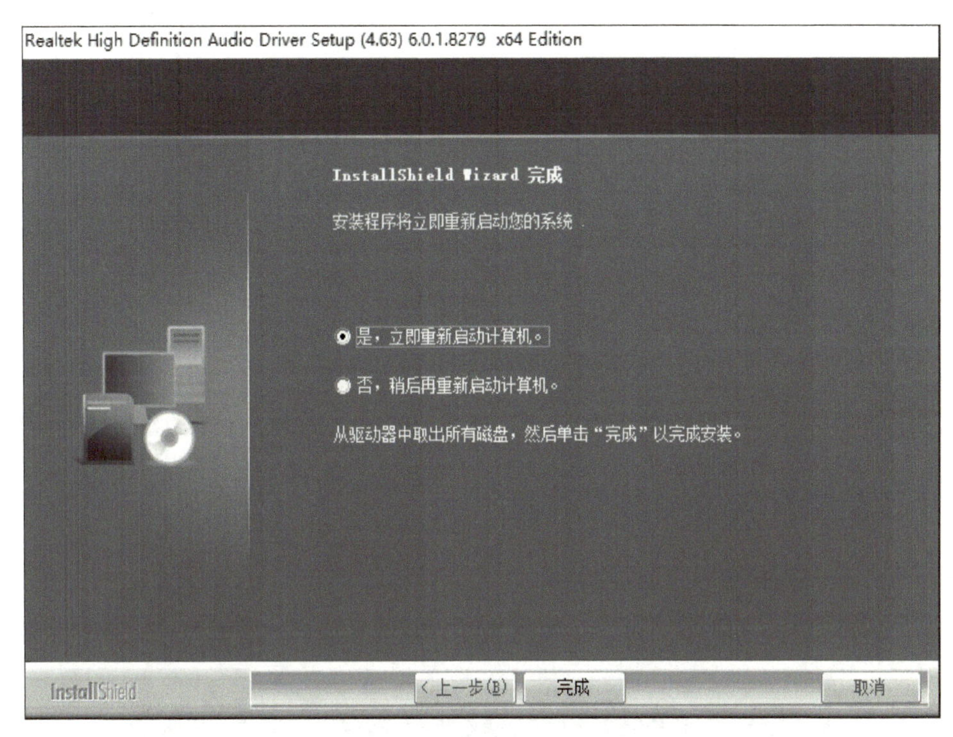

图5-32 安装声卡驱动程序（3）

2. 安装显卡驱动程序

这里通过直接找到驱动程序进行手动安装。在驱动光盘中找到显卡驱动程序所在的文件夹（SVGA），双击打开该文件夹，如图5-33和图5-34所示。一般情况下，不同的操作系统有不同的驱动程序，找到操作系统所需的驱动程序文件夹。

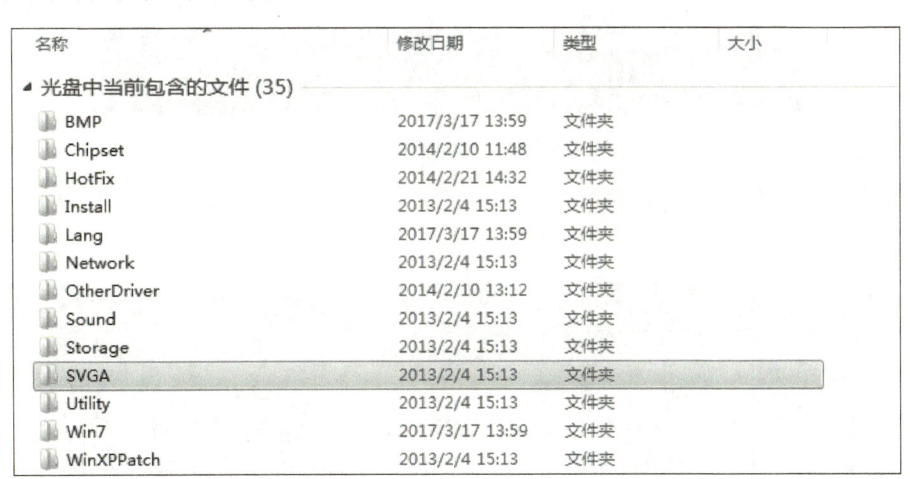

图5-33 安装显卡驱动程序（1）

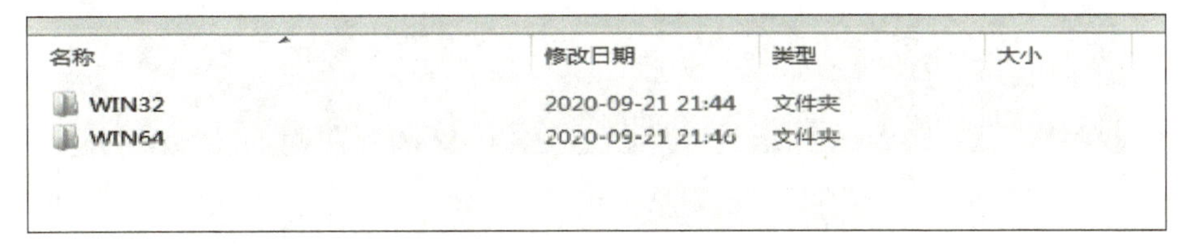

图5-34 安装显卡驱动程序（2）

双击打开显卡驱动所在的文件夹（如F:\WIN64），如图5-35所示。

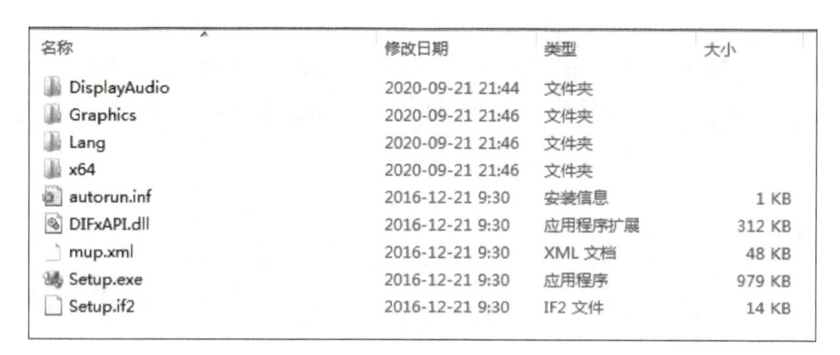

名称	修改日期	类型	大小
DisplayAudio	2020-09-21 21:44	文件夹	
Graphics	2020-09-21 21:46	文件夹	
Lang	2020-09-21 21:46	文件夹	
x64	2020-09-21 21:46	文件夹	
autorun.inf	2016-12-21 9:30	安装信息	1 KB
DIFxAPI.dll	2016-12-21 9:30	应用程序扩展	312 KB
mup.xml	2016-12-21 9:30	XML 文档	48 KB
Setup.exe	2016-12-21 9:30	应用程序	979 KB
Setup.if2	2016-12-21 9:30	IF2 文件	14 KB

图5-35　安装显卡驱动程序（3）

找到文件夹中的setup.exe（或install.exe）文件，双击运行，根据软件提示完成显卡的安装。

二、利用工具软件安装设备驱动程序

下面以驱动精灵工具软件为例进行说明。

首先到网上下载驱动精灵最新版（注：一定要下载包含网卡驱动程序的），下载后安装驱动精灵，如图5-36所示。

图5-36　利用驱动精灵安装驱动程序（1）

如果不想更改安装路径，可直接单击“一键安装”按钮，等待驱动精灵安装完成，安装完成出现图5-37所示的界面。

图5-37　利用驱动精灵安装驱动程序（2）

单击“立即检测”按钮，会出现检测概要报告，如图5-38所示。

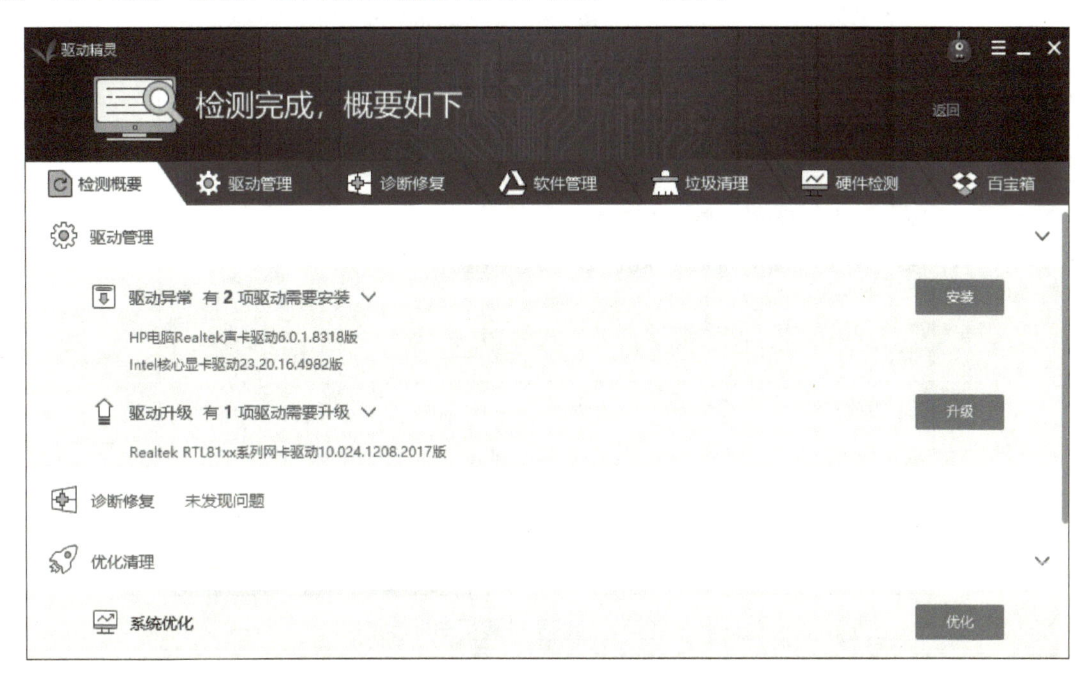

图5-38 利用驱动精灵安装驱动程序（3）

当计算机的网卡驱动程序没安装时，检测时会提示让用户安装网卡驱动程序，网卡驱动程序一定要装，否则驱动精灵不能正常运行，单击“是”按钮，便开始网卡驱动安装。安装网卡驱动完成后，提示重新启动计算机。单击“是”按钮，重启计算机，重新运行驱动精灵软件并进行检测（注：在运行驱动精灵之前，计算机一定要连接到互联网，否则驱动精灵不能正确找到硬件所需要的驱动程序），检测完成后，选择“驱动管理”选项卡，如图5-39所示。

图5-39 利用驱动精灵安装驱动程序（4）

在“驱动管理”选项卡中可以单独安装一个驱动程序。一般情况下为了方便，可以单击“一键安装”按钮，驱动精灵程序自动下载这些设备的驱动程序，并自动安装这些驱动程序，用户所要做的就是根据提示进行操作，如图5-40所示。

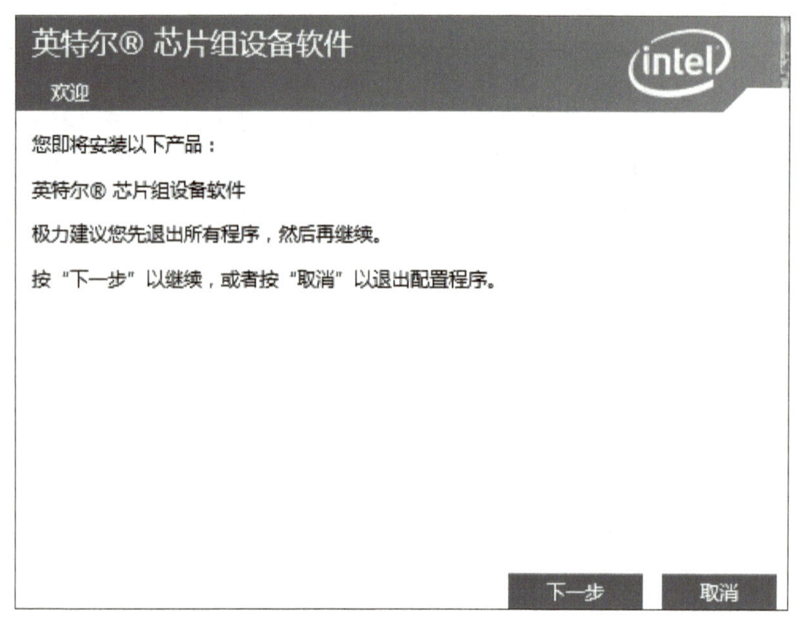

图5-40　利用驱动精灵安装驱动程序（5）

图5−40所示的界面提示正安装芯片组设备软件，单击“下一步”按钮，在弹出的界面中单击“是”按钮，进行芯片驱动程序的安装。芯片组设备软件安装完成后，提示重新启动计算机，单击“完成”按钮，计算机重新启动。计算机启动后重新检测，重复刚才的过程，直至所有设备的驱动程序都安装完成。安装完成后，在计算机“设备管理器”窗口中可以查看结果，如图5−41所示。

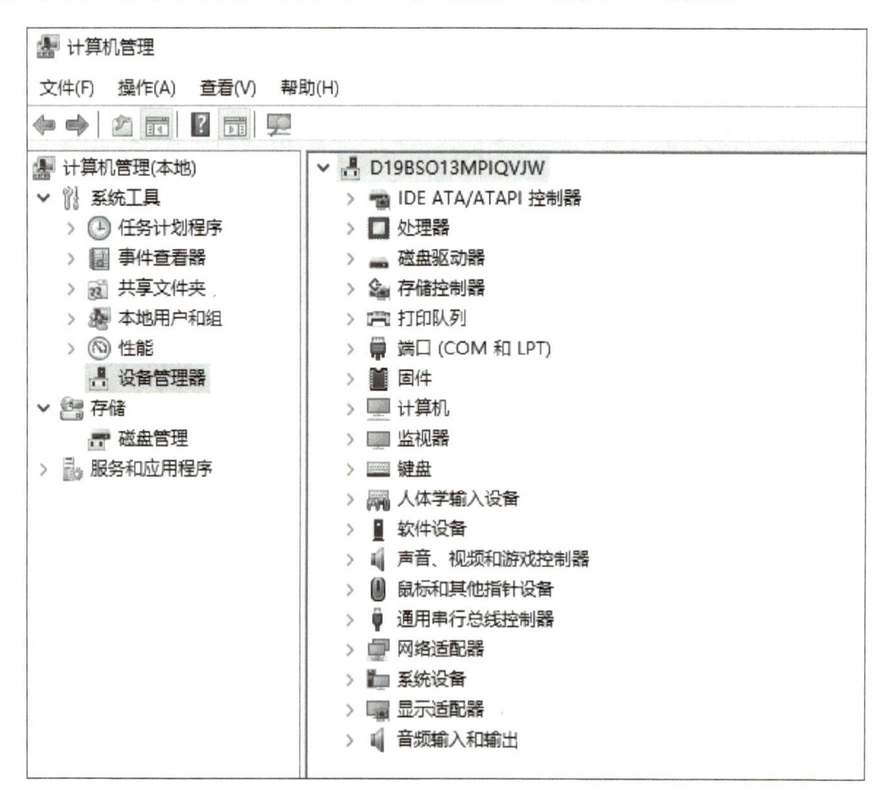

图5-41　利用驱动精灵安装驱动程序（6）

从“设备管理器”窗口中可以看到，所需要的设备驱动程序都成功完成安装。

任务3　常用应用软件的安装与卸载

任务描述

把经常使用的软件（如Office办公软件、杀毒软件、QQ等）安装到计算机中，当不再使用某个软件的时候将其卸载。

任务分析

目前虽然计算机的设备驱动程序都安装好了，计算机也能使用了，但是要想完成某一功能，还必须安装对应的软件。计算机中所安装的软件分为系统软件和应用软件。系统软件主要是指操作系统软件，应用软件就是为实现某种目的或功能而使用的软件。不同的应用软件，其安装和卸载步骤差不多，现以Office 2010和360安全卫士为例进行详细说明。

任务实施

一、Office 2010安装与卸载

首先要有Office 2010的安装盘或Office 2010的安装包，这里以Office 2010安装包为例。把Office 2010安装包进行解压缩，在解压缩的文件夹中找到setup.exe文件并双击运行，如图5-42所示。

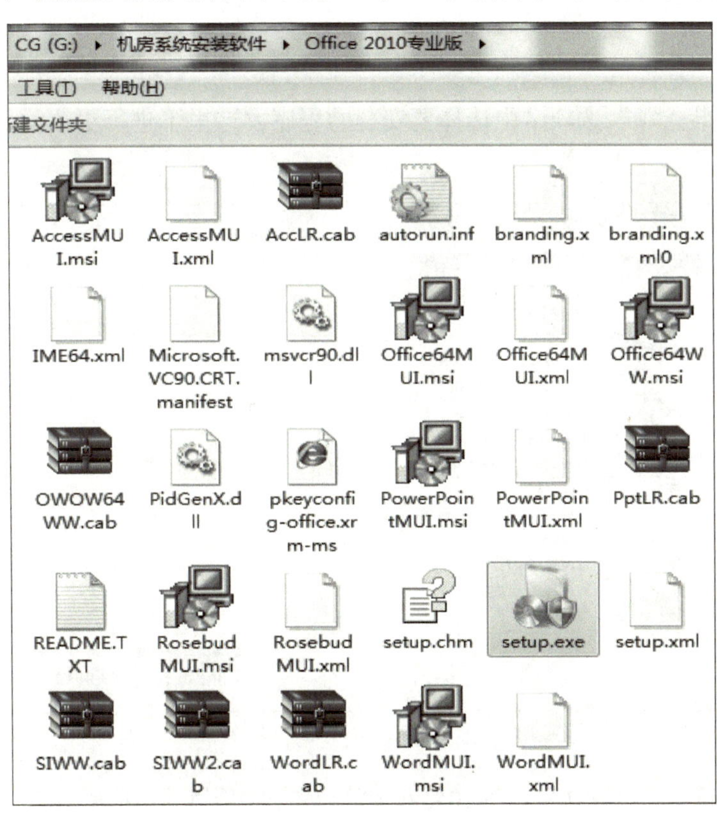

图5-42　安装Office 2010（1）

在弹出的界面中选中“我接受此协议的条款”复选框，单击“继续”按钮，如图5-43所示。

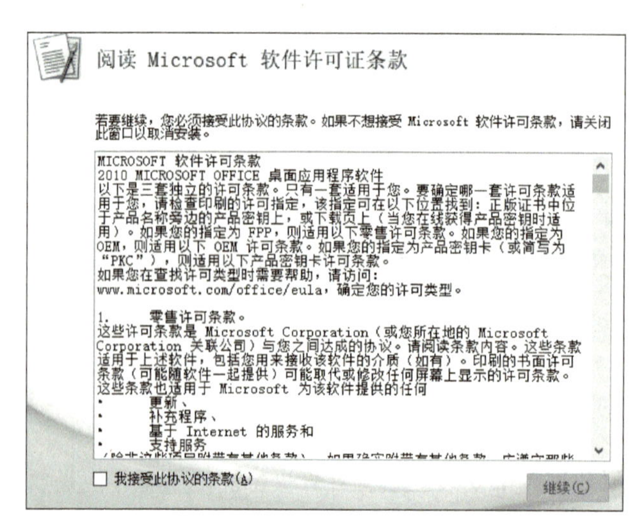

图5-43　安装Office 2010（2）

在弹出的界面中单击“自定义”按钮，这样有助于设置安装位置和属性设置，如图5-44所示。

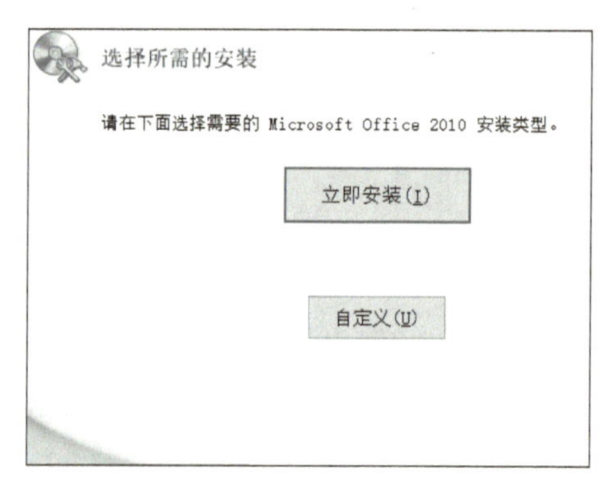

图5-44　安装Office 2010（3）

在弹出界面的“安装选项”选项卡中选择要安装的程序，这里不进行更改，保持默认值，如图5-45所示。

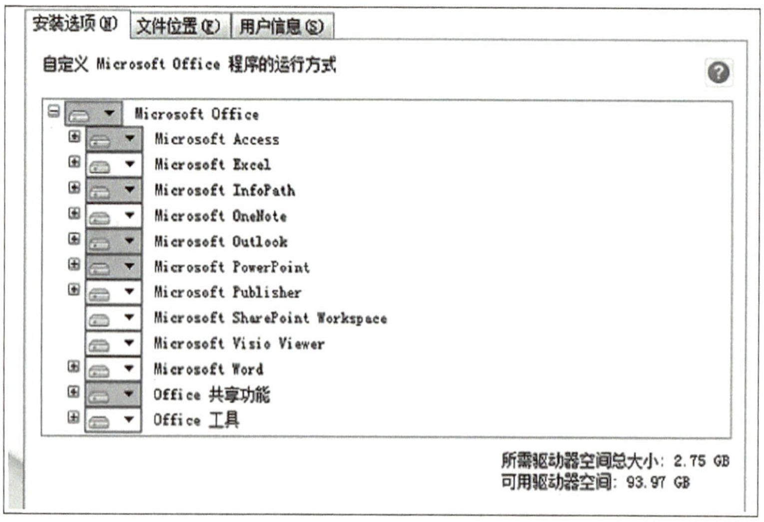

安装选项(N)　文件位置(F)　用户信息(S)

自定义 Microsoft Office 程序的运行方式

Microsoft Office
Microsoft Access
Microsoft Excel
Microsoft InfoPath
Microsoft OneNote
Microsoft Outlook
Microsoft PowerPoint
Microsoft Publisher
Microsoft SharePoint Workspace
Microsoft Visio Viewer
Microsoft Word
Office 共享功能
Office 工具

所需驱动器空间总大小：2.75 GB
可用驱动器空间：93.97 GB

图5-45　安装Office 2010（4）

在“文件位置”选项卡中设置Office 2010要安装的位置，如图5-46所示。

在“用户信息”选项卡中输入使用软件者的信息，输入完成后单击“立即安装”按扭，进行Office 2010的安装，如图5-47所示。

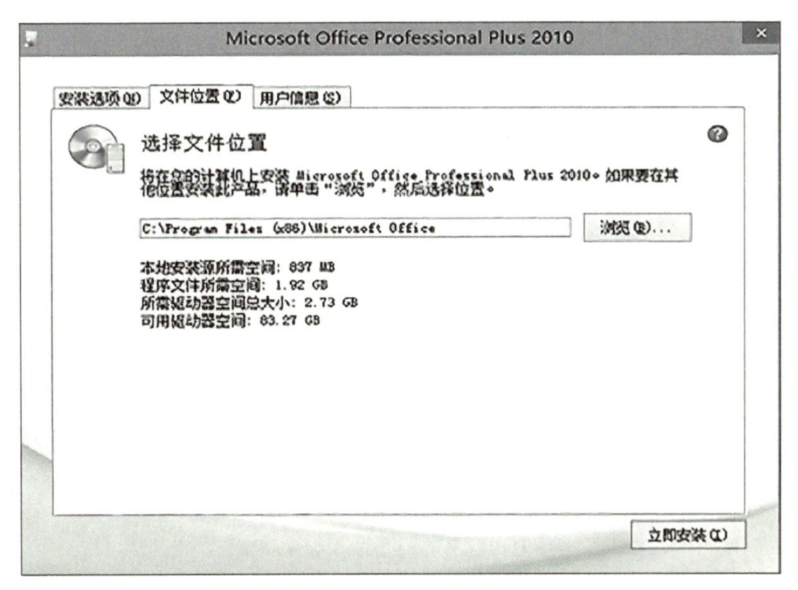

图5-46 安装Office 2010（5）

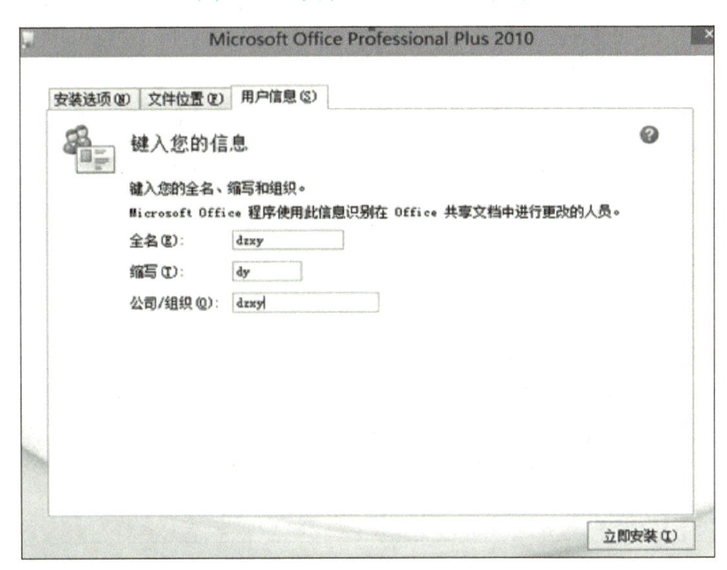

图5-47 安装Office 2010（6）

耐心等待Office 2010安装完成，如图5-48所示。

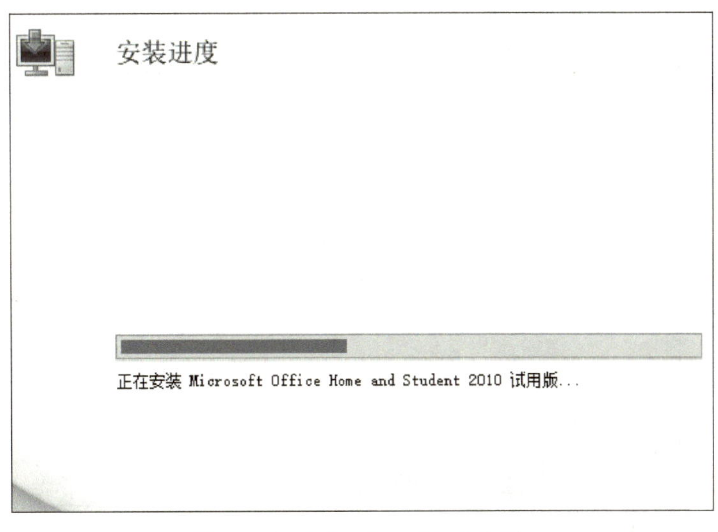

图5-48 安装Office 2010（7）

单击“关闭”按钮完成Office 2010的安装，如图5–49所示。

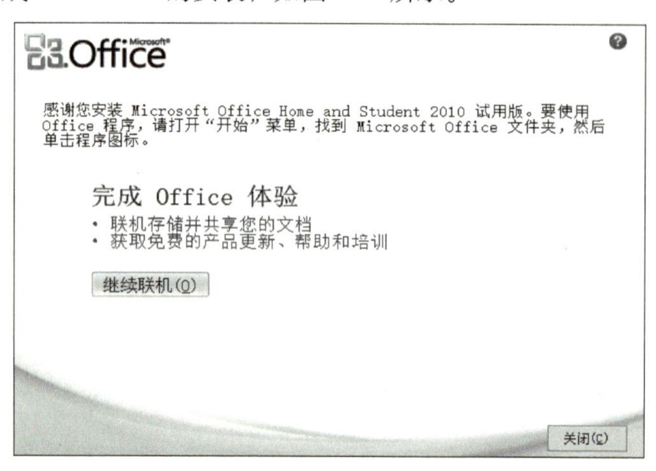

图5–49　安装Office 2010（8）

完成Office 2010的安装后，运行Office 2010 中的Word软件，第一次运行会出现图5–50所示的界面（以后不会出现），单击“下一步”按钮。

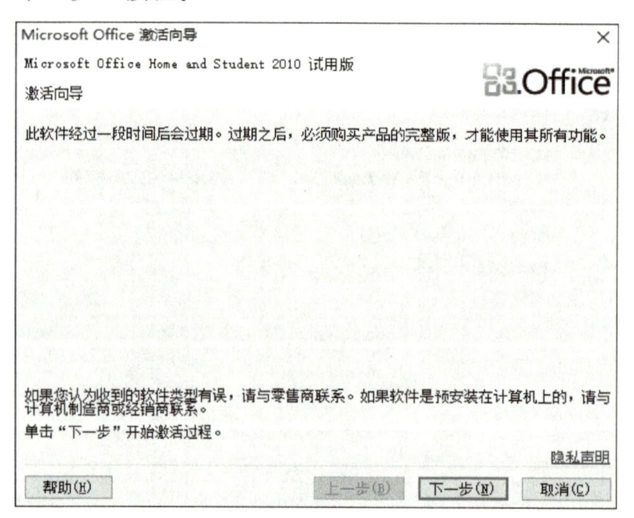

图5–50　安装Office 2010（9）

配置完成后，便进入Word主界面，如图5–51所示。

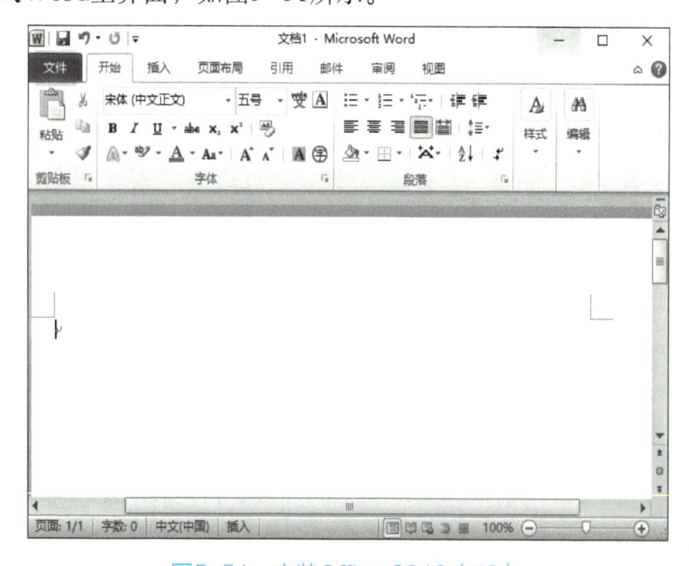

图5–51　安装Office 2010（10）

选择“文件”→“帮助”菜单项，在打开窗口的右侧区域的Office图标下面显示“需要激活产品”信息，如图5-52所示，说明所安装的Office 2010还没有激活，现在必须要进行激活，关闭Word 2010。

图5-52　安装Office 2010（11）

在Office 2010安装包内找到“Office_2010_激活工具”选项，如图5-53所示。

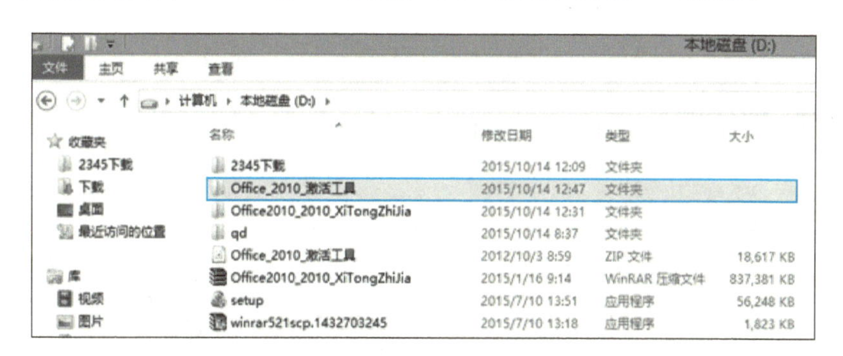

图5-53　安装Office 2010（12）

双击此激活工具，出现图5-54所示的界面。

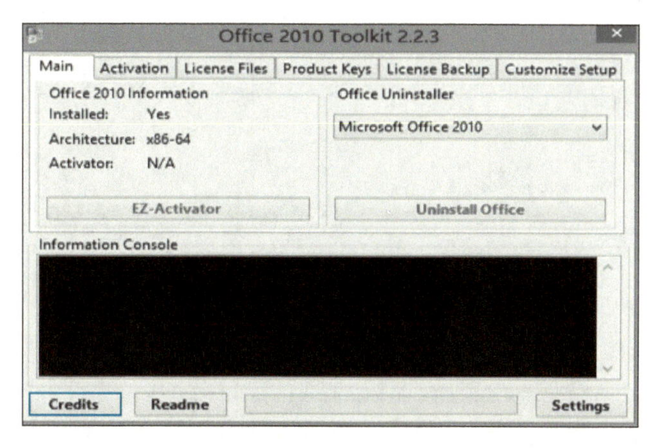

图5-54　安装Office 2010（13）

单击“EZ-Activator”按钮，将Office 2010激活，如图5-55所示。

图5-55中的最后一行提示Office 2010已经被激活。再次运行Office Word 2010查看“文件”→“帮助”中的产品信息，发现Office图标下面显示“激活的产品”信息，如图5-56所示。

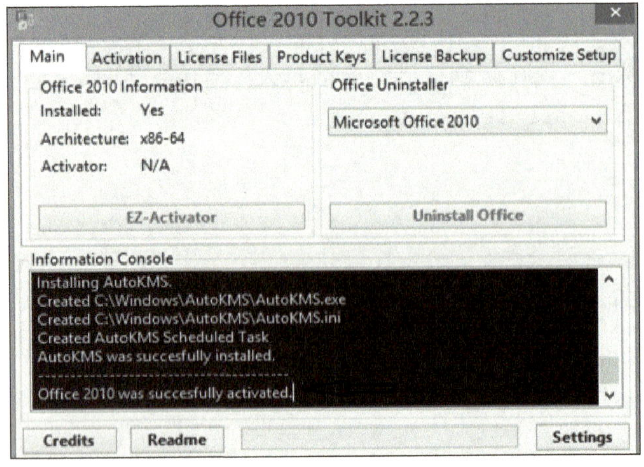

图5-55　安装Office 2010（14）

图5-56　安装Office 2010（15）

至此，Office 2010的安装才算真正完成。

如果不想用Office软件了，该如何卸载呢?

双击桌面上的“控制面版”图标，单击“卸载程序”选项，出现“程序和功能”窗口，如图5-57所示。

单击将要卸载的程序“Microsoft Office Home and Student 2010”，再单击“卸载”按钮，弹出提示对话框，如图5-58所示。

图5-57　卸载Office 2010（1）

图5-58　卸载Office 2010（2）

单击“是”按钮，执行删除程序，把Office 2010从此计算机中删除。

二、360安全卫士安装与卸载

首先到360官方网站下载最新版的360安全卫士离线安装包360setup.exe，下载完成后找到此文件，如图5-59所示。

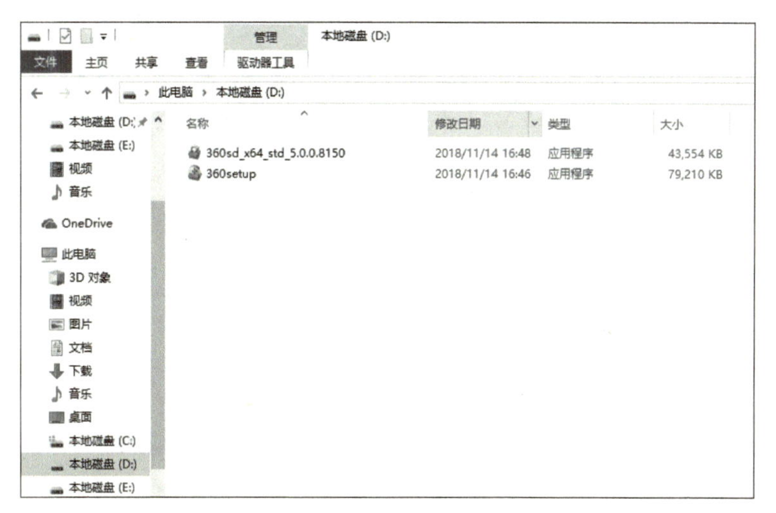

图5-59 安装360安全卫士（1）

双击360setup.exe文件，安装360安全卫士，如图5-60所示。

图5-60 安装360安全卫士（2）

单击“同意并安装”按扭，稍等片刻，等待360安全卫士安装完成，完成后的界面如图5-61所示。

图5-61 安装360安全卫士（3）

单击“立即体验”按钮，360安全卫士开始对计算机进行扫描，扫描过程大概需要几分钟的时间，完成扫描后的界面如图5-62所示。为了计算机的安全性和稳定性，单击“一键修复”按钮进行计算机修复。

图5-62　安装360安全卫士（4）

修复完成后关闭360安全卫士。360安全卫士的卸载与Office 2010的卸载过程相似，过程略。

本任务只是以Office 2010和360安全卫士两个常用的软件为例进行安装说明，其他常用软件请根据自己的实际需要有选择地进行安装。

任务4　安装与使用虚拟机

任务描述

根据自己的需要安装虚拟机软件和所需要的虚拟机。

任务分析

在日常生活中，有时一台计算机不能满足用户的需求，比如，正在使用的计算机安装的是Windows 10操作系统，又想安装Windows 2008服务器，还想安装Linux作为学习平台进行研究，虽然一台计算机能安装多个操作系统，可在实际安装过程中容易出现问题。如果想同时用两个操作系统进行互访操作，显然不能满足要求，因为它们不能同时运行，每次只能选择其中一个运行，所以安装虚拟机是不二的选择，它可以同时打开多个不同的操作系统供人们使用。本任务就以安装VMware Workstation虚拟机软件和Windows 7虚拟机为例进行说明。

知识准备

虚拟机可以在一台机器上同时运行两个或两个以上的Windows、Linux系统。与多启动系统相比，虚拟机技术采用了完全不同的概念。多启动系统在一个时刻只能运行一个系统，在系统切换时需要重新启动机器。虚拟机是真正"同时"运行，多个操作系统在主系统的平台上，就像标准Windows应用程序那样切换。而且每个操作系统都可以进行虚拟分区、配置而不影响真实硬盘的数据，用户甚至可以通过网卡将几台虚拟机连接为一个局域网，极其方便。比如新系统发布了，想测试一下效果，又怕安装系统后出现问题，来回重装麻烦，怎么办？虚拟机可以帮助解决该问题。

安装前的准备：

1）下载VMware Workstation软件，最好是最新版。

2）准备好需要安装的虚拟操作系统的iso文件包。

这里以VMware Workstation为例，其实还有很多虚拟机安装软件，如Virtual Box和Virtual PC等，安装与使用方法都大同小异，读者可以下载自己喜欢的软件进行安装。

任务实施

一、虚拟机VMware Workstation软件的安装

首先安装虚拟机软件，下载并找到虚拟机软件VMware Workstation，如图5-63所示。

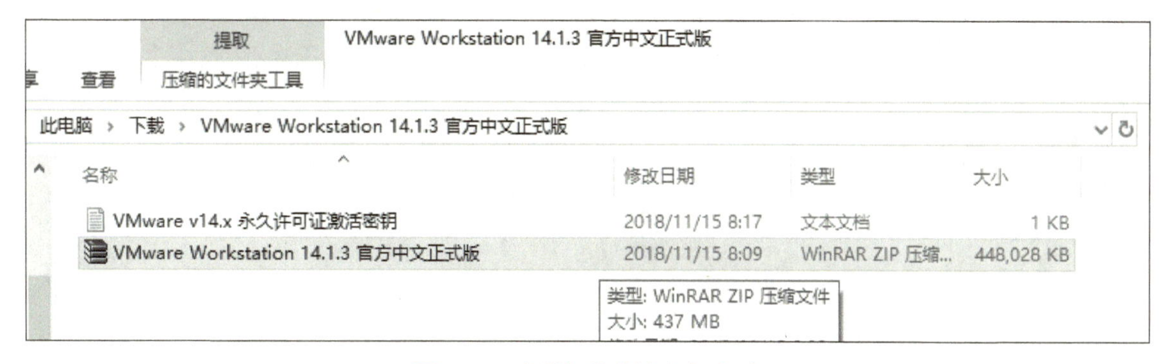

图5-63 虚拟机软件的安装（1）

双击运行VMware Workstation软件。单击"下一步"按扭，出现许可协议界面，选择"我接受许可协议中的条款"复选框；单击"下一步"按钮，在弹出的界面中更改安装位置；单击"下一步"按钮，出现"用户体验设置"界面，从中进行设置；单击"下一步"按钮，出现"快捷方式"界面，选中"桌面"和"开始菜单程序文件夹"复选框；单击"下一步"按钮，出现"已准备好安装VMware Workstation"界面，单击"安装"按钮，进行安装，稍等就出现"VMware Workstation Pro安装向导已完成"界面，如图5-64所示。

单击"许可证"按钮，出现"输入许可证密钥"界面，在输入正确的密钥后单击"输入"按钮，在"VMware Workstation Pro安装向导已完成"界面中单击"完成"按钮。此时虚拟机VMware Workstation软件完成安装。

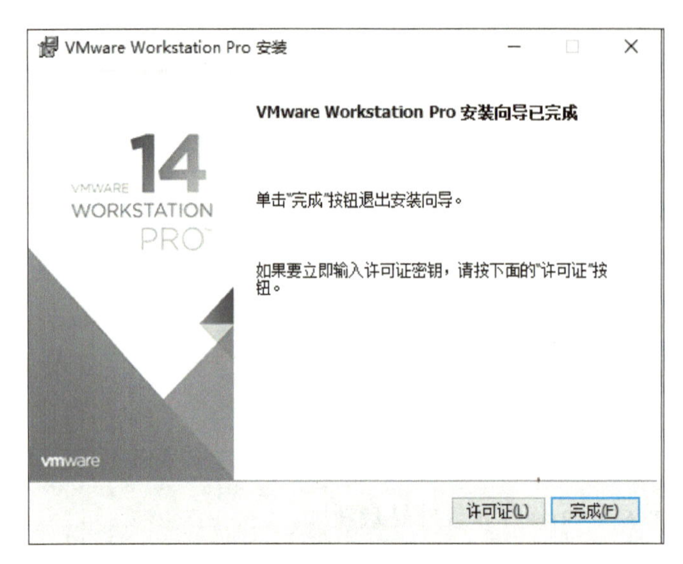

图5-64　虚拟机软件的安装（2）

温馨提示

需要注意的问题：

为了保证VMware Workstation的正常运行，必须要设置BIOS中的“虚拟化技术”为“启用”状态，不能为“禁止”状态。

二、虚拟机的创建

运行桌面的虚拟机软件，出现VMware Workstation界面，如图5-65所示。

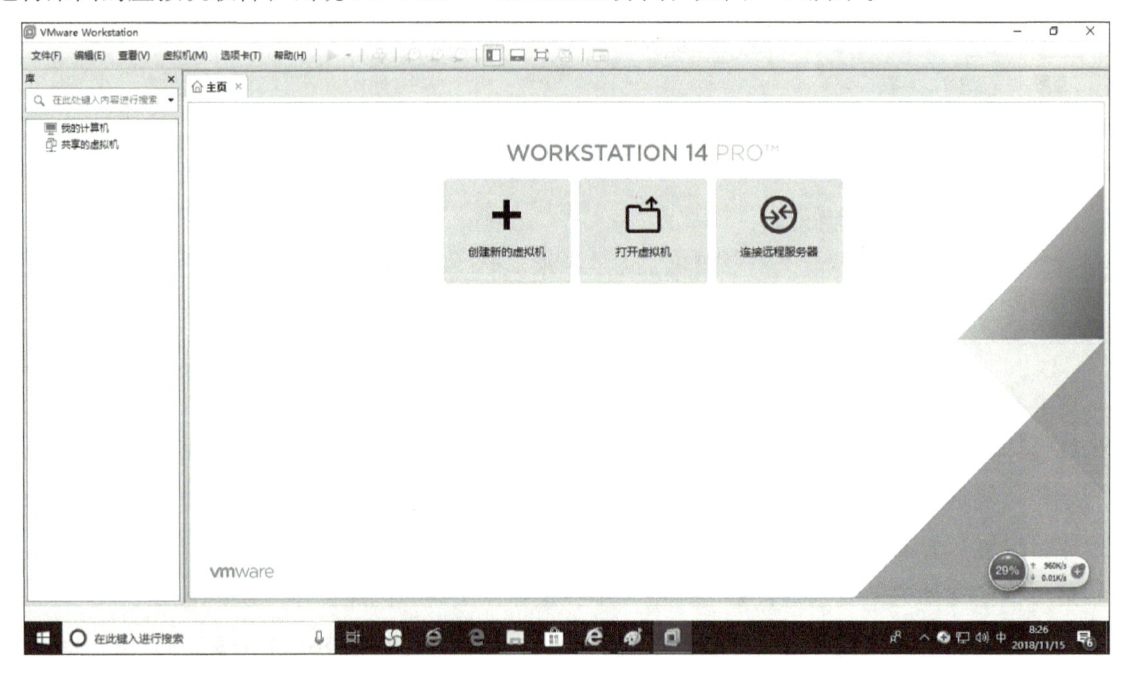

图5-65　虚拟机的创建（1）

单击“创建新的虚拟机”按钮，出现新建虚拟机向导，选择“典型（推荐）”单选按钮，单击“下一步”按钮，如图5-66所示。

选择“安装程序光盘映像文件（iso）”单选按钮，单击“浏览”按扭，如图5-67所示。

找到win7_x64文件所在路径，单击“打开”按钮，如图5-68所示。

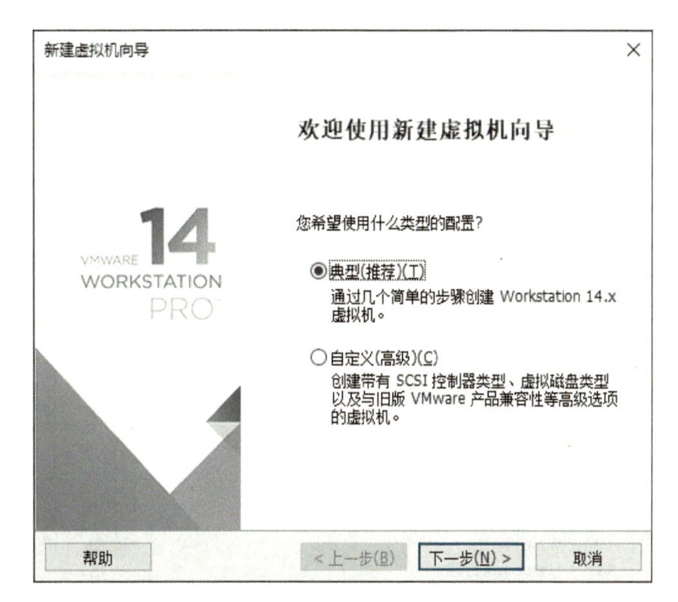

图5-66 虚拟机的创建（2）

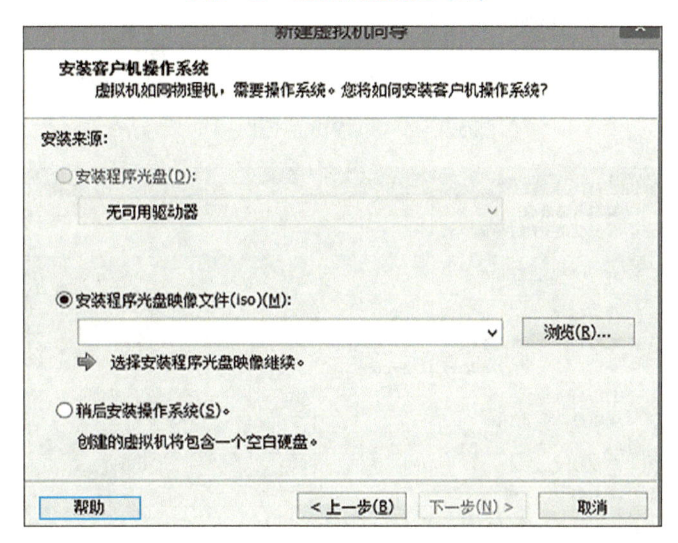

图5-67 虚拟机的创建（3）

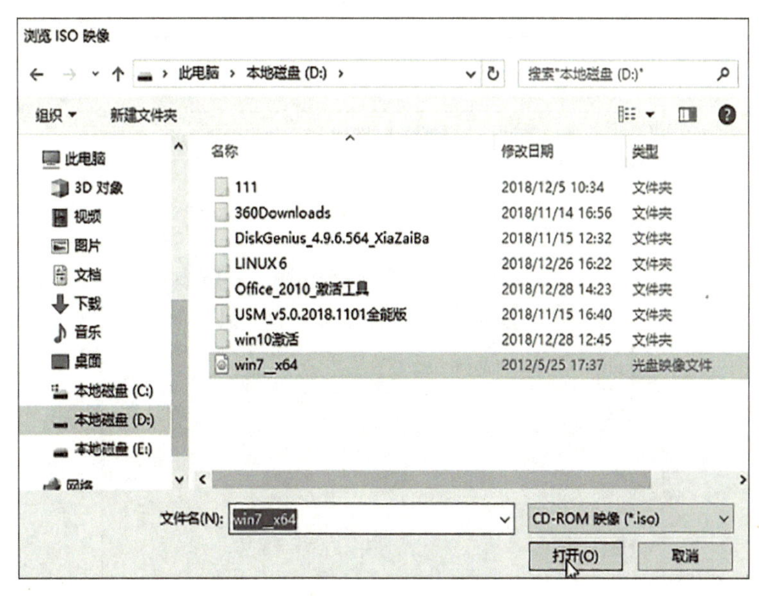

图5-68 虚拟机的创建（4）

选择完光盘映像文件后的界面如图5-69所示。

单击“下一步”按钮，在Windows 7安装信息中，输入产品密钥，选择所安装的Windows版本，设置全名、密码等信息，其中产品密钥、密码可以不输入，如图5-70所示。

单击“下一步”按钮，弹出提示对话框，提示没有输入产品密钥，单击“是”按钮，继续安装，如图5-71所示。

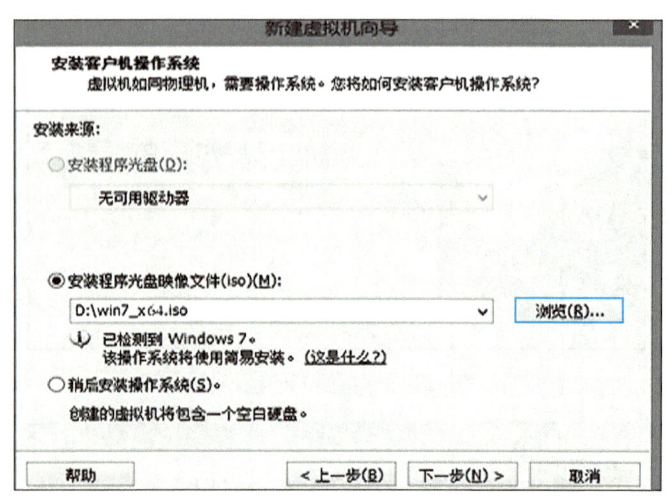

图5-69　虚拟机的创建（5）

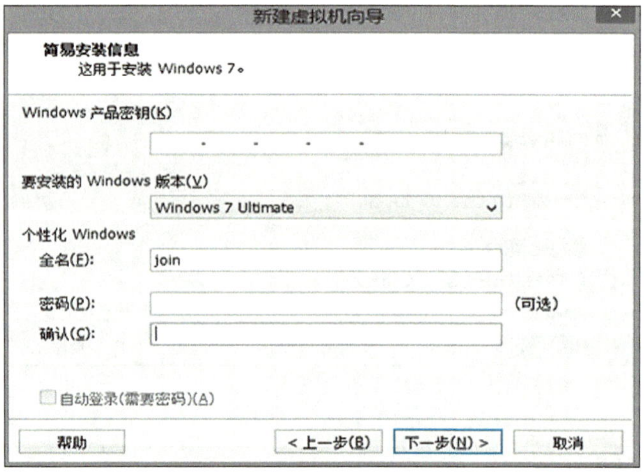

图5-70　虚拟机的创建（6）

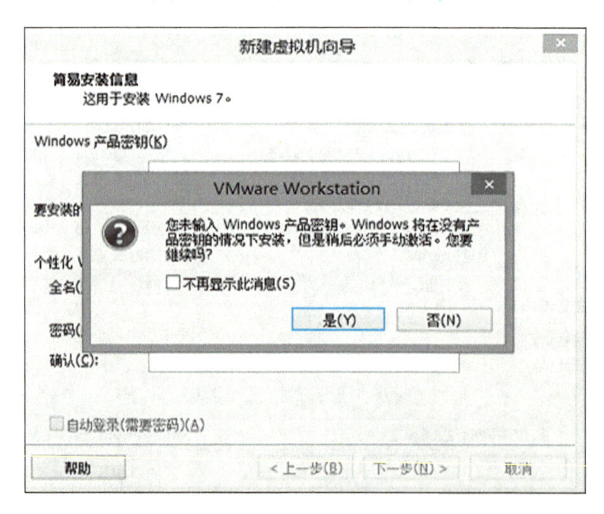

图5-71　虚拟机的创建（7）

在弹出的界面中输入虚拟机的名称，选择虚拟机存放在磁盘中的位置，设置完成后，如图5-72所示。

单击“下一步”按钮，在弹出的界面中设置虚拟机所占用磁盘的大小，这里使用默认值，选择“将虚拟磁盘拆分成多个文件”单选按钮，如图5-73所示。

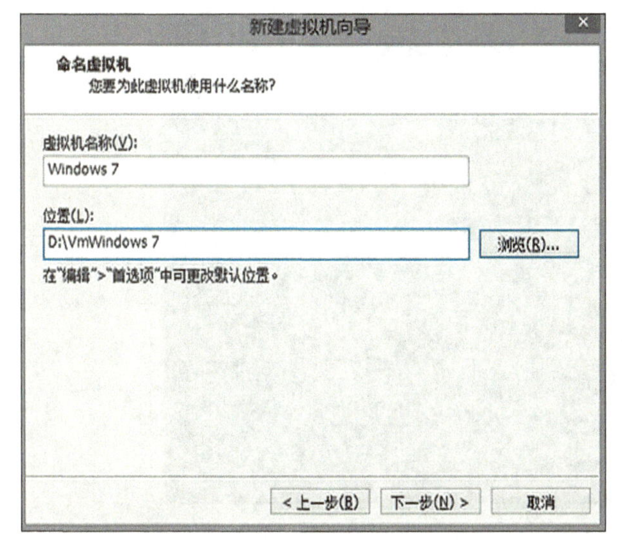

图5-72　虚拟机的创建（8）

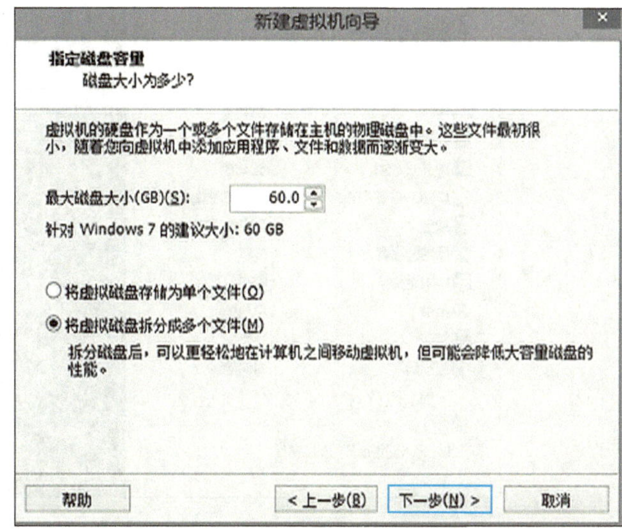

图5-73　虚拟机的创建（9）

单击“下一步”按钮，弹出的界面显示所要创建虚拟机的信息，取消选择“创建后开启此虚拟机”复选框，单击“完成”按扭，如图5-74所示。

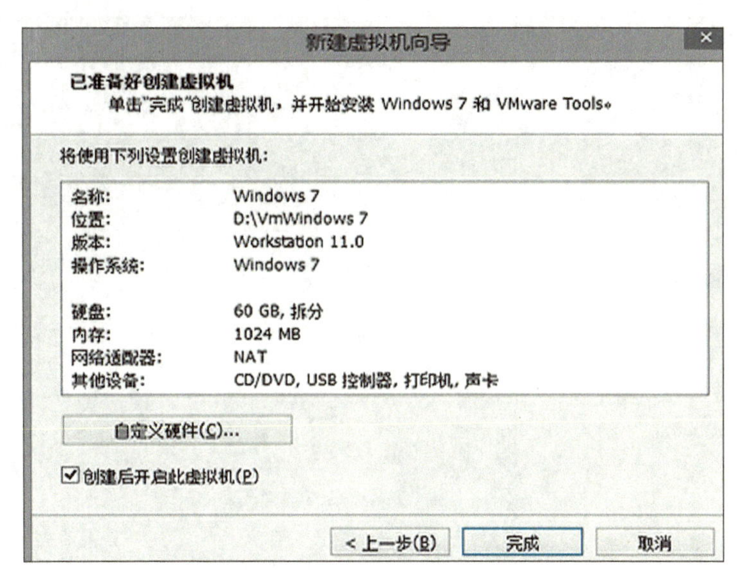

图5-74　虚拟机的创建（10）

至此，在VMware Workstation软件主界面多出一个选项卡“Windows 7_x64”，如图5-75所示。此选项卡显示Windows 7虚拟机的信息，若对这些信息的设置不满意，可单击“编辑虚拟机设置”选项进行修改。到此为止，新建Windows 7虚拟机并没有真正完成，这里显示的只是设置信息，单击“开启此虚拟机”选项，进一步完成Windows 7虚拟机创建剩下所有操作。

创建Windows 7虚拟机的过程和Windows 10操作系统安装过程相似（此处省略）。创建完成的Windows 7虚拟机界面，如图5-76所示。

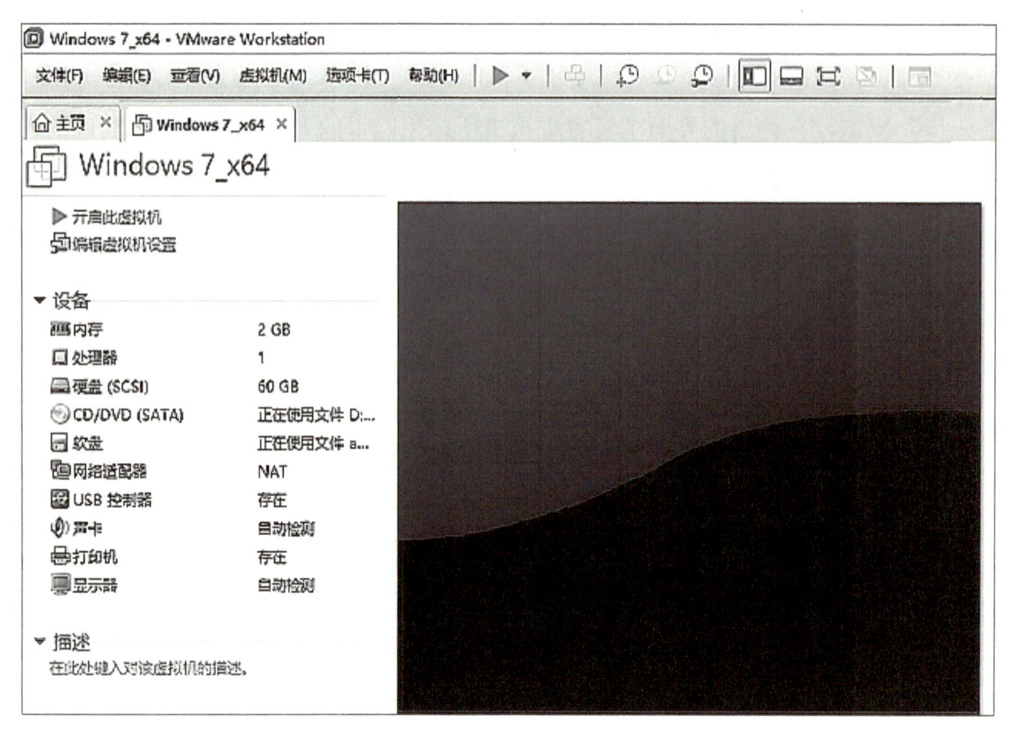

图5-75　虚拟机的创建（11）

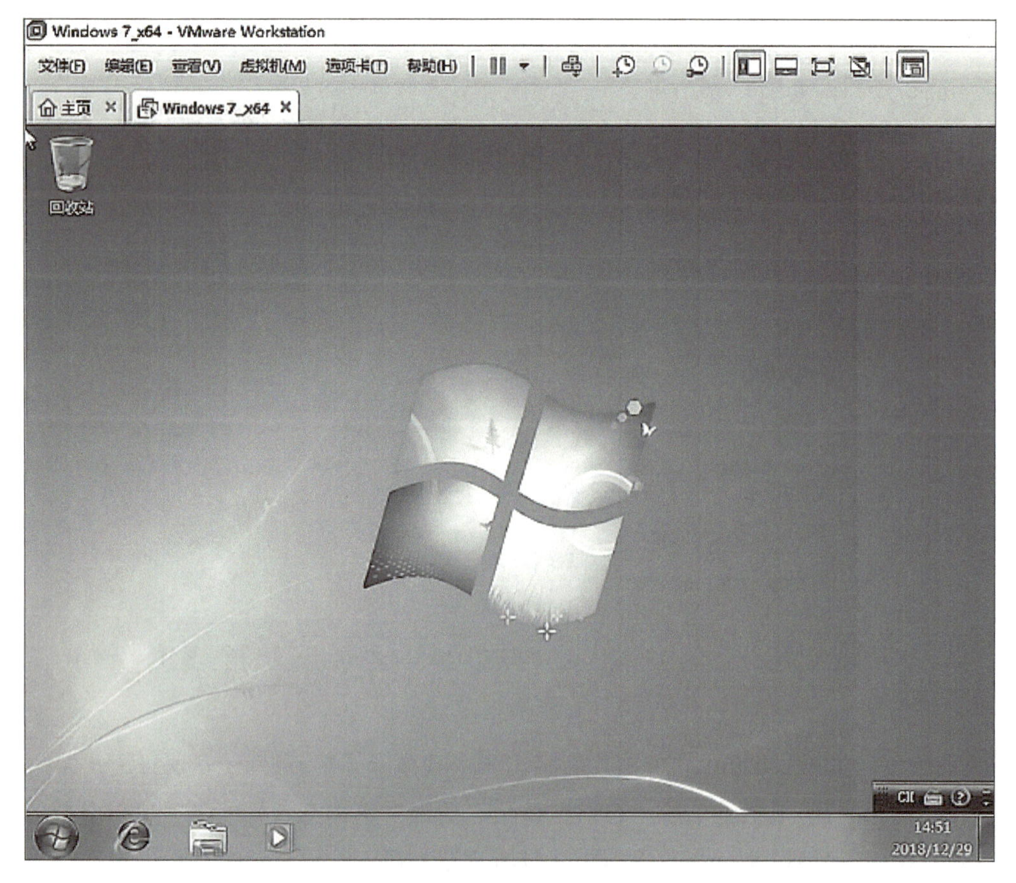

图5-76　虚拟机的创建（12）

以上是以新建Windows 7虚拟机为例进行的说明，其他虚拟机的新建过程与此类似。虚拟机新建好后，可以根据需要同时运行不同的虚拟机（虚拟的操作系统）。

拓展任务

一、安装Ubuntu操作系统

作为目前世界上最安全的操作系统之一，Linux逐渐被大多数人使用，而Ubuntu作为Linux的分支，也被广泛使用。Ubuntu Kylin是基于原版的Ubuntu桌面版而来的，是官方认可的衍生版本，所以在Ubuntu 新版本中所增加的新特性，Ubuntu Kylin同样会拥有。

相对于原版的Ubuntu，Ubuntu Kylin还会增加大量专为中国用户开发的特色定制功能，譬如中文输入法、集成WPS办公套件、适配网银支付、农历日历等。

相比原版的Ubuntu，Ubuntu Kylin在各个方面更加适合国情，适合新手入门学习。Ubuntu Kylin的出现和发展肯定也会对国内Linux的普及带来非常积极的作用。

下面以安装Ubuntu Kylin19.04版为例（以UEFI模式）来介绍通过U盘安装操作系统的详细过程。

1. 制作Ubuntu Kylin启动安装U盘

首先从http://www.ubuntukylin.com/downloads网站下载Ubuntu Kylin 19.04，再从网上下载Ultra ISO工具软件，或者用其他启动U盘制作工具，以ISO模式把Ubuntu Kylin镜像文件写到U盘中，制作Ubuntu Kylin安装U盘。

2. 安装Ubuntu Kylin操作系统

插入U盘，启动计算机，进入BIOS，设置让计算机通过U盘进行引导。进入BIOS参数设置界面，移动到Boot菜单下，如图5-77所示。

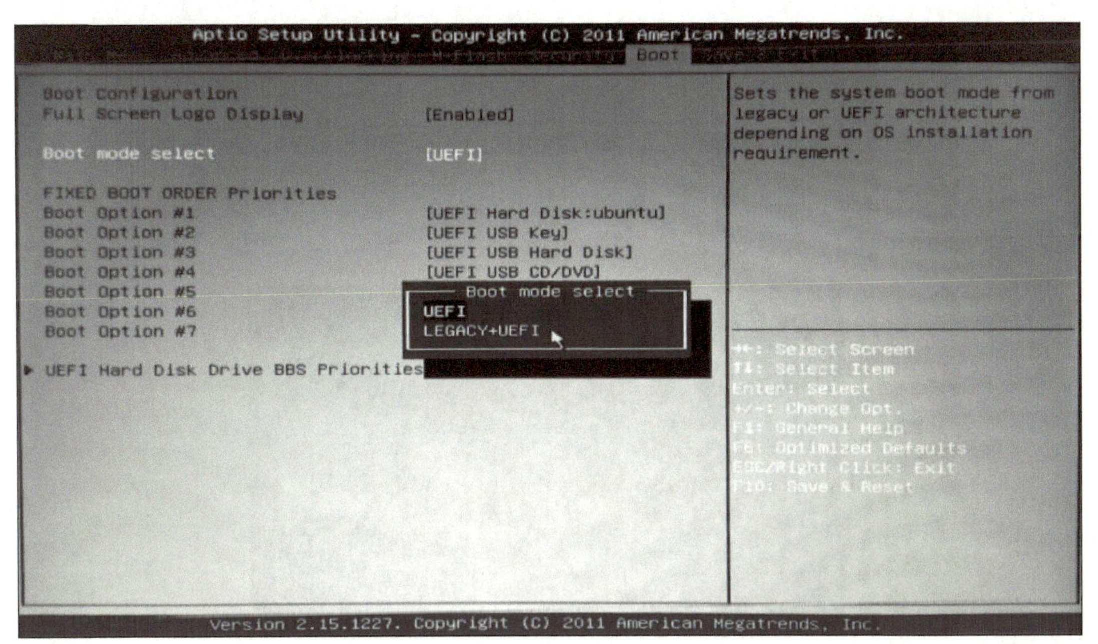

图5-77　Ubuntu Kylin系统安装（1）

引导模式（Boot mode select）选择UEFI模式，再把第一启动项设置为UEFI USB Key引导，如图5-78所示。

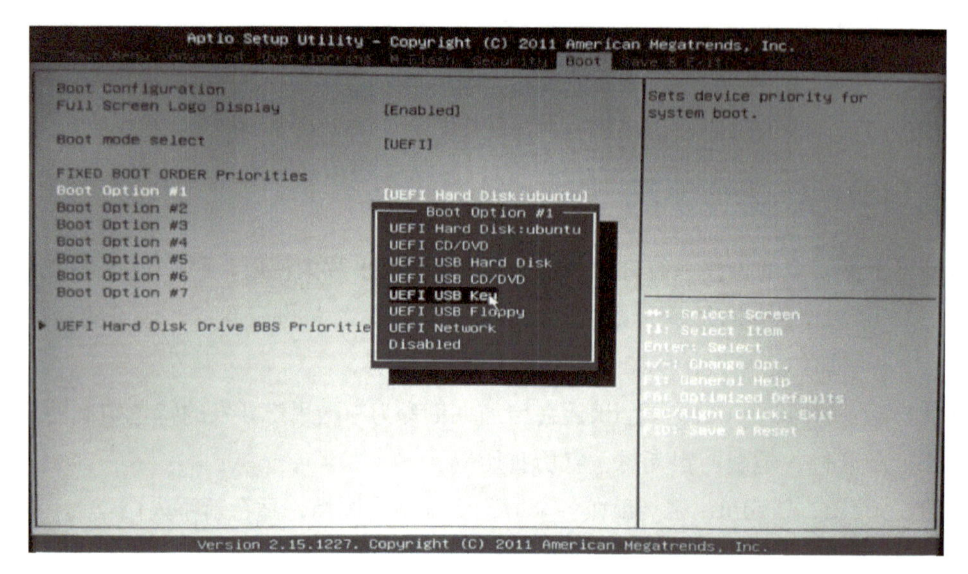

图5-78 Ubuntu Kylin系统安装（2）

把第二启动项设置为UEFI Hard Disk:ubuntu引导，如图5-79所示。

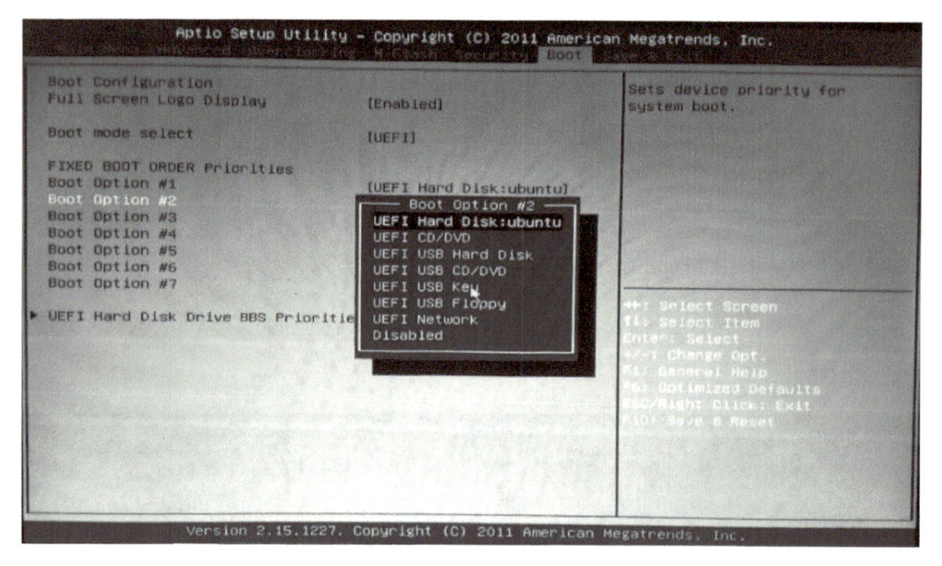

图5-79 Ubuntu Kylin系统安装（3）

在高级选项（Advanced）中修改SATA Mode 为“AHCI Mode”，如图5-80所示。

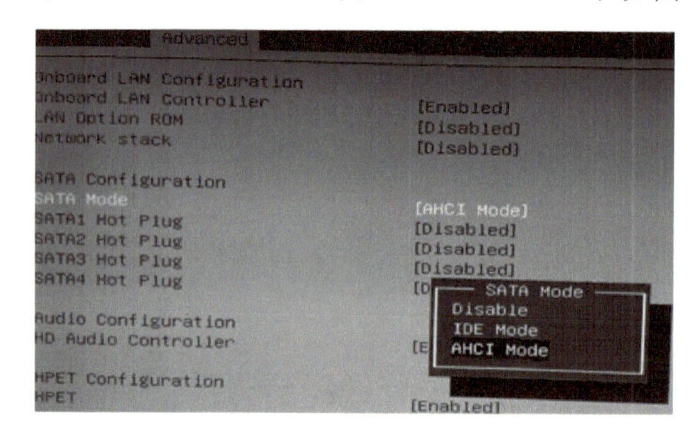

图5-80 Ubuntu Kylin系统安装（4）

按<F10>键后，再按<Enter>键，保存设置后重启计算机，让计算机从U盘进行引导。用启动安装U盘成功引导之后，出现图5-81所示的界面。

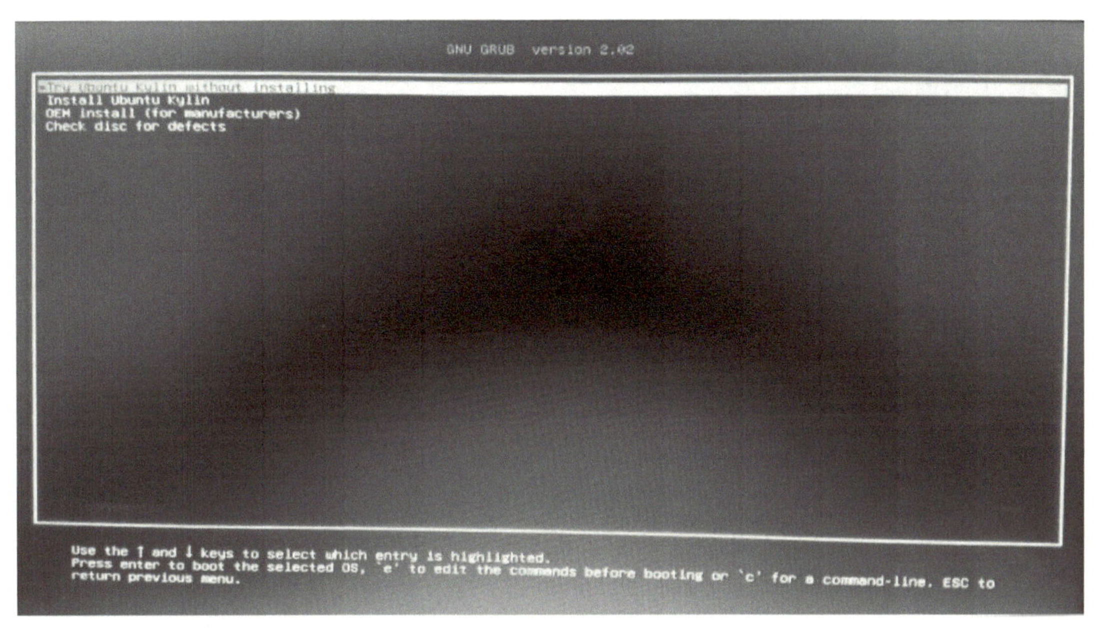

图5-81　Ubuntu Kylin系统安装（5）

图5-81所示界面中的选项如下：

- 试用Ubuntu Kylin但不安装。
- 安装Ubuntu Kylin。
- OEM模式安装。
- 检测盘片是否有误。

这里选择第一项，即试用Ubuntu Kylin但不安装选项，按<Enter>键，出现图5-82所示的界面。

图5-82　Ubuntu Kylin系统安装（6）

双击桌面上的“安装Ubuntu Kylin 19.04”图标，出现图5-83所示的安装界面。

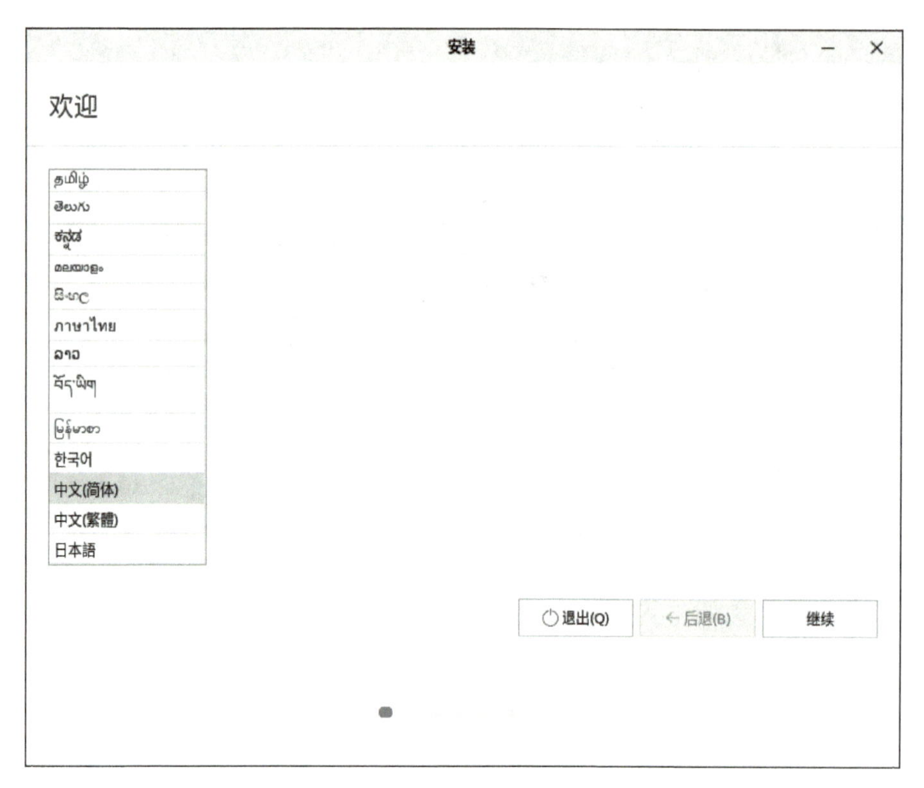

图5-83　Ubuntu Kylin系统安装（7）

选择“中文（简体）”选项，单击“继续”按钮，出现“键盘布局”界面，如图5-84所示。

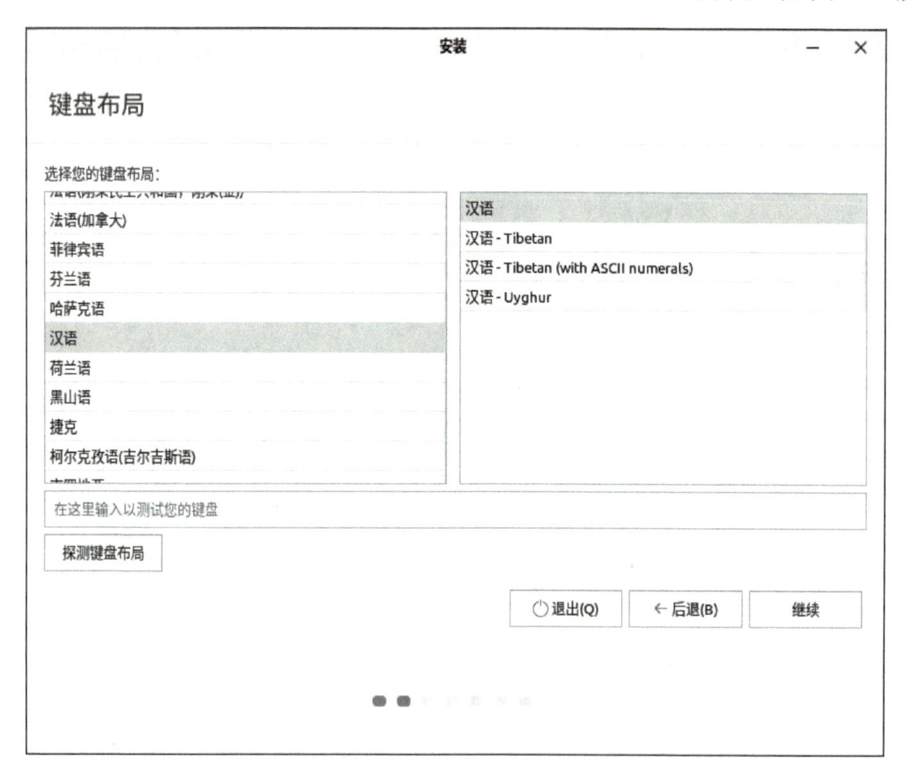

图5-84　Ubuntu Kylin系统安装（8）

选择“汉语”选项，单击“继续”按钮，出现“更新和其他软件”界面，如图5-85所示。选中“为图形或无线硬件，以及其他媒体格式安装第三方软件”复选框，单击“继续”按钮，出现“安装类型”界面，如图5-86所示。

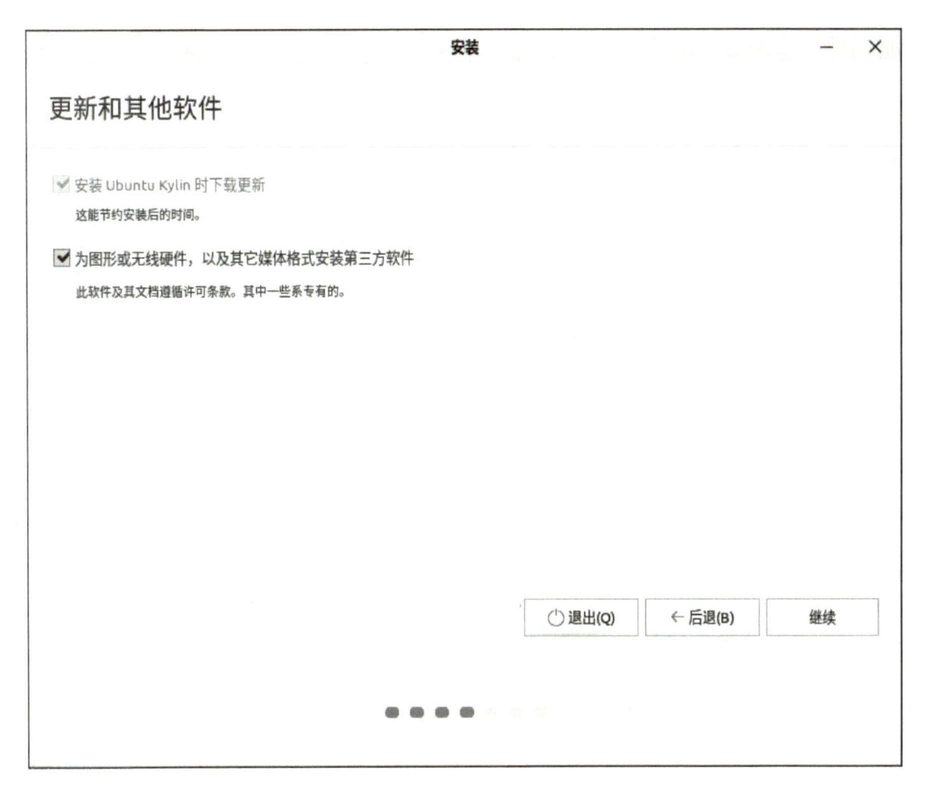

图5-85　Ubuntu Kylin系统安装（9）

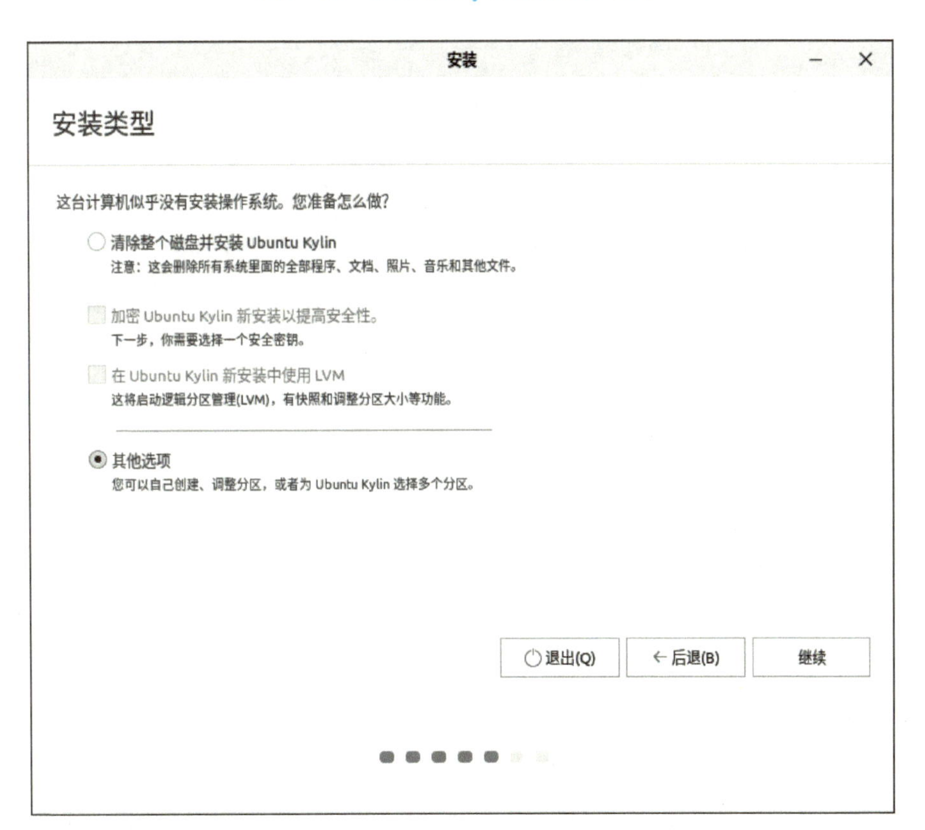

图5-86　Ubuntu Kylin系统安装（10）

第一项“清除整个磁盘并安装Ubuntu Kylin”可把整个硬盘都用来安装Ubuntu Kylin系统；第二项“其他选项”，可以根据自己的实际需要进行创建和调整分区。

如果是第一次安装Ubuntu Kylin系统，建议选择第一项，直接安装。等熟悉了Ubuntu原理和分区知识后，再用“其他选项”安装。

这里选择第二项“其他选项”，单击“继续”按钮，出现的界面如图5-87所示。

图5-87 Ubuntu Kylin系统安装（11）

选中“/dev/sda”硬盘，单击“新建分区表”按钮，弹出提示对话框，如图5-88所示。

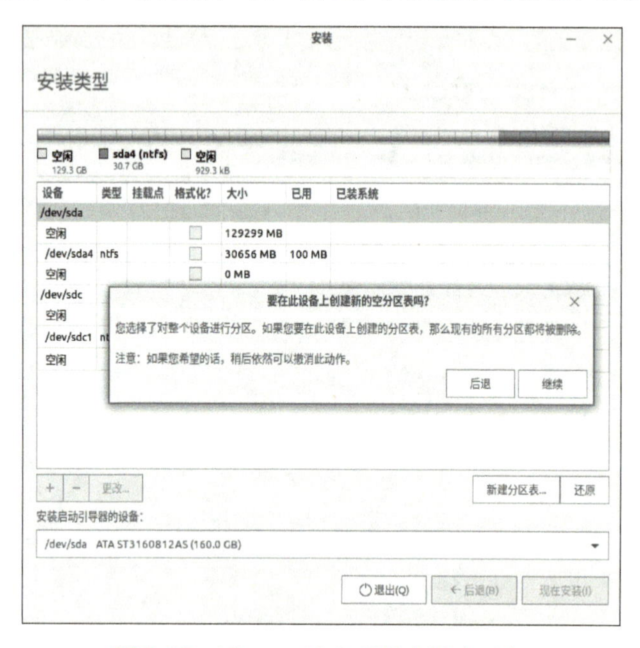

图5-88 Ubuntu Kylin系统安装（12）

提示对话框提示“要在此设备上创建新的空分区表吗？”，单击“继续”按钮，选中空闲硬盘，单击“+”按钮，创建分区，如图5-89所示。

在“创建分区”对话框中输入创建分区的大小，选择新分区的类型、新分区的位置，设置用于哪个分区。

这里只创建主要的基础分区，如图5-90所示。分区信息依次如下。

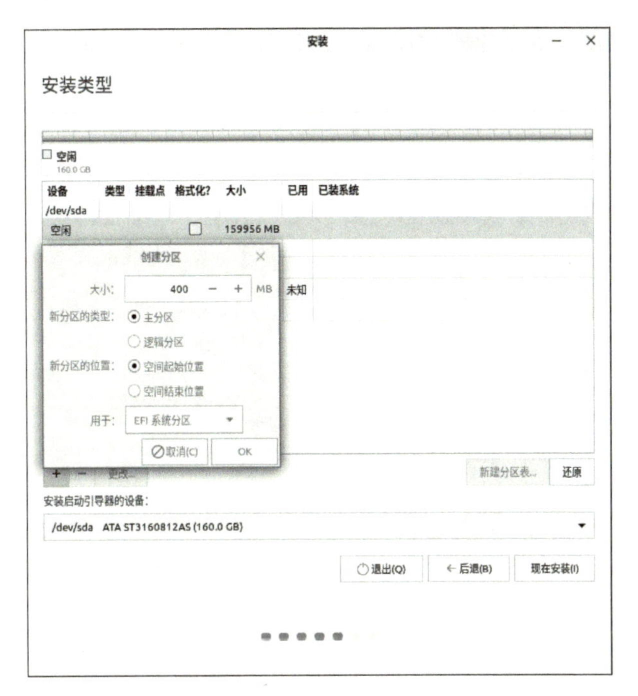

图5-89 Ubuntu Kylin系统安装(13)

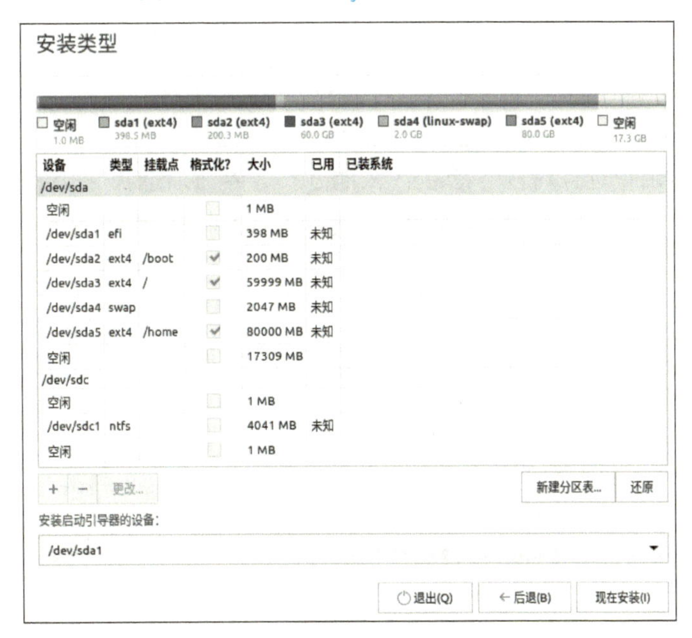

图5-90 Ubuntu Kylin系统安装(14)

创建EFI分区:

400MB　主分区　空间起始位置　EFI 系统分区

创建Boot分区:

200MB　主分区　空间起始位置　Ext4 日志文件系统　/boot

创建/分区:

> 5GB　主分区　空间起始位置　Ext4 日志文件系统　/

创建sWap分区:

2048MB　主分区　空间起始位置　交换空间

创建Home分区:

剩余的空间　主分区　空间起始位置　Ext4 日志文件系统　/home

分区建完后，修改“安装启动引导器的设备”，选择EFI分区（/dev/sda1），单击“现在安装”按钮，弹出“将改动写入磁盘吗？”提示对话框，如图5-91所示。

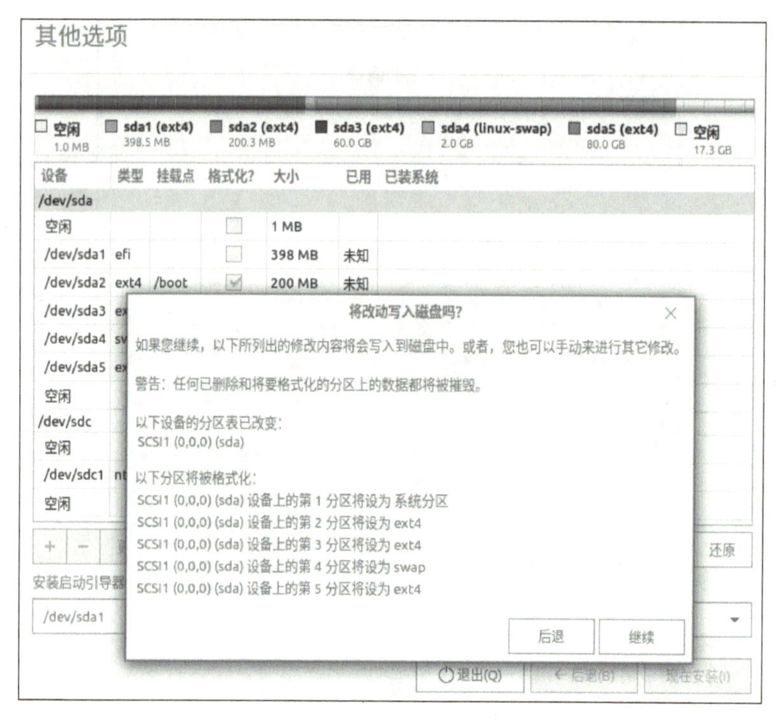

图5-91　Ubuntu Kylin系统安装（15）

单击“继续”按钮，出现选择时区“您在什么地方？”界面，选择“shanghai”，单击“继续”按钮，出现“您是谁”界面，即设置账户和密码界面，如图5-92所示。

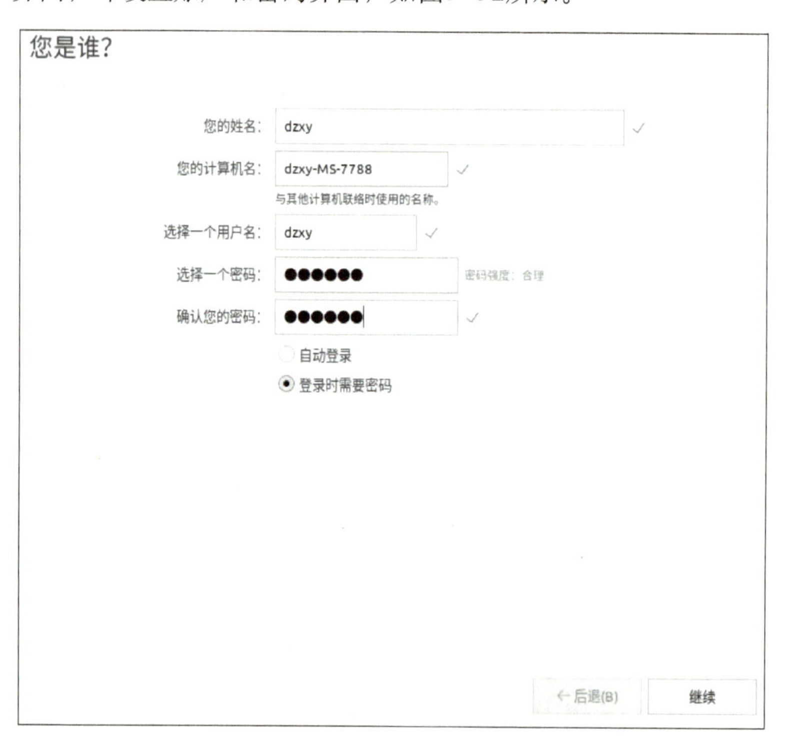

图5-92　Ubuntu Kylin系统安装（16）

输入账户及密码信息，单击“继续”按钮，出现安装复制系统界面，如图5-93所示。注意：这里的密码要牢记。

图5-93　Ubuntu Kylin系统安装（17）

耐心地等待系统复制和安装完成，当系统完成安装时，弹出“安装完成”提示对话框，如图5-94所示。

图5-94　Ubuntu Kylin系统安装（18）

单击“现在重启”按钮，然后拔出U盘，让启动盘从硬盘启动。此时出现登录界面，输入密码，如图5-95所示。

图5-95　Ubuntu Kylin系统安装（19）

输入密码后按<Enter>键，进入Ubuntu Kylin（优麒麟）操作系统，如图5-96所示。

图5-96　Ubuntu Kylin系统安装（20）

二、安装双操作系统

双操作系统，顾名思义就是在计算机上安装两个操作系统。

双操作系统包括两种情况：

1）安装Windows的两个不同版本，如Windows XP和Windows 7、Windows 7和Windows 10，一个系统崩溃了还可以用另一个。

2）把Windows和其他操作系统（如Linux）一起安装（安装两种不同的操作系统，但能安装什么系统还需要看系统兼容性及硬件架构是否支持）。

如果两个操作系统同是微软的，应先安装低版本的，再装高版本的。如果是不同公司的，如分别是微软和红旗的，则一般先装微软的。

现以安装Windows 7和Windows 10双操作系统为例（UEFI模式）进行说明。

1. 安装第一个Windows 7操作系统

Windows 7操作系统的安装这里不再详述，设置BIOS的安装模式是UEFI模式，可以选择任何一种安装方式去完成Windows 7的安装。

2. 安装第二个Windows 10操作系统

在Windows 7环境下直接运行Windows 10安装盘中的setup.exe，则默认把Windows 7升级到Windows 10进行安装，不能满足双系统的要求。为了保证第二个Windows 10操作系统的成功安装，一般设置BIOS第一启动盘从U盘或者光盘直接启动以进行安装。

这里以U盘引导为例说明，设置BIOS参数第一启动盘从U盘引导，安装模式选择UEFI模式。从U盘引导成功后，前面的操作过程和学习单元5的“任务1安装Windows 10操作系统”相同，直到“你想执行哪种类型的安装？”界面，如图5-97所示。

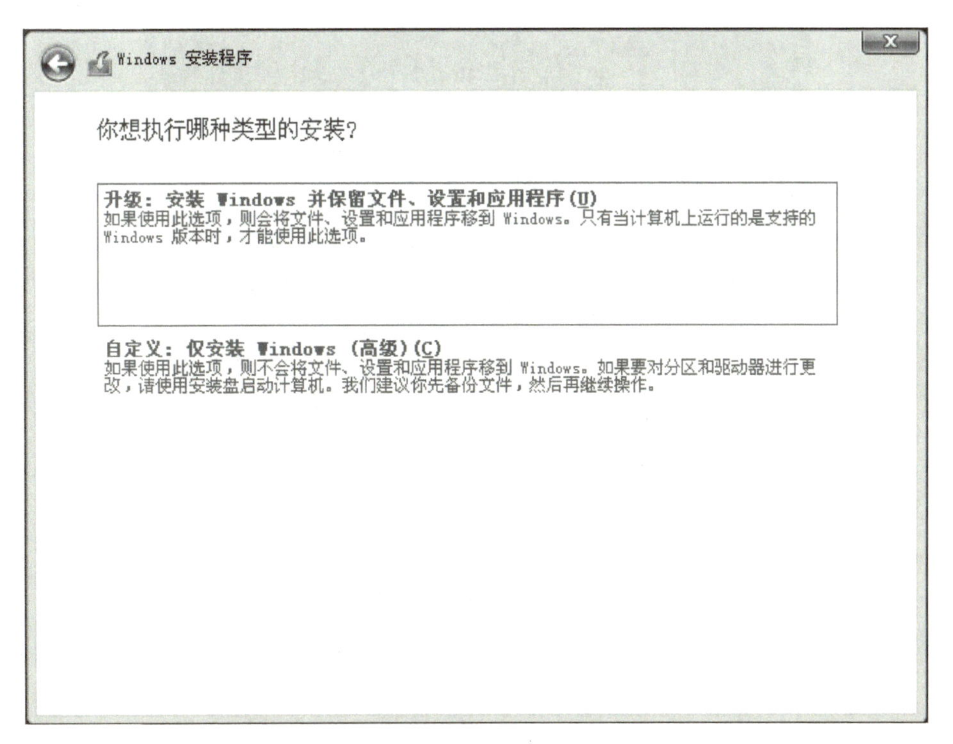

图5-97　双操作系统安装（1）

这里一定要选择“自定义：仅安装Windows（高级）”选项，选择后出现“你想将Windows安装在哪里？”界面，如图5-98所示。

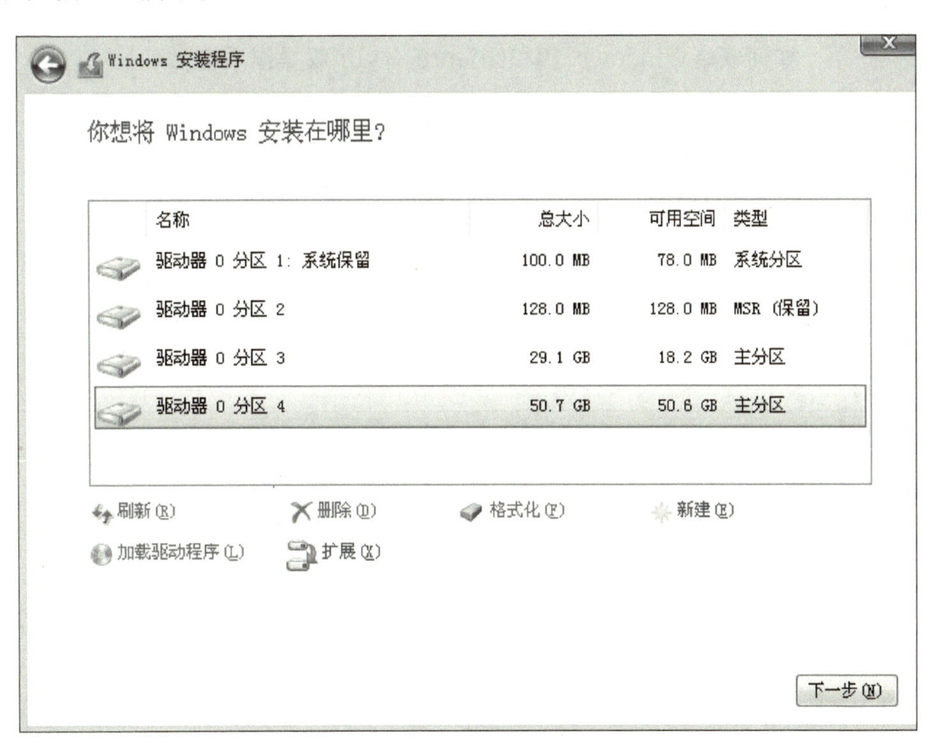

图5-98　双操作系统安装（2）

一定要注意，这里选择的分区不能和第一个操作系统的分区相同，这样才能保证安装完成后两个操作系统都能正常运行。选择好分区，单击“下一步”按钮，继续完成第二个操作系统的安装。

安装完成后，重启计算机，拔出U盘，从硬盘引导操作系统会出现图5-99所示的界面。

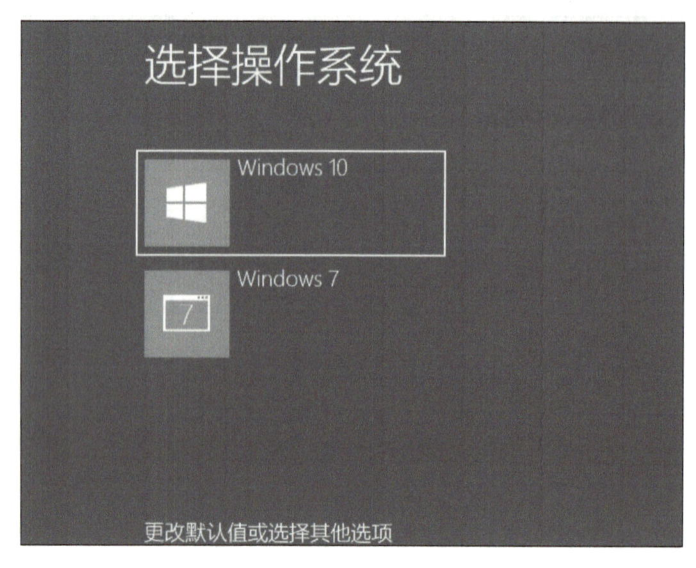

图5-99　双操作系统安装（3）

按移动光标键选择想进入的操作系统，按Enter键即可进入对应的操作系统。

知识巩固与提高

1．如何制作Ubuntu Kylin启动安装U盘？

2．在UEFI模式下，如何安装Windows 10和Ubuntu Kylin双操作系统？

3．用驱动人生工具软件安装操作系统的设备程序。

4．安装的多个虚拟机之间如何进行相互通信？

学习单元6

备份与恢复计算机系统

单元情景

最近，MicroCloud365团队正在忙着开发网站项目。某日，成员小李像往常一样打开计算机，开机后发现显示器显示错误信息，计算机无法正常引导操作系统。经过对错误信息进行判断，得知是操作系统引导文件丢失而导致计算机无法正常启动。经过小李同学的一番操作，约10min后，计算机正常引导并进入操作系统。突如其来的故障，并没有给他带来巨大的损失。那么，在短时间内迅速将计算机恢复至正常状态，是如何做到的呢？原来，小李有经常备份操作系统及个人数据的习惯，当操作系统出现问题时，及时恢复系统即可使操作系统正常运行。

在操作系统的使用过程中，不可避免地会遇到各种各样的问题。死机、蓝屏、系统崩溃、操作系统数据及用户数据丢失或损坏等问题，无一不危及操作系统和用户数据的安全。提前对操作系统备份，在遭遇操作系统故障时及时恢复系统，既可保证系统安全，又能减少用户损失。有句名言是“居安思危，有备无患”，事先有准备，等到事发时就不会造成悲剧。备份与恢复操作系统是如此重要，那么如何操作呢？本学习单元对如何备份与恢复操作系统做详细介绍。

学习目标

- 了解备份及恢复操作系统的作用及好处
- 熟悉备份操作系统常用工具Ghost、DiskGenius
- 熟悉Windows 10系统自带的备份还原功能和使用方法
- 掌握使用Ghost、DiskGenius工具备份和还原操作系统
- 掌握使用Windows 10系统自带的组件备份和恢复操作系统

任务1 认识系统备份与恢复工具

任务描述

在日常使用计算机的过程中，可能会遇到各种类型的软件故障。在保证硬件均可正常工作的前提下，可以利用事先备份好的系统文件来及时恢复操作系统。备份与恢复操作系统非常重要，那么如何操作呢？下面和MicroCloud365团队成员一起学习下系统备份与恢复的相关工具。

任务分析

针对Windows操作系统备份与恢复的工具有很多，并且每个工具都有自己的特点。通常情况下，用户会根据系统环境及自身需求来选择合适的备份与恢复工具。本任务将重点介绍常用的几款具有代表性的操作系统备份与恢复工具。

知识准备

一、Ghost 软件概述

Norton Ghost是一款出色的硬盘备份与还原工具，可以实现多种硬盘分区格式的备份与还原，也可以将一个硬盘中的数据完全相同地复制到另一个硬盘中，从而节约重新安装系统和软件的时间。

1. Ghost的功能

1）可以创建硬盘镜像备份文件。

2）可以将备份恢复到原硬盘上。

3）磁盘备份可以在各种不同的存储系统间进行。

4）支持FAT16/32、NTFS、OS/2等多种分区的硬盘备份。

5）支持Windows 95、Windows 98、NT、UNIX、Novell等系统下的硬盘备份。

6）可以将备份复制（克隆）到别的硬盘上。

7）在复制（克隆）过程中自动分区并格式化目的硬盘。

8）可以实现多系统的网络安装。

2. 基于DOS模式的Ghost主界面

启动Ghost，单击OK按钮后进入Ghost主界面，如图6-1所示。

Ghost有整个硬盘（Disk）和分区硬盘（Partition）两种备份方式。图6-1中的部分选项功能如下。

Local：本地操作，对本地计算机上的硬盘进行操作。

Peer to peer：通过点对点模式对网络计算机上的硬盘进行操作。

GhostCast：通过单播/多播或者广播方式对网络计算机上的硬盘进行操作。

Option：使用Ghost时的一些选项，一般使用默认设置即可。

Help：帮助信息。

Quit：退出Ghost。

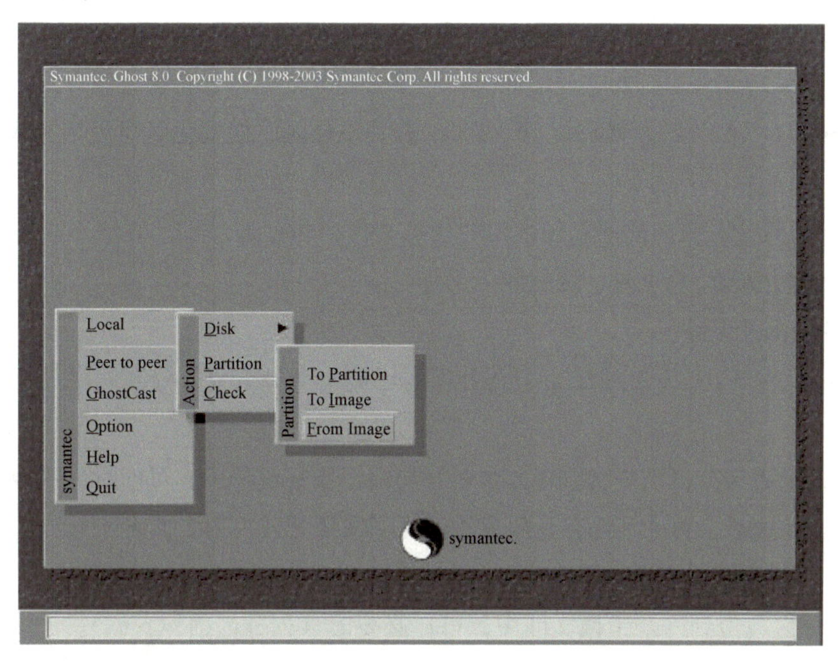

图 6-1 Ghost 主界面

温馨提示

当计算机上没有安装网络协议的驱动时，Peer to peer和GhostCast选项将不可用（DOS下一般都没有安装）。

[Local]→[Disk]（硬盘）

→[Partition]（分区）

→[Check]（检查）

[Disk]→[To Disk]：用于硬盘对硬盘完全复制。

→[To Image]：用于将硬盘内容备份成镜像文件。

→[From Image]：用于从镜像文件恢复硬盘内容。

[Partition]→[To Partition]：用于分区对分区完全复制。

→[To Image]：用于将分区内容备份成镜像文件。

→[From Image]：用于从镜像文件恢复分区内容。

[Check]：用于检查磁盘和镜像的完整性，包括两个选项，即[Disk]和[Image]。

二、DiskGenius 软件概述

DiskGenius是由我国的李大海开发的硬盘分区及数据恢复方面的专家级软件，是在最初的DOS版的基础上开发而成的，简单、直观、易用。随着软件的不断更新，Windows版本的DiskGenius软件除了继承并增强了DOS版的大部分功能外，还增加了许多新的功能。

1. DiskGenius的功能

1）支持传统的MBR分区表格式及较新的GUID分区表格式。

2）支持基本的分区建立、删除、隐藏等操作。可指定详细的分区参数。

3）支持IDE、SCSI、SATA等各种类型的硬盘。支持U盘、USB硬盘、存储卡（闪存卡）。

4）支持FAT12、FAT16、FAT32、NTFS文件系统。

5）支持EXT2/EXT3文件系统的文件读取操作。支持Linux LVM2磁盘管理方式。

6）可以快速格式化FAT12、FAT16、FAT32、NTFS分区。格式化时可设定簇大小，支持NTFS文件系统的压缩属性。

7）可浏览包括隐藏分区在内的任意分区内的任意文件，包括通过正常方法不能访问的文件。可通过直接读/写磁盘扇区的方式读/写文件、强制删除文件。

8）支持盘符的分配及删除。

9）支持FAT12、FAT16、FAT32、NTFS分区的已删除文件恢复、分区误格式化后的文件恢复，成功率较高。

10）具有增强的已丢失分区恢复（重建分区表）功能。恢复过程中，可即时显示搜索到的分区参数及分区内的文件。搜索完成后，可在不保存分区表的情况下恢复分区内的文件。

11）提供分区表的备份与恢复功能。

12）可将整个分区备份到一个镜像文件中，可在必要时（如分区损坏）恢复。支持在Windows运行状态下备份系统盘。

13）支持分区复制操作。可提供“全部复制”“按结构复制”“按文件复制”3种复制方式，以满足不同需求。

14）支持硬盘复制功能。同样可提供与分区复制相同的3种复制方式。

15）支持VMWare、VirtualBox、Virtual PC的虚拟硬盘文件（.vmdk、.vdi、.vhd文件）。打开虚拟硬盘文件后，即可像操作普通硬盘一样操作虚拟硬盘。

16）可在不启动VMWare、VirtualBox、Virtual PC虚拟机的情况下从虚拟硬盘复制文件、恢复虚拟硬盘内的已删除文件（包括格式化后的文件恢复）、向虚拟硬盘复制文件等。

17）支持.img、.ima磁盘及分区映像文件的制作及读/写操作。

18）支持USB-FDD、USB-ZIP模式启动盘的制作及其文件操作功能。

19）支持磁盘坏道检测与修复功能，最小化修复坏道过程中的数据破坏。

20）可以打开由DiskGenius建立的PMF镜像文件。

21）支持扇区编辑功能。

22）支持虚拟磁盘文件格式相互转换功能。

23）支持无损调整分区大小功能。

DiskGenius的功能非常强大，但这里只对其系统备份的功能做详细介绍。

2. 基于DOS模式的DiskGenius主界面

DiskGenius DOS版已实现完全图形化、可视化，就像在Windows环境下操作一样，非常简便。在DOS下运行DiskGenius，界面如图6-2所示。

备份分区功能是将整个分区中的所有数据或其他数据备份到指定的文件（称为“镜像文件”）中，以便在分区数据遭到破坏时恢复。本软件提供了3种备份方式。

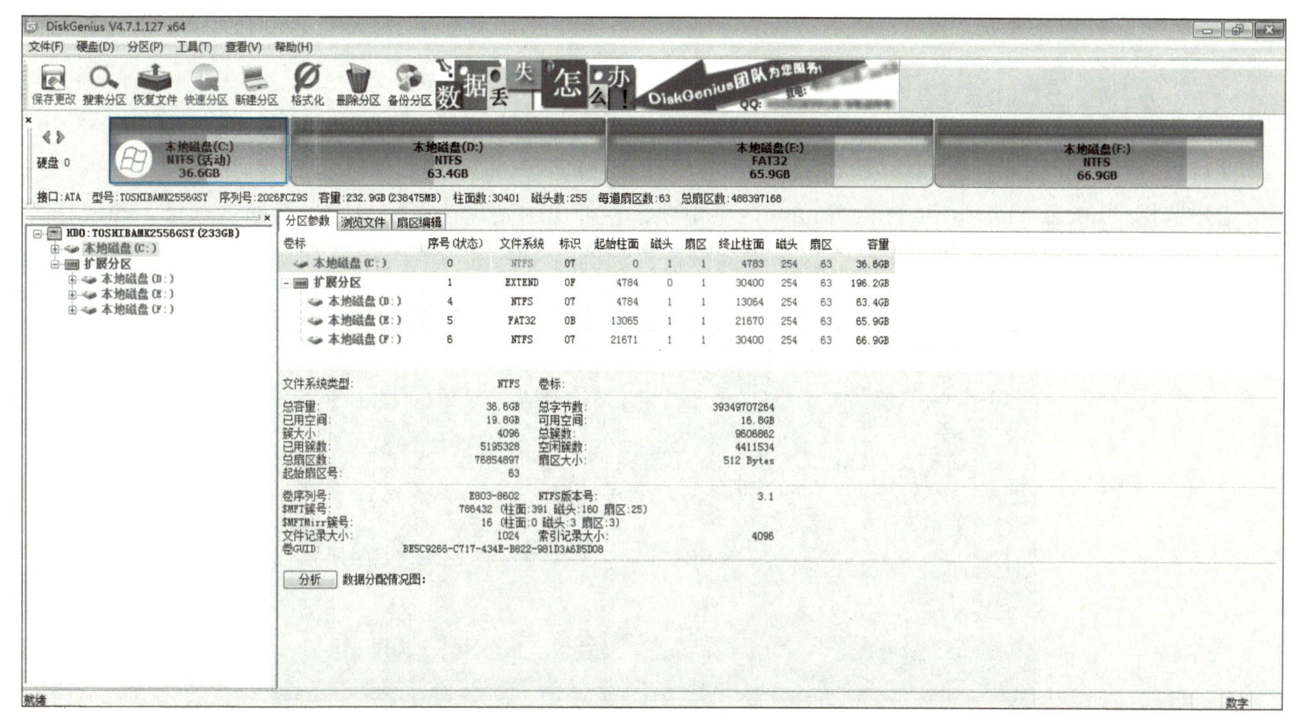

图 6-2　DiskGenius 界面

1）备份所有扇区：将源分区（卷）的所有扇区按从头到尾的顺序备份到镜像文件中，而不判断扇区中是否存在有效数据。在对有效数据进行备份的同时，此方式也会备份大量的无用数据，适用于有特殊需要的情况。因为要备份的数据量大，所以在3种备份方式中速度最慢，并且在将来恢复时只能恢复到源分区或与源分区大小完全相同的其他分区。

2）按存储结构备份：按源分区（卷）的文件系统结构将有效数据“原样”备份到镜像文件中。备份时，本软件将只备份含有有效数据的扇区，没有有效数据的扇区将不会被备份。此方式在3种备份方式中速度最快，但与第一种方式一样，将来恢复时也要求目标分区的大小必须与源分区完全相同。

3）按文件备份：将源分区（卷）的所有文件及其他有效数据逐一打包备份到镜像文件中。此方式也不备份无效扇区，所以备份速度较快。恢复时可将备份文件恢复到与源分区不同大小的其他分区（卷）中，只要目标分区（卷）的容量大于源分区的已用数据量总和即可。这种方式比较灵活，恢复时文件的存储位置会被重新安排。一般情况下，新恢复的分区没有文件碎片。

为了缩减镜像文件的大小，可以选择在备份时对数据进行压缩，但压缩数据会对备份速度造成影响。选择的压缩质量越高，备份速度越慢，但镜像文件越小。建议用户选择“快速压缩”。

任务2　利用Ghost备份与恢复系统

任务描述

通过了解及学习Ghost工具，MicroCloud365团队成员决定使用Ghost软件备份和恢复操作系统。

任务实施

一、利用 Ghost 备份操作系统

1）运行Ghost 程序，单击OK按钮进入Ghost软件主界面。

2）选择“Local→Partition→To Image”菜单项，在弹出的硬盘选择窗口中进行硬盘选择，开始分区备份操作，通常情况下选择操作系统分区所在的硬盘，如图6-3所示，单击OK按钮进入下一步。

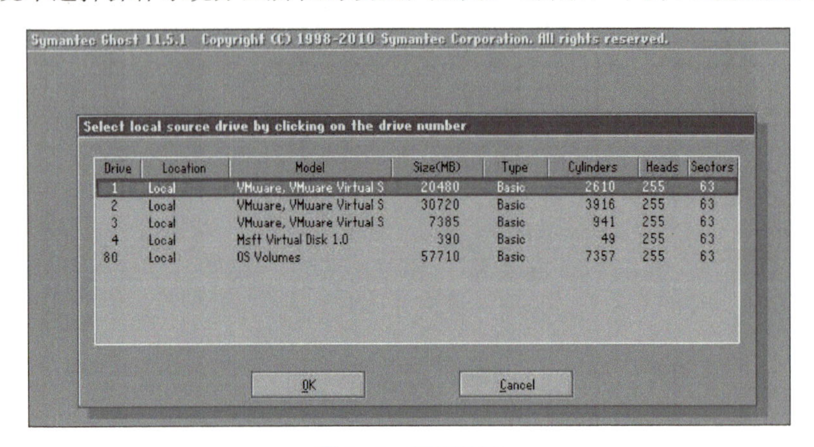

图 6-3　硬盘选择

3）图6-4中，1、2、3、4、5分别对应的是C、F、H、I、J盘，在此窗口中选择需要复制的分区，单击OK按钮进入下一步。

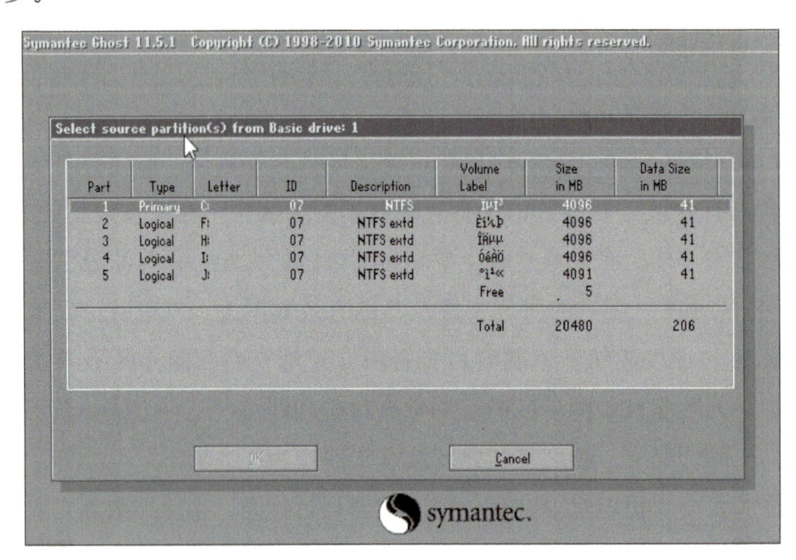

图 6-4　选择分区

4）在图6-5中选择备份文件存储的路径并输入备份文件名称，单击Save按钮保存镜像文件，进入下一步。

5）此时弹出提示对话框询问是否压缩备份数据，并给出3个选择，如图6-6所示。

No：不进行压缩，直接备份。

Fast：使用较快的速度和较低的压缩率备份。

High：使用较高的压缩率和较慢的速度备份。

用户可以根据自己的需要选择相应的选项，任一选项都能达到备份系统的效果。

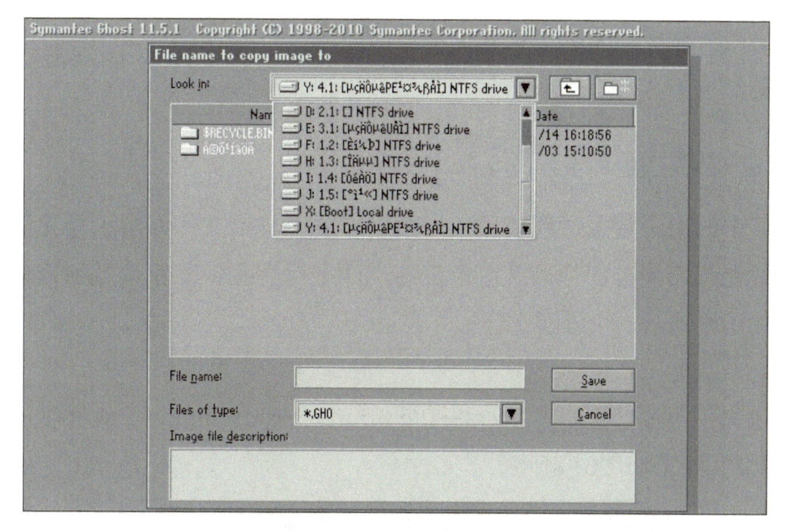

图 6-5　选择存储镜像文件的位置

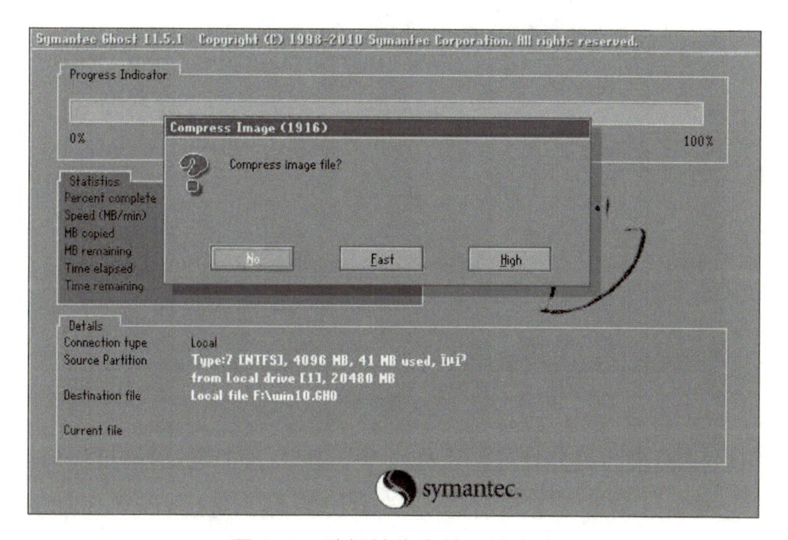

图 6-6　选择镜像文件压缩方式

6）最后，在弹出的“Question:(1837)”窗口中单击Yes按钮，出现图6-7所示的窗口，即开始进行硬盘分区的备份。Ghost备份的速度相当快，一般情况下，10min左右即可完成，备份的文件以“.GHO”为扩展名存储在选定的目录中。

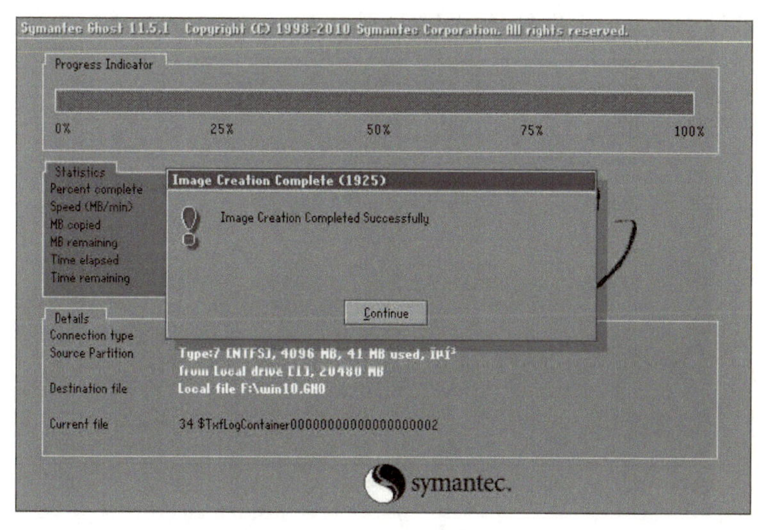

图 6-7　备份操作完成

在操作系统出现崩溃、蓝屏、无法引导或引导成功后无法进入操作系统等棘手的问题时，就可以用这个备份文件轻松地恢复系统了。

二、利用Ghost恢复操作系统

当硬盘已备份分区中的用户数据遭到破坏，用数据恢复工具或文件修复工具无法复原时，或者当操作系统因各种原因而导致无法启动时，都可以用备份的文件进行完全的复原，无须重新安装程序或系统。当然，也可以将备份文件还原到另一个硬盘上。

恢复备份到分区的方法如下：

1）启动Ghost，进入主界面后选择“Local→Partition→From Image”菜单项。

2）选择备份的镜像文件，如图6-8所示。

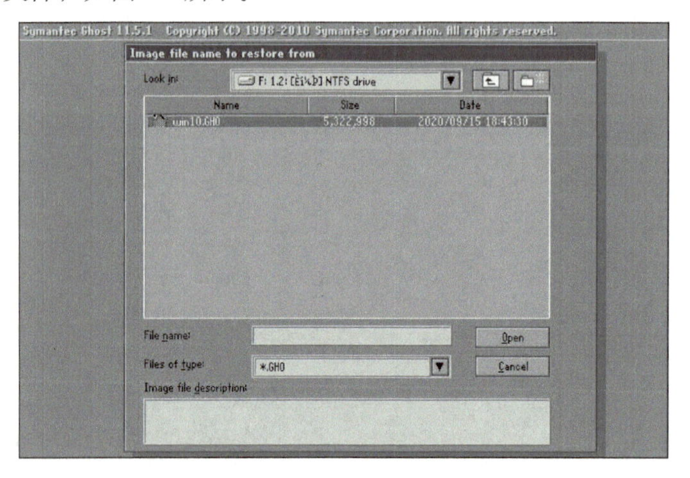

图 6-8　选择备份的镜像文件

按<Shift+Tab>组合键切换到选择分区的下拉菜单，按↑、↓键选择分区（注意，“1:3”的意思就是第一块硬盘的第三个分区，通常情况下为E盘），选择分区后，再按<Tab>键切换到文件选择区域，按↑、↓键选择文件夹，按<Enter>键进入相应文件夹并选好源文件，也就是*.GHO文件，并按<Enter>键或单击Open按钮。

如果是从Ghost目录启动Ghost程序，则可以直接看到目录下的Ghost备份文件。此时移动光标选择即可。

3）图6-9中所选的源文件是一个主分区的镜像文件，直接按<Enter>键。

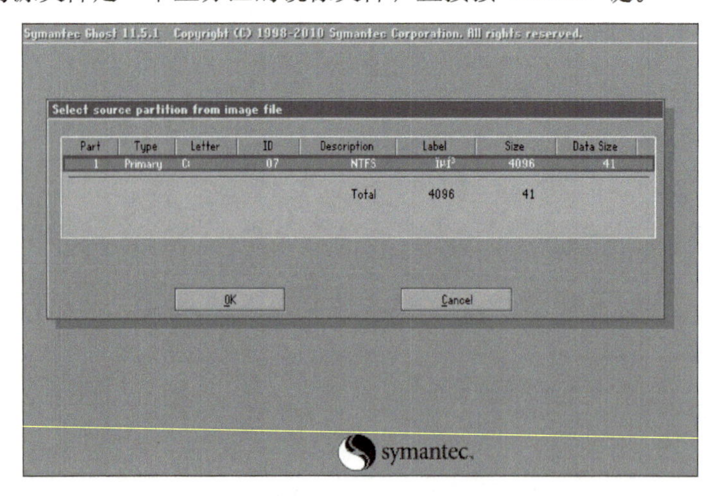

图 6-9　选择分区的镜像文件

4）选择本地目标硬盘，直接按<Enter>键。如图6-10所示，如果有多块硬盘，需要谨慎选择。

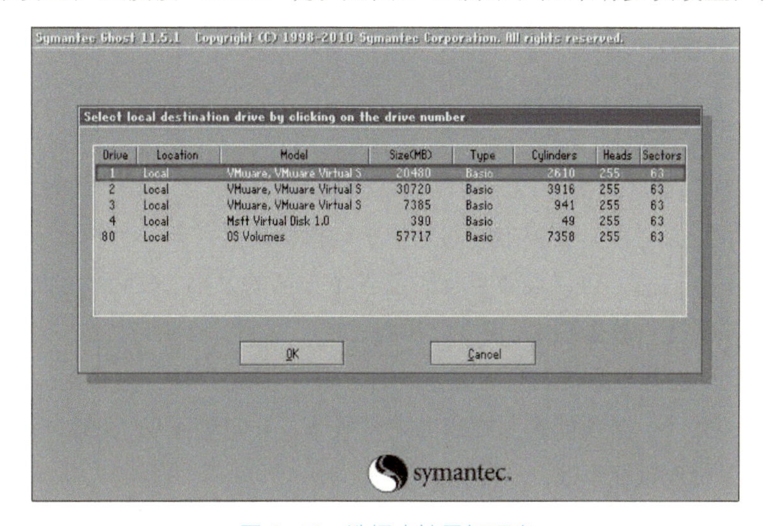

图6-10　选择本地目标硬盘

5）选择目标分区，通常选择第一项，即类型为“Primary”的分区，然后按<Enter>键，如图6-11所示。

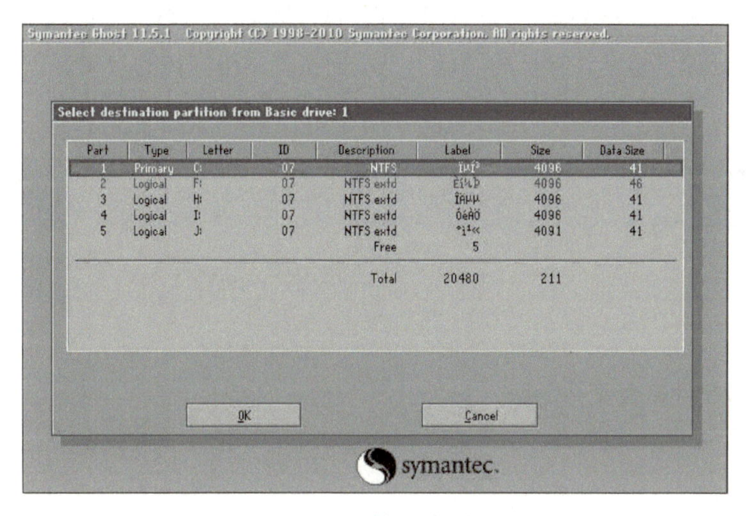

图6-11　选择目标分区

6）此时Ghost弹出提示对话框，提示“要进行分区恢复？目标分区将会永久覆写。”，如图6-12所示，确认是否恢复分区，单击Yes按钮。

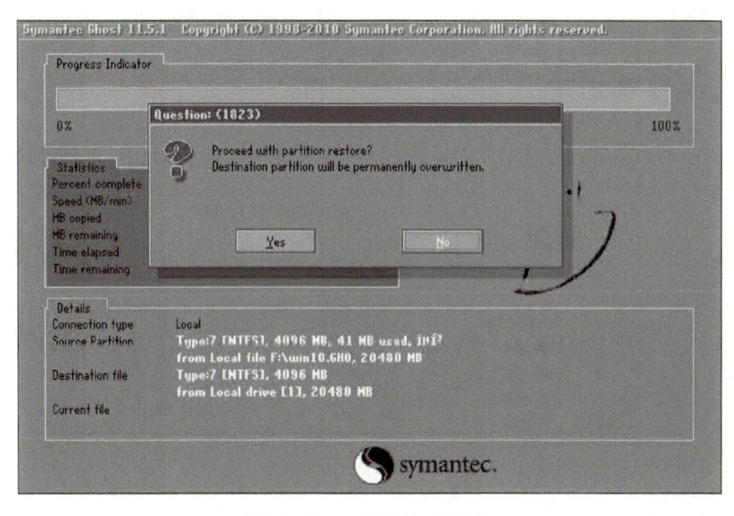

图6-12　确认恢复系统

再次等到进度条滚动至100%，即成功恢复操作系统。选择Ghost弹出窗口的“Restart Computer”选项即可重启计算机。

三、Ghost 工具的扩展应用

硬盘的复制就是对整个硬盘的备份，需要两块或两块以上的硬盘，操作方法与分区备份相似，选择“Local→Disk→To Disk”菜单项，在弹出的对话框中选择源硬盘（第一个硬盘），然后选择要复制到的目标硬盘（第二个硬盘）。注意：可以设置目标硬盘各个分区的大小，Ghost可以自动对目标硬盘按设定的分区数值进行分区和格式化。单击Yes按钮开始执行。

Ghost能将目标硬盘复制得与源硬盘几乎完全一样，并可实现分区、格式化、复制系统和文件一步完成。注意：目标硬盘不能太小，必须能将源硬盘的内容装下；一定要正确选择目标盘和源盘，否则会导致源盘的所有数据丢失，备份或恢复失败。

Ghost还提供了硬盘备份功能，就是将一个硬盘的所有数据备份成一个镜像文件并保存在另一个硬盘上（可选择“Local→Disk→To Image”菜单项实现），然后就可以将该镜像文件还原到其他硬盘或源硬盘上。在没有网络同传工具的机房环境下，可以使用迈思（MAX DOS）工具箱将使用硬盘备份功能制作好的母盘镜像文件同步还原到多台计算机的硬盘上，从而实现网络同传的效果。

任务3 使用工具进行数据恢复

任务描述

使用EasyRecovery软件恢复文件数据。

任务实施

EasyRecovery（易恢复）是由全球著名数据厂商Ontrack出品的一款操作安全、价格便宜、用户自主操作的数据文件恢复软件，支持恢复不同存储介质数据，包括硬盘、光盘、U盘/移动硬盘、数码相机、Raid文件恢复等，能恢复包括文档、表格、图片、音/视频等在内的各种文件。

1. EasyRecovery安装方法

1）从易恢复中文官网下载EasyRecovery安装包到本地计算机，如图6-13所示。

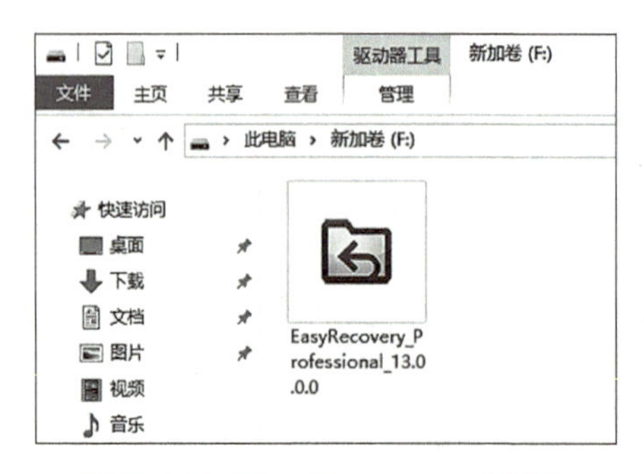

图 6-13 EasyRecovery 安装包

2）双击运行“EasyRecovery_Professional_13.0.0.0.exe”安装程序，打开安装向导，在欢迎界面中单击“下一步”按钮，如图6–14所示。

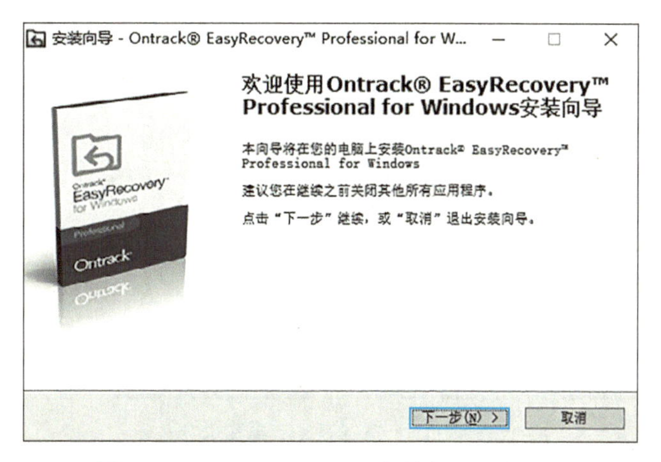

图6–14　EasyRecovery安装向导欢迎界面

3）在弹出的界面中阅读安装向导中的许可协议，“我接受许可协议”已默认勾选，直接单击“下一步”按钮，如图6–15所示。

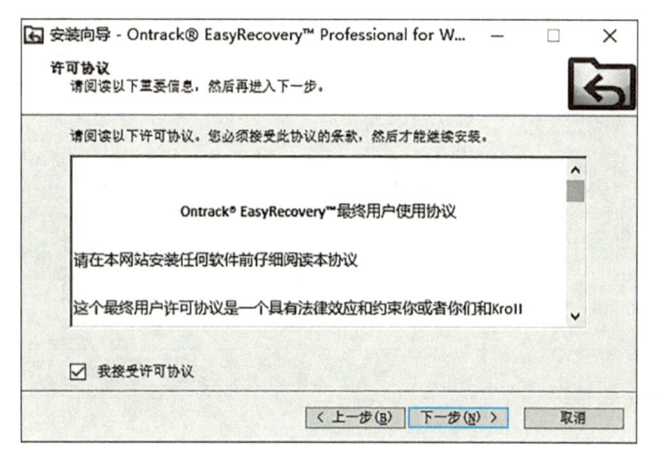

图6–15　许可协议界面

4）在“选择安装位置”界面单击“浏览”按钮，自定义软件的安装位置，也可以使用软件的默认安装位置，单击“下一步”按钮，如图6–16所示。

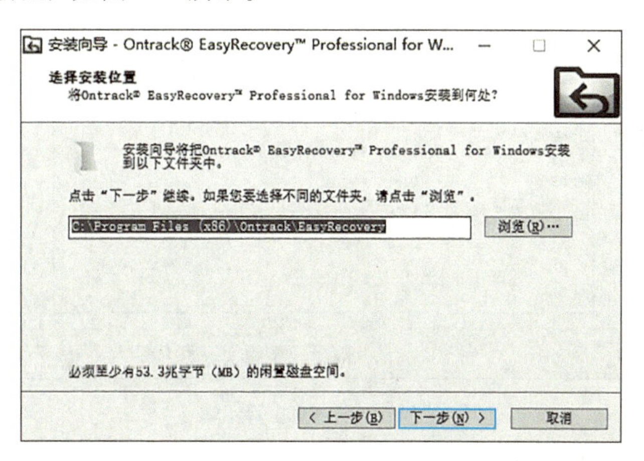

图6–16　选择安装位置

5）在“选择开始菜单文件夹”界面选择程序快捷方式的存放位置，使用默认设置即可，单击“下一步”按钮，如图6-17所示。

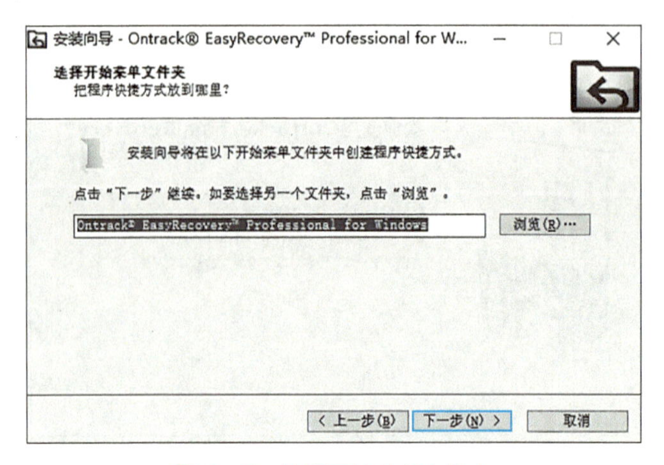

图 6-17 选择开始菜单文件夹

6）在“选择附加任务”界面勾选“创建桌面快捷方式”复选框，然后单击“下一步”按钮，如图6-18所示。

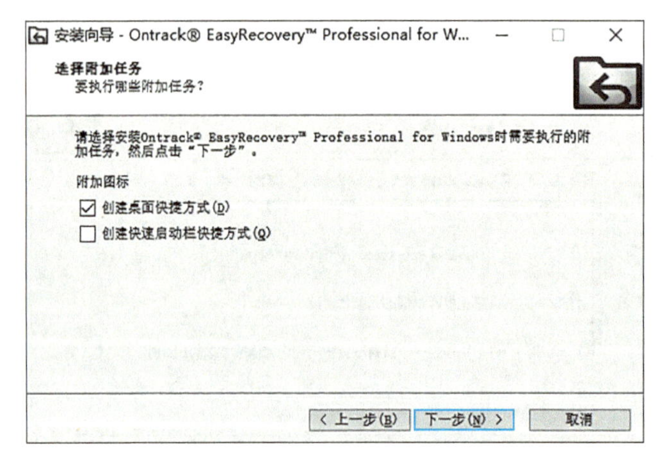

图 6-18 选择附加任务

7）确认所有设置无误，单击“安装”按钮，程序即可开始安装，如图6-19所示。

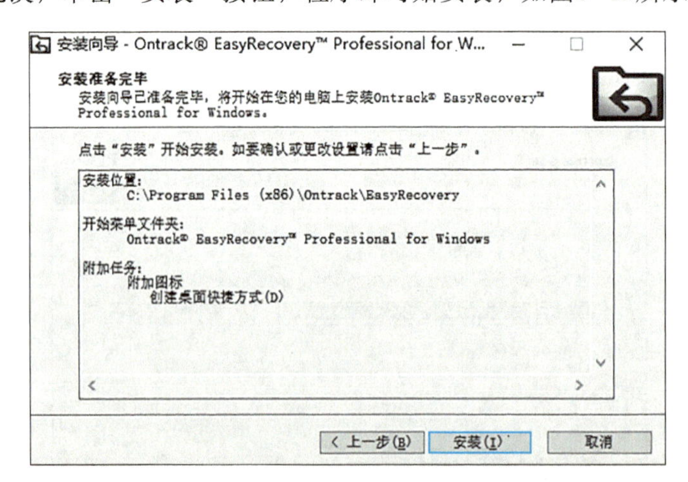

图 6-19 安装准备完毕

8）稍等片刻软件即安装完毕，软件弹出安装完毕提示，单击“结束”按钮，就可以使用软件了，如图6-20所示。

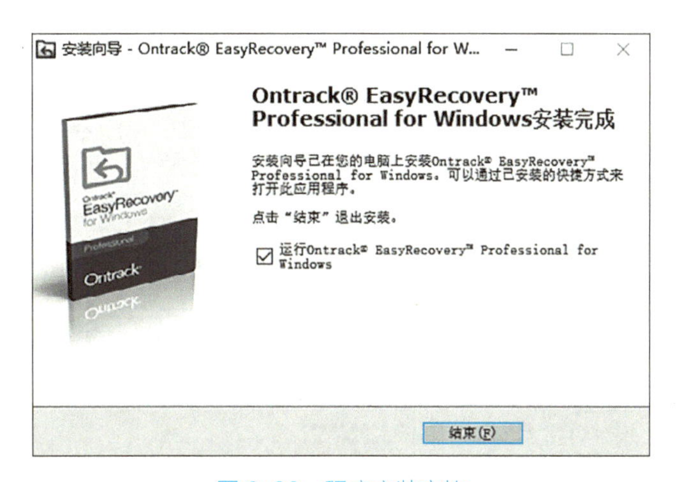

图 6-20 程序安装完毕

2. 使用EasyRecovery恢复硬盘或U盘数据

1）打开安装完后的EasyRecovery，有两个按钮，即“恢复数据”和“监控硬盘”，这里单击第一个按钮“恢复数据”，如图6-21所示。

图 6-21 软件界面

2）单击“恢复数据”按钮后，进入“选择恢复内容”界面，可以选择“所有数据”，也可以根据用户需求选择需要恢复的数据，选择完单击“下一个”按钮，如图6-22所示。

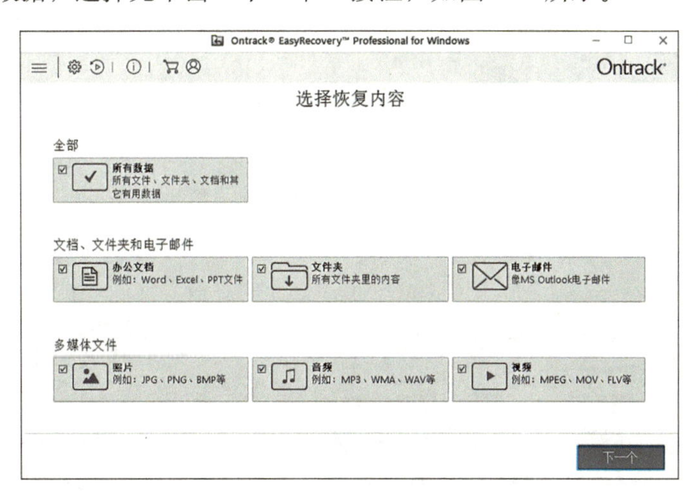

图 6-22 “选择恢复内容”界面

3）进入“选择位置”界面，选择需要恢复文件的位置，选择完成后单击“扫描”按钮，如图6–23所示。

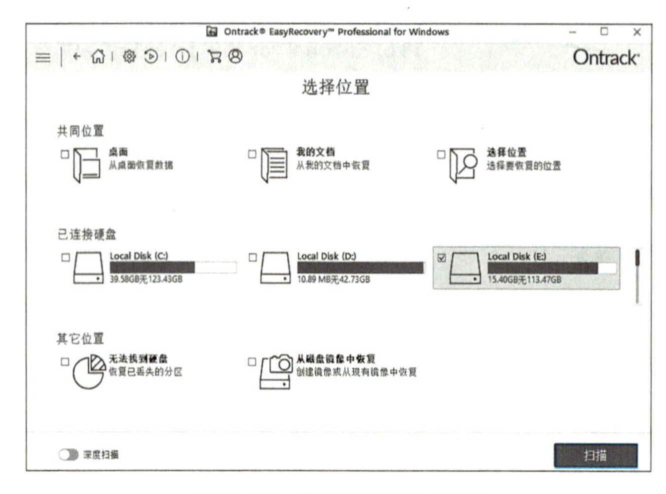

图 6–23 “选择位置”界面

4）此时进入“查找文件和文件夹”界面，软件进入扫描阶段，会查找文件和文件夹，这个过程会持续一段时间，如图6–24所示。

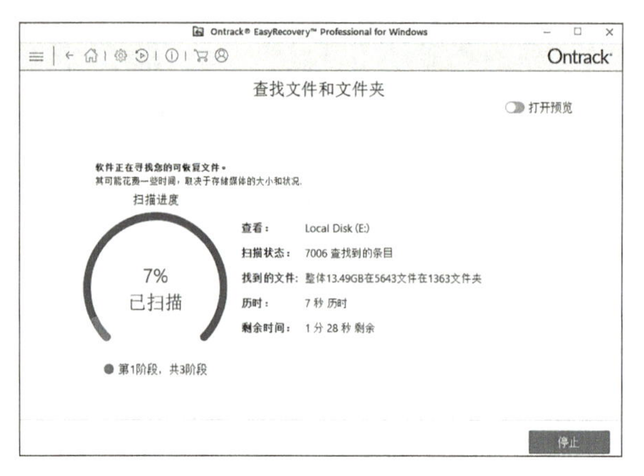

图 6–24 “查找文件和文件夹”界面

5）扫描完毕后，弹出“成功完成扫描”提示，如图6–25所示。单击“关闭”按钮，就会出现可以恢复的数据了。单击需要恢复的文件，然后单击“恢复”按钮即可进行恢复了。

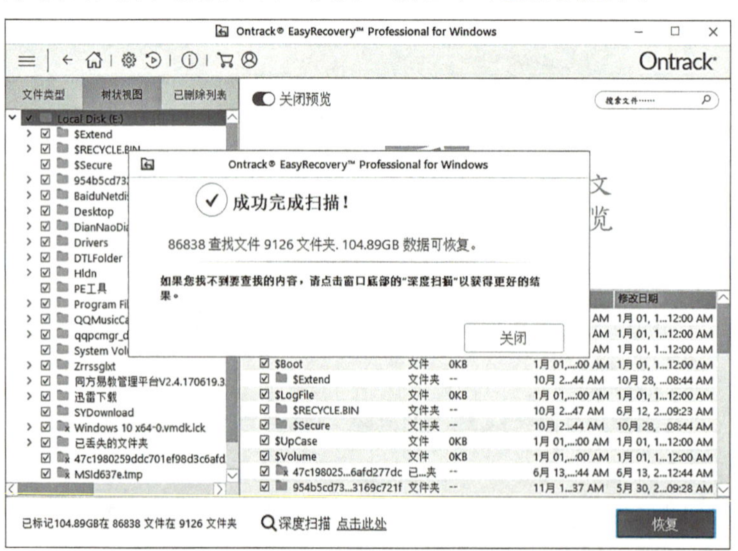

图 6–25 成功完成扫描

6）待恢复文件目录结构以“文件类型”“树状视图”和“已删除列表”3种模式展示，可根据用户需求自由切换。用户只需找到并勾选需要恢复的数据，单击“恢复”按钮，选择恢复文件的存放位置，即可完成恢复，如图6–26所示。

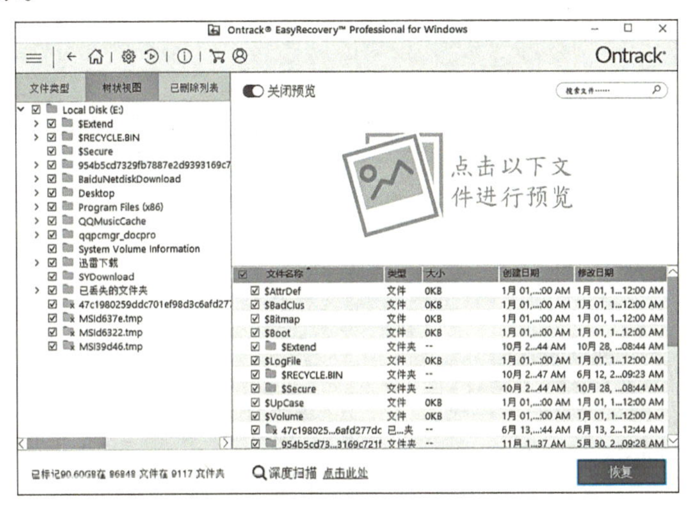

图 6–26　选择文件恢复界面

拓 展 任 务

一、利用 Disk Genius 备份与恢复系统

掌握了使用Ghost备份和恢复操作系统后，MicroCloud365团队成员想尝试使用DiskGenius软件备份和恢复操作系统。

1. 利用DiskGenius备份系统

1）运行DiskGenius程序，进入DiskGenius程序主界面。

2）单击工具栏按钮“备份分区”，或选择“工具→备份分区到镜像文件”菜单项，程序将显示图6–27所示的对话框。

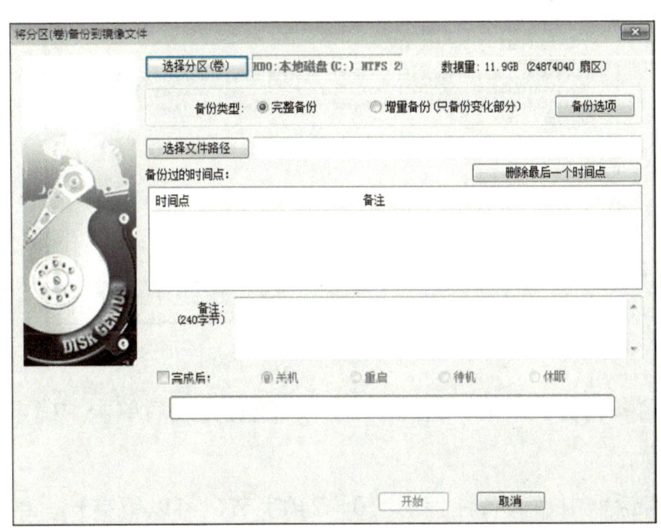

图 6–27　“将分区（卷）备份到镜像文件”对话框

3）单击“选择分区（卷）”按钮，选择要备份的分区，打开“选择源分区（卷）”对话框，如图6–28所示。

因为要备份操作系统，所以选择第一个分区，即“本地磁盘（C:）”，单击“确定”按钮。

4）在图6–27所示的对话框中单击“选择文件路径”按钮，程序打开“选择分区镜像文件”对话框，如图6–29所示。

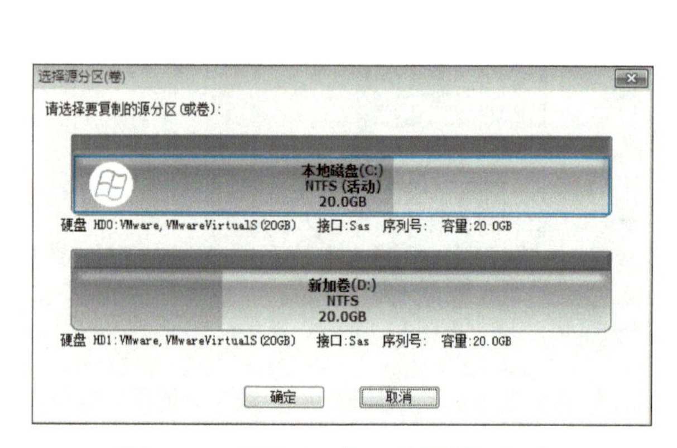

图 6-28 “选择源分区（卷）”对话框

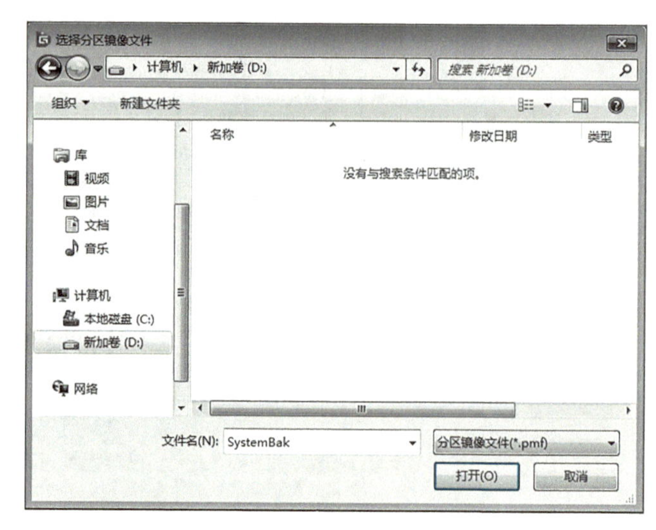

图 6-29 “选择分区镜像文件”对话框

选择合适的分区，并给镜像文件命名，输入完成后单击“打开”按钮。

5）在图6–25所示的对话框中单击“备份选项”按钮，程序打开“分区备份选项”对话框，如图6–30所示。

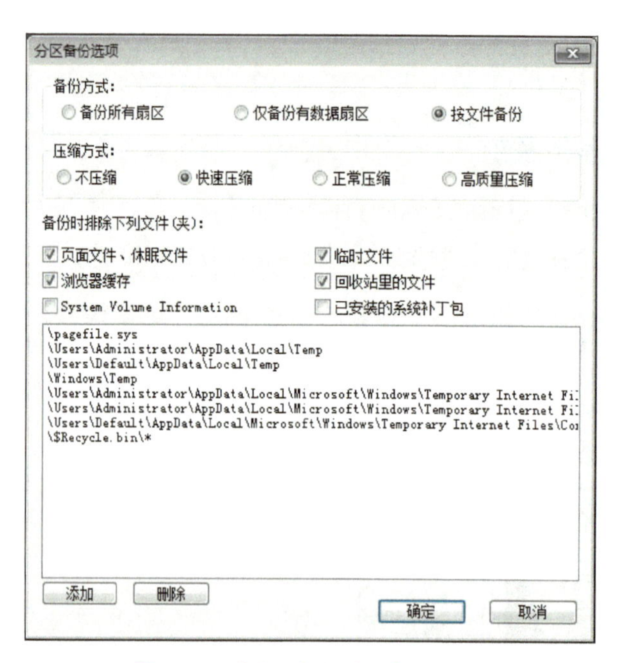

图 6-30 “分区备份选项”对话框

选择符合个人需求的“备份方式”和“压缩方式”，配置完成后单击“确定”按钮。分区备份选项也可不做配置，使用默认配置。

6）在图6–27所示的对话框中输入备注信息（0～240字节，可以留空），单击“开始”按钮，程序弹出如图6–31所示的警告提示框。

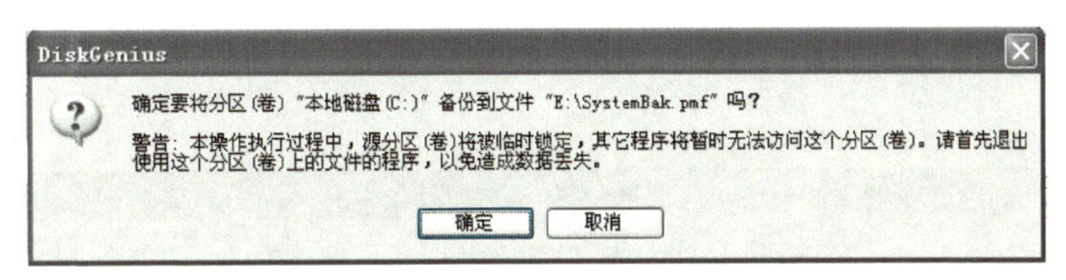

图 6-31　临时锁定源分区警告提示框

7）单击“确定”按钮，程序将尝试锁定要备份的分区，如果无法锁定，将显示图6–32所示的警告提示框。

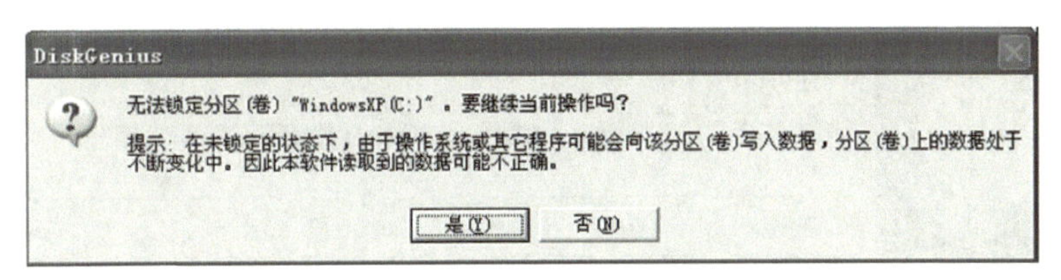

图 6-32　无法锁定分区警告提示框

用户可以在不锁定分区的情况下对分区进行备份。但是在备份程序运行过程中，其他进程正在更改的文件只能备份到备份程序刚开始运行时的文件数据，且不影响其他文件的备份。单击“是”按钮即开始备份进程。备份过程如图6–33所示。

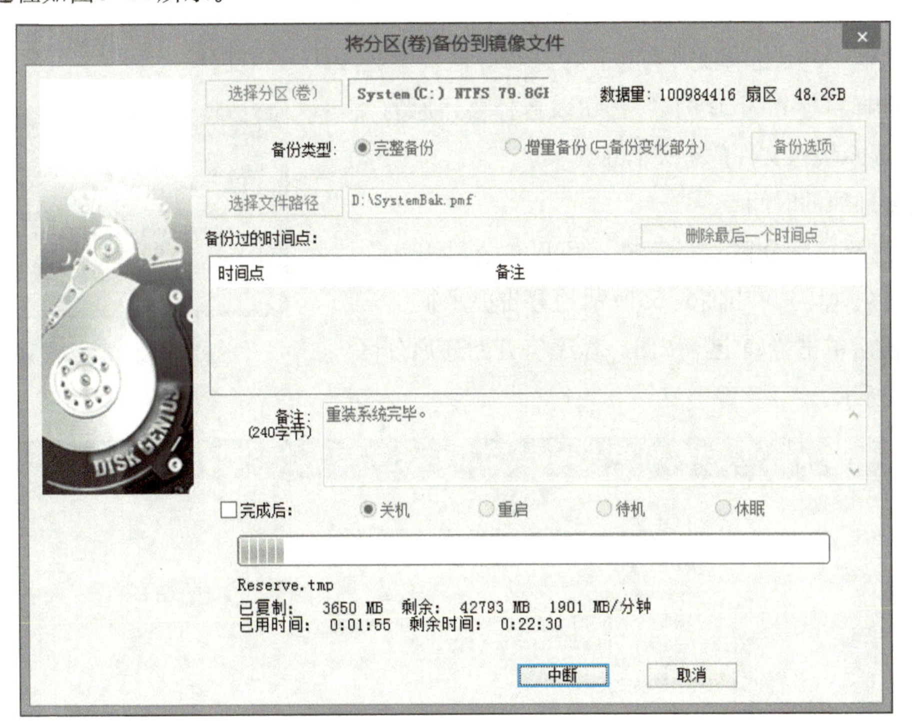

图 6-33　备份过程

温馨提示

在操作过程中，各版本的具体细节会不同。如DiskGenius 4.7.1版本，在Windows平台上运行该软件，当程序无法锁定要备份的分区时，会提示需要重启计算机，进入DOS版并进行备份。用户只要按照其提示进行操作即可完成备份。

2．利用DiskGenius还原系统

当分区数据损坏时，可以使用先前备份的镜像文件还原分区，将其还原到备份前的状态。

1）选择“工具→从镜像文件还原分区” 菜单项，程序弹出“从镜像文件还原分区（卷）”对话框，如图6-34所示。

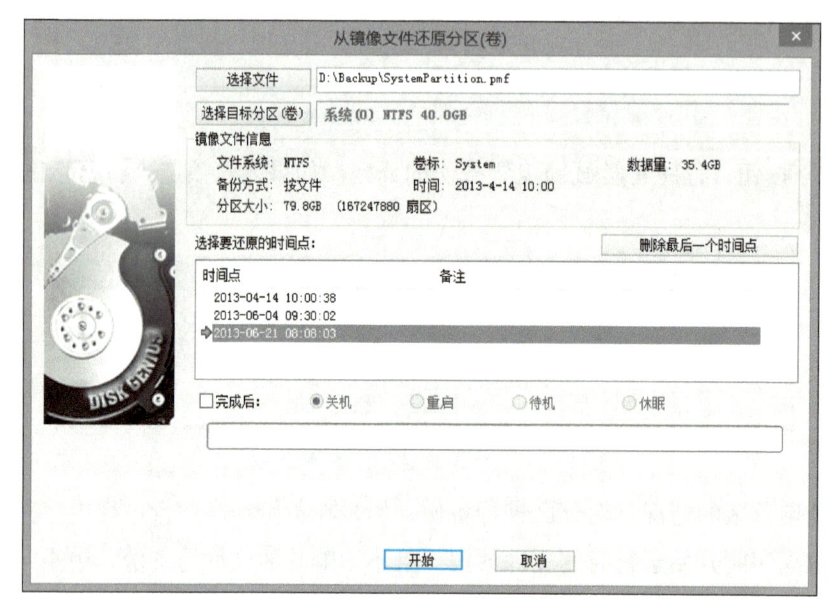

图 6-34 “从镜像文件还原分区（卷）”对话框

2）单击对话框中的“选择文件”按钮，选择分区镜像文件（.pmf文件）。

3）单击“选择目标分区（卷）”按钮以选择要还原的分区。对话框中会显示镜像文件的有关信息。

4）选择需要还原的时间点。

5）如果文件及目标分区选择正确，可以单击“开始”按钮准备还原分区。程序弹出图6-35所示的警告提示框。

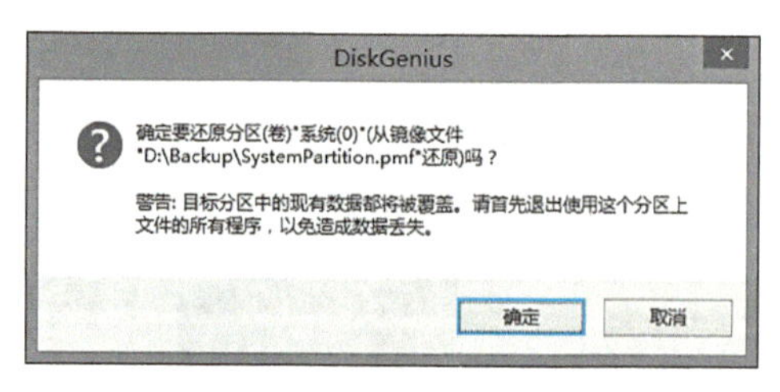

图 6-35 确认还原警告提示框

6）确认无误后单击“确定”按钮，程序将开始还原分区进程，如图6-36所示。

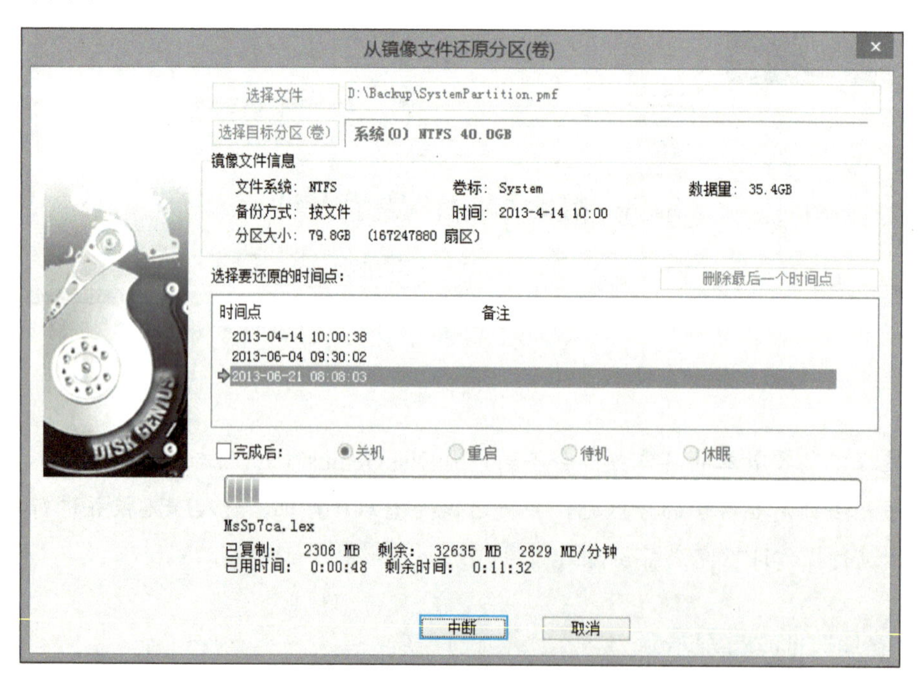

图 6-36 开始还原分区

如果原镜像文件是“按文件”备份的，且在备份时源分区没有锁定，还原分区完成后，程序将自动对还原后的数据做必要的检查及更正。

二、利用 Windows 系统自带的组件备份与恢复系统

在掌握了使用Ghost和DiskGenius软件备份和还原操作系统后，MicroCloud365团队成员了解到还可以利用Windows 10操作系统自带的组件来备份和还原系统。接下来和MicroCloud365团队成员一起学习如何利用Windows系统自带的组件备份与还原系统。

1. 利用Windows系统自带的组件备份系统

很多人将操作系统升级至Windows 10后，都会选择第三方工具对操作系统进行备份，以防操作系统故障导致计算机无法正常使用。其实，Windows 10自带了系统映像创建功能，可以实现备份系统的目的。

1）打开“控制面板”，选择“备份和还原（Windows 7）”，如果出现的不是如图6–37所示的界面，可调整控制面板的“查看方式”为“小图标”。

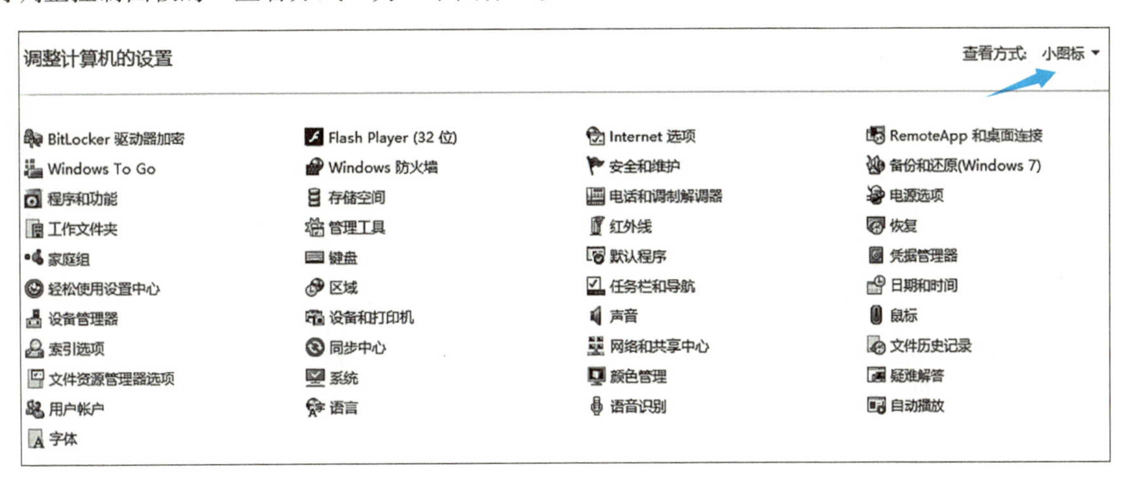

图 6-37　控制面板

2）如图6–38所示，无论是“创建系统映像”“创建系统修复光盘”还是“设置备份”选项，都可以达到备份操作系统的目的，但此3种备份操作系统的方式稍有不同，其还原操作系统的适用环境也稍有不同。

创建系统映像：“创建系统映像”的功能为还原系统，针对操作系统及用户数据所在分区进行整体备份，同是会把“EFI系统分区”备份。备份的系统映像可在硬盘驱动器或计算机停止运行时还原计算机，但是无法选择单个分区进行还原，还原后会覆盖当前系统文件，回到初始备份时的状态。此功能只能手动定期备份，无法以计划任务的形式实现自动定期备份。

创建系统修复光盘：“创建系统修复光盘”主要侧重于修复操作系统。当操作系统出现错误时，可以使用已创建的修复光盘进行修复，而不必重新安装或者还原操作系统。例如，当操作系统的某个文件丢失时，可以通过该修复光盘进行修复。

设置备份：“设置备份”的功能为还原系统。Windows将用户保存在库、桌面和默认Windows文件夹中的数据文件备份，同时还会创建一个系统映像，当计算机无法正常工作时可将其还原。“设置备份”可以以计划任务的形式实现自动定期备份。

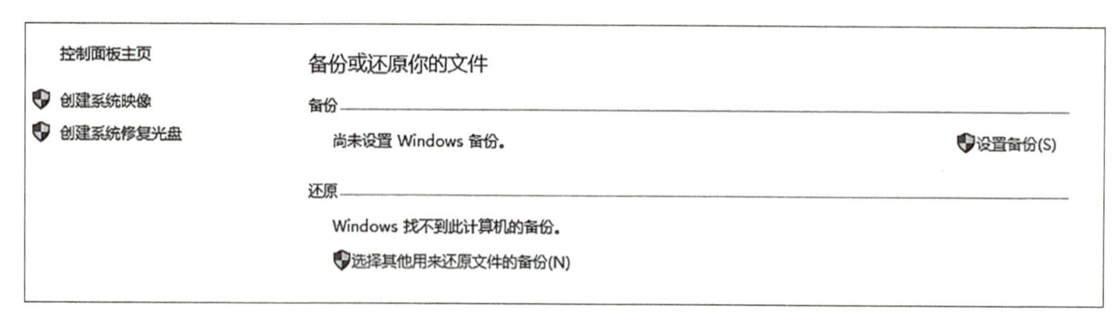

图 6-38　设置备份

这里以“设置备份”为例详细介绍备份操作系统及用户数据的步骤。单击“设置备份”选项，系统弹出“正在启动Windows备份”提示，片刻即进入“设置备份”对话框。

3）在图6–39所示的对话框中，按照系统提示选择要保存备份的位置，系统建议将备份保存在外部硬盘驱动器上。一般情况下，将备份存放在本地硬盘的某个分区上。备份存放的位置选项包括“DVD驱动器（D:）”“新加卷（E:）[推荐]”“新加卷（F:）”和“保存在网络上”。如果将备份存放在本地硬盘的某个分区上，系统默认选择可用空间最大的磁盘分区（分区后有“[推荐]”字样）。

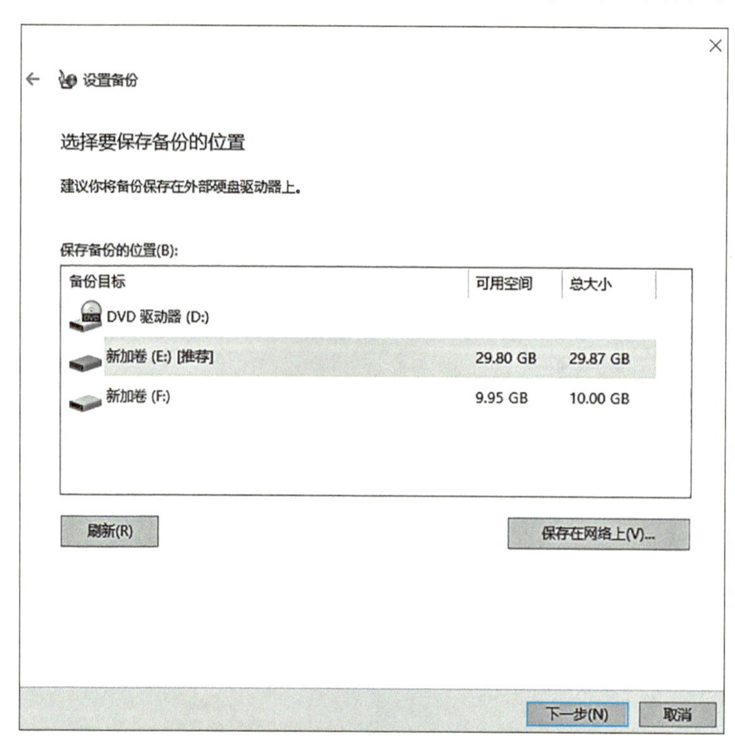

图 6-39　选择要保存备份的位置

新加卷（E:）[推荐]：即系统默认选择的拥有最大可用空间的本地硬盘的某个分区。

DVD驱动器（D:）：即将备份刻录至光盘，此选项需要计算机有DVD光驱及光盘。

保存在网络上：即将备份保存至网络某台计算机的某个文件夹下。

通常情况下选择系统推荐的选项，并单击“下一步”按钮。

4）在弹出的界面中选择要备份的内容。如图6–40所示，有“让Windows选择（推荐）”和“让我选择”两个选项。

让Windows选择（推荐）：Windows将用户保存在库、桌面和默认Windows文件夹中的数据文件备份，同时还会创建一个系统映像。

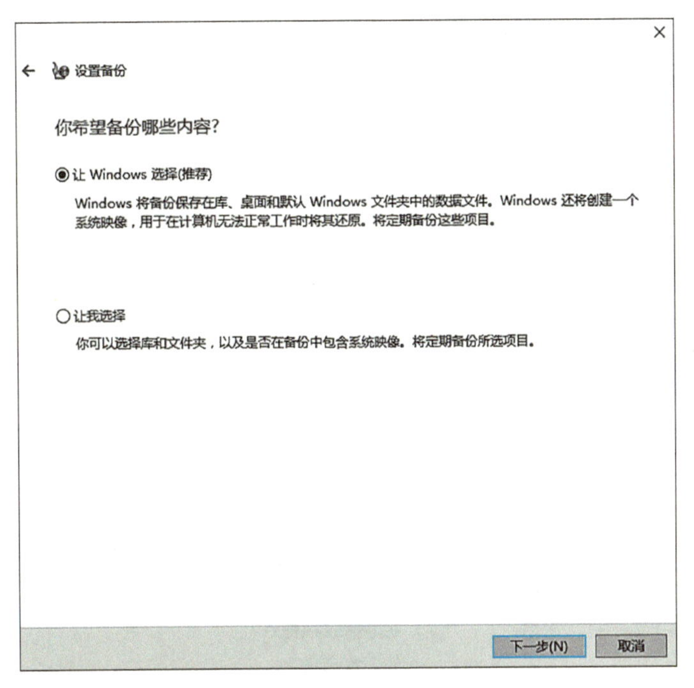

图 6-40　选择备份内容

让我选择：由用户自定义备份对象，包括用户账户的库、操作系统所在分区及其他非备份存放所在分区、EFI系统分区等。

以上两项任选一项都可以达到备份的目的，如果用户无法自定义备份对象，建议选择第一项“让Windows选择（推荐）”，单击“下一步”按钮。

5）在弹出的界面中，确认信息无误后单击“开始备份”按钮，即打开“查看备份设置”界面，如图6-41所示，备份位置为“新加卷（E:）”，备份项目为所有用户的默认Windows文件夹和库中的本地文件以及系统映像。可设定按计划运行备份，如系统默认设定每周日19:00进行自动备份操作。“计划”设定完毕后，单击“保存设置并运行备份”按钮，弹出图6-42所示的界面，系统开始进行备份操作。

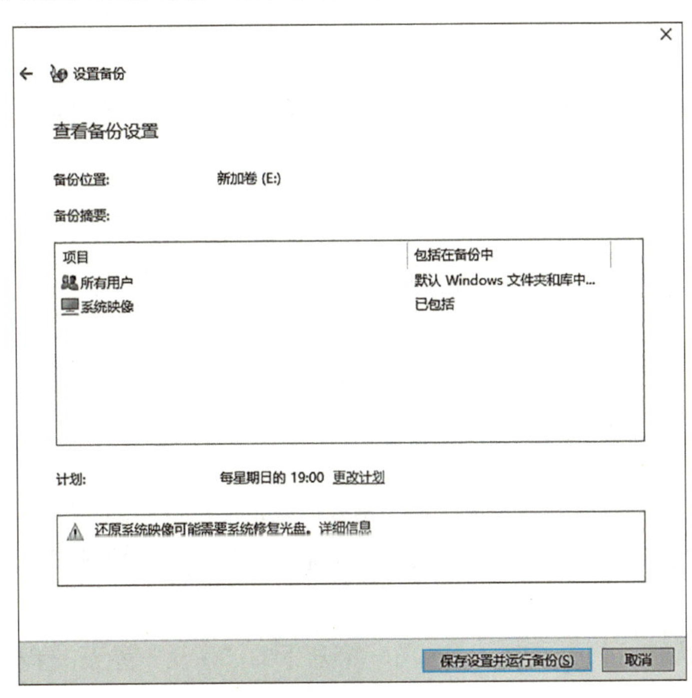

图 6-41　“查看备份设置”界面

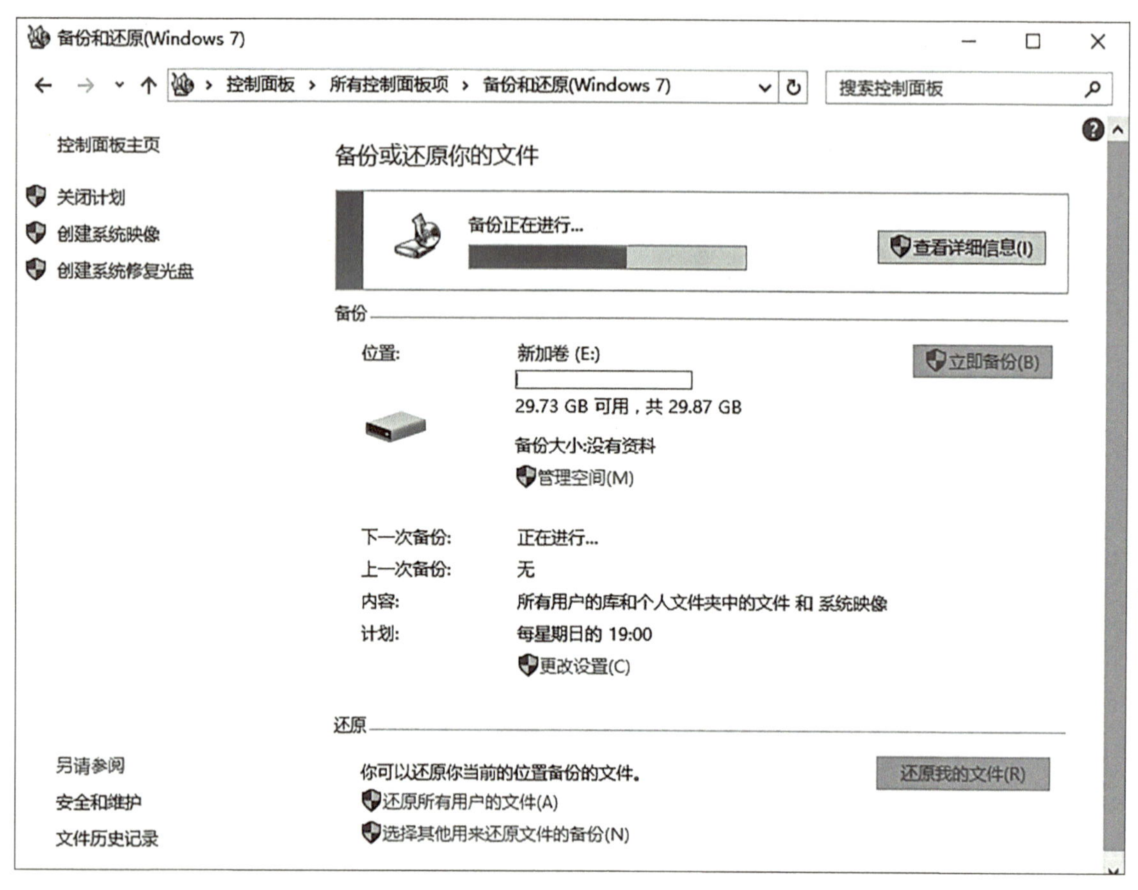

图 6-42　系统正在进行备份

备份在运行过程中会弹出“Windows备份当前正在进行”界面，如图6–43所示。

6）成功备份后，系统会显示图6–44所示的界面，单击“关闭”按钮，就完成了对系统的备份操作。

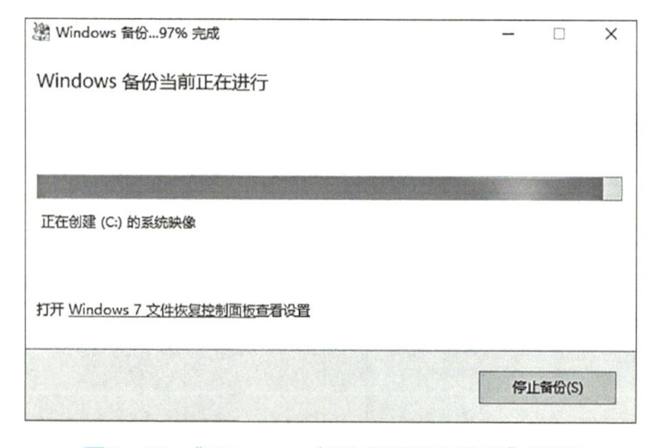

图6–43　“Windows备份当前正在进行”界面

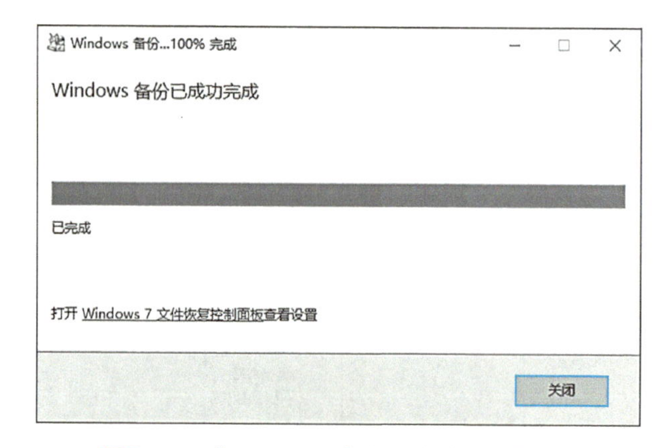

图6–44　“Windows 备份已成功完成”界面

2. 利用Windows系统自带的组件恢复系统

使用备份的映像文件恢复系统分两种情况：正常操作系统使用备份的映像文件恢复和有故障操作系统使用备份的映像文件恢复。这里将介绍在Windows 10无法正常引导的情况下，使用备份的映像文件恢复操作系统。

1）当Windows 10无法正常引导时，进入图6–45所示的“恢复”界面，单击“查看高级修复选项”按钮。

图 6-45 “恢复”界面

2）此时进入图6-46所示的“选择一个选项”界面，直接单击“疑难解答”按钮。

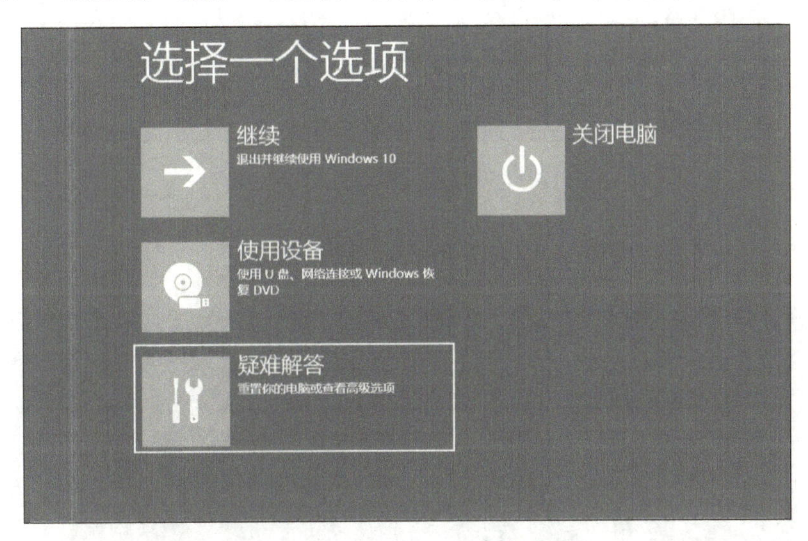

图 6-46 “选择一个选项”界面

3）进入图6-47所示的“疑难解答”界面，此界面有两个选项：“重置此电脑”和“高级选项”。“重置此电脑”选项允许用户选择保留个人文件或删除个人文件，然后重新安装Windows。如果“高级选项”中的各恢复方式无效，可尝试使用此功能，一般情况下不建议使用此项。这里单击“高级选项”按钮。

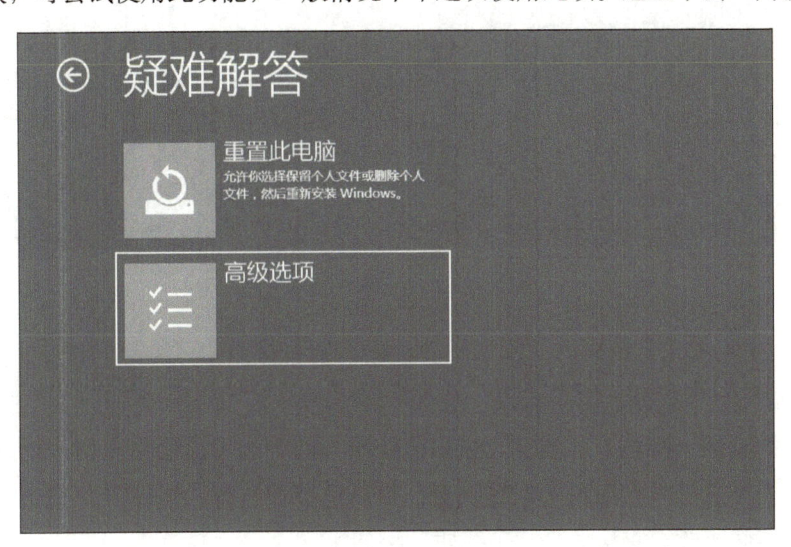

图 6-47 “疑难解答”界面

4）进入图6–48所示的“高级选项”界面，单击“系统映像恢复”按钮。

图 6-48 “高级选项”界面

5）进入图6–49所示的界面，选择Administrator账户继续操作。

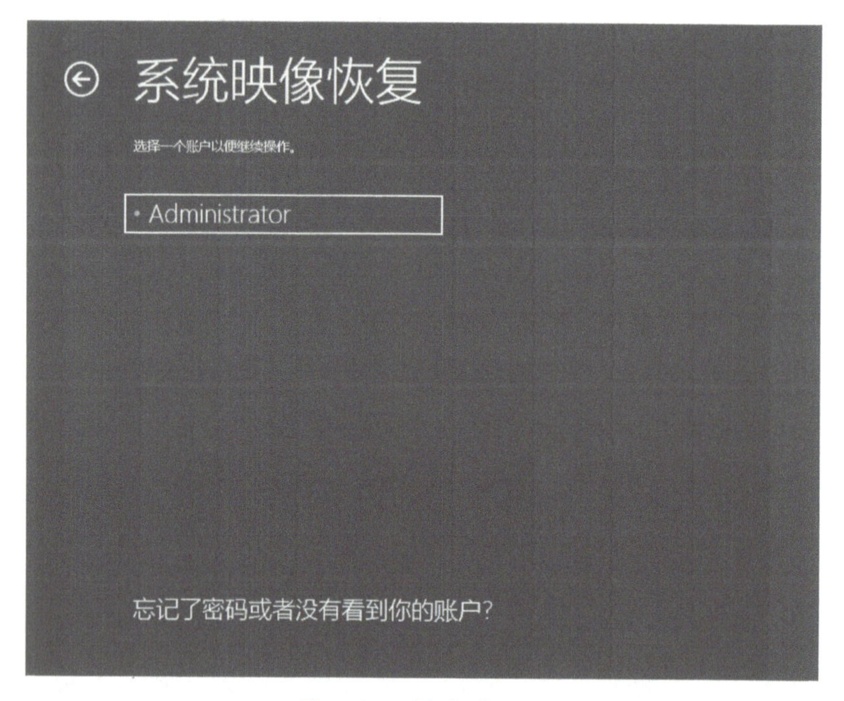

图 6-49 选择操作账户

6）在弹出的界面中输入账户密码，如果账户无密码，则直接单击“继续”按钮，如图6–50所示。

7）系统会验证密码的可用性，如果无误，则直接进入图6–51所示的界面。在选择系统镜像备份时有“使用最新的可用系统映像（推荐）”和“选择系统映像”两个选项，使用任何一个选项都可以完成系统映像选择操作。如果需要选择早期备份的系统映像，可以选择“选择系统映像”选项。因为要恢复最新的系统映像，所以此处不做更改，直接单击“下一步”按钮。

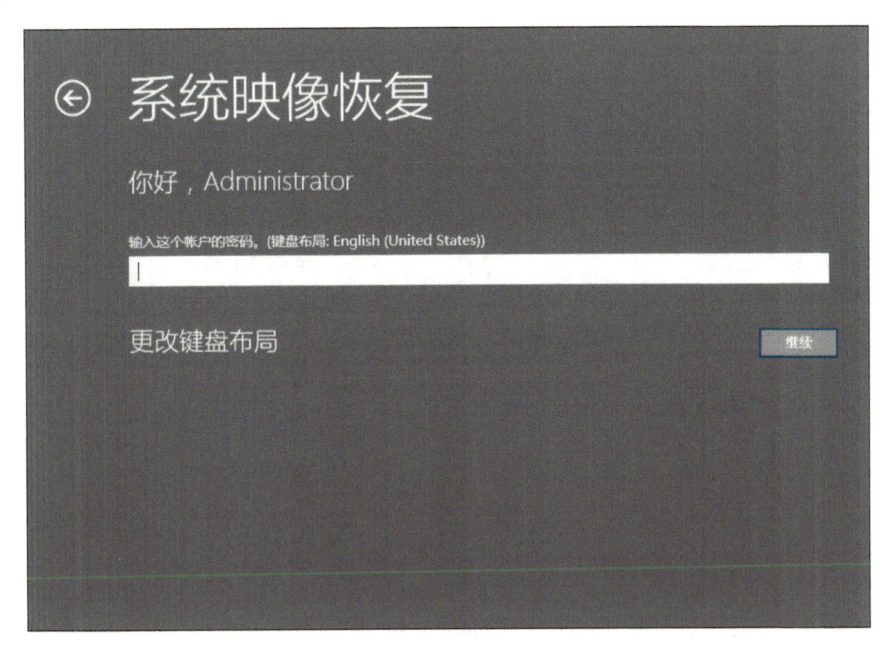

图 6-50 输入账户密码

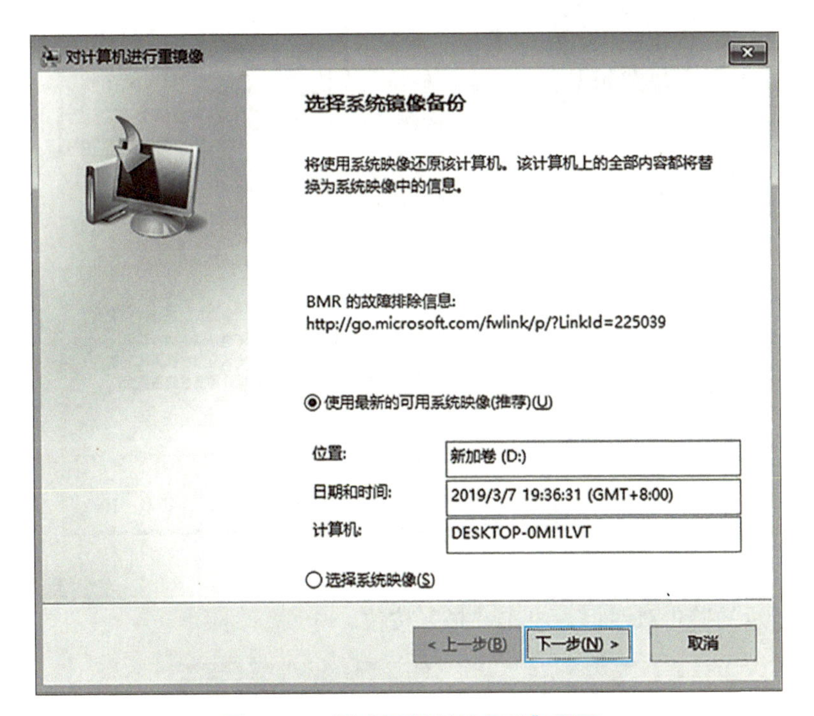

图 6-51 “选择系统镜像备份”界面

8）此时进入图6-52所示的“选择其他的还原方式”界面，可以选择其他的还原方式。因为无须格式化计算机上的所有磁盘，以匹配系统映像的布局，所以此处不更改，直接单击“下一步”按钮，映像将覆盖所涉及的分区数据（及C盘）。当然，也可以删除所有分区，按照映像时存在的分区表重新分区并格式化磁盘，然后进行下一步的还原操作。

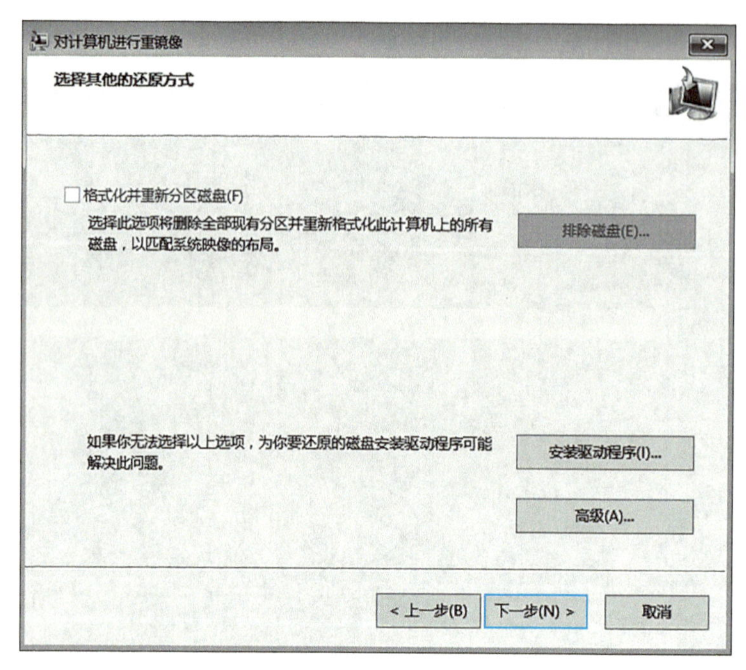

图 6-52 “选择其他的还原方式”界面

此时弹出图6-53所示的界面，确认信息无误后，直接单击“完成”按钮。

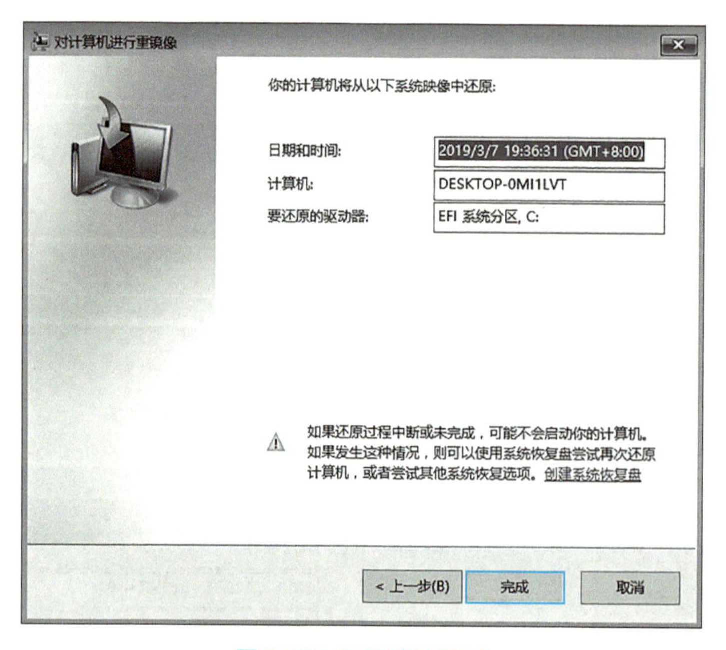

图 6-53 还原确认界面

9）弹出图6-54所示的警告对话框，单击“是”按钮。

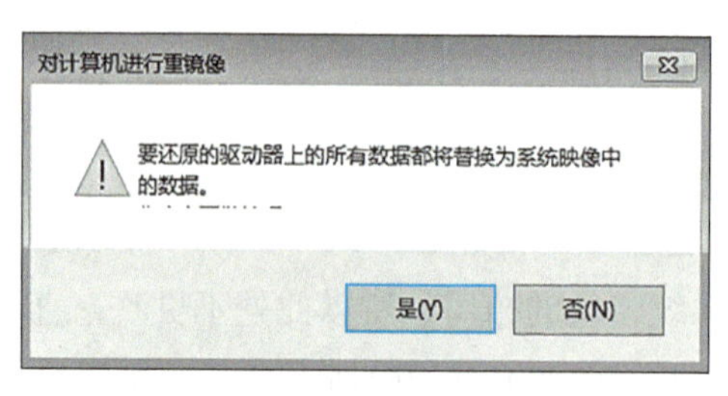

图 6-54 警告对话框

10）Windows开始从系统映像还原计算机，可能需要几分钟到几小时的时间，如图6-55所示。

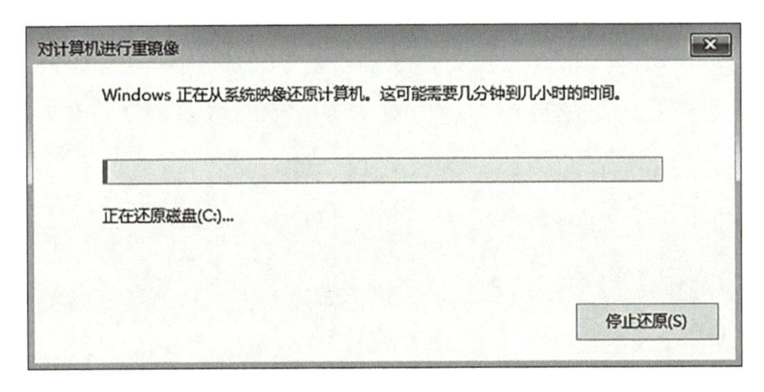

图 6-55　Windows 开始从系统映像还原计算机

11）还原成功完成后，单击“立即重新启动”按钮。至此，还原操作结束。

知识巩固与提高

1. 简述Ghost软件的功能。
2. 简述DiskGenius软件的功能。
3. 如何用Ghost软件备份系统？
4. 如何用Ghost软件恢复系统？
5. 如何用DiskGenius软件备份系统？
6. 如何用DiskGenius软件恢复系统？
7. 如何用Windows 7自带的组件备份系统？
8. 如何用Windows 7自带的组件恢复系统？
9. 如何用Ghost软件进行整个硬盘的备份和还原？
10. 如何进入DOS下的Ghost主界面？
11. 如何使用Ghost 9.0备份与恢复系统？
12. 如何使用DiskGenius备份非操作系统分区上的数据？
13. 如何使用Windows 7自带的备份功能备份数据及制定一份高效自动备份策略？
14. 在可以进入操作系统的情况下，如何使用“高级恢复方法”恢复映像文件？

学习单元 7

接入Internet网络

单元情景

在专业老师的指导下，MicroCloud365团队首先以DIY方式选购、组装了7台计算机，接着安装了操作系统、硬件驱动程序、Office 2010应用软件等，最后使用维护工具对操作系统进行了优化。计算机已准备就绪，但尚未接入互联网。团队成员对目前接入互联网的方式不太了解，就向指导老师请教。

指导老师通过走访了解到，前期入驻创业孵化基地的团队已通过“PPPoE”“局域网”“无线网”等不同的方式接入了互联网，老师向MicroCloud365团队详细介绍了这几种接入互联网的方法。为了调试网络，排除网络故障，老师还向团队讲解了常用网络命令。

学习目标

- 了解接入互联网的物理连接技术
- 熟悉几种接入互联网的方式
- 掌握常见的互联网接入方法

任务1 认识接入互联网的技术

任务描述

大家平时所说的“上网”就是接入互联网。有“上网”需求时，一般是互联网接入商（ISP）提供服务。不同场合接入互联网的方式是不同的。

知识准备

从信息资源的角度来看，互联网是一个集各部门、各领域的信息资源为一体的，供网络用户共享的信息资源网。家庭、个人或单位用户要接入互联网，可通过某种通信线路连接到ISP，由ISP提供互联网的入网连接和信息服务。互联网接入通过特定的信息采集与共享的传输通道，利用HFC、光纤宽带、无线网络等传输技术完成用户与IP广域网的物理连接。下面就分别介绍几种常见的接入互联网的物理连接技术。

一、HFC接入技术

HFC技术是一种基于有线电视网络铜线介质的接入方式，具有专线上网的连接特点，允许用户通过有线电视网实现高速接入互联网，适用于拥有有线电视网的家庭、个人或中小团体。优点是速率较高，接入方式方便（通过有线电缆传输数据，不需要布线），可实现各类视频服务、高速下载等。缺点在于基于有线电视网络的架构是属于网络资源共享型的，当用户激增时，速率就会下降且不稳定，扩展性不好。

二、光纤宽带接入技术

光纤是光导纤维的简称，是一种由玻璃或塑料制成的纤维，可作为光传导工具，是目前最理想的信息传输介质，在通信领域应用得比较广泛。电信、企业主干网络都采用光纤。家庭接入互联网就是通过光纤接入小区节点或楼道，再由网线连接到各个共享点上。目前，ISP正在推广光纤入户工程，即光纤直接接入用户家庭，提供一定区域的高速互联接入。特点是速率高，抗干扰能力强，适用于家庭、个人，可以实现各类高速率接入互联网应用（视频服务、高速数据传输、远程交互等）服务。

三、无线网络接入技术

无线网络接入技术是一种有线接入的延伸技术，使用无线射频（RF）技术收发数据，减少线缆连接，因此无线网络系统既可达到建设计算机网络系统的目的，又可自由安排和搬动设备，适应了目前终端设备移动化、智能化、轻薄化的趋势。在公共开放的场所或者企业内部，无线网络一般会作为已存在的有线网络的补充，装有无线网卡的计算机通过无线方式接入互联网。

任务2 通过PPPoE接入互联网

任务描述

通过PPPoE方式接入互联网就是在网关、路由器等网络设备或计算机主机上建立一个与远程网络的连接。成功连接后，网络设备或计算机主机就可以接入互联网了。这种方式适用于家庭等上网终端较少的场合。

知识准备

PPPoE（PPP over Ethernet）是在以太网络中转发PPP帧信息的技术。其中，PPP（Point to Point Protocol，点到点协议）具有用户认证及通知IP地址的功能，适合以ADSL、LAN、无线等技术接入互联网，是个人用户接入互联网最为常见的方式。

任务实施

一、设备连接

这里以家庭通过PPPoE方式接入互联网为例进行介绍。一般ISP会提供家庭网关，作为家庭接入互联网的网关设备，如图7-1所示。其中，灰色为光纤接口，可连接光纤；黄色为以太网接口，可通过双绞线连接计算机、智能电视、无线路由器等。另外还有电源适配器接口、USB接口等。

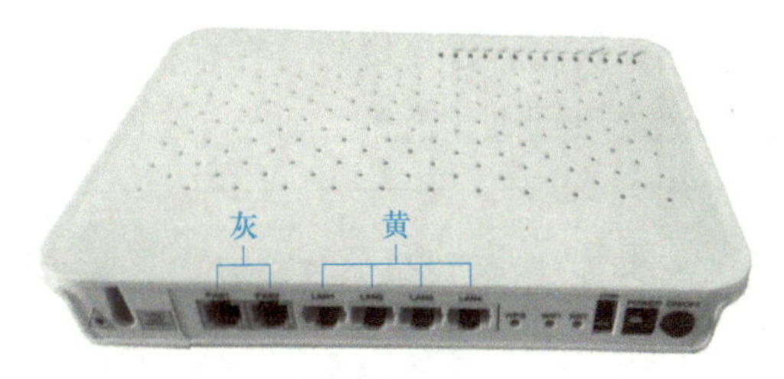

图7-1　家庭网关

二、配置步骤

把家庭网关的所有线缆都按要求连接好后，就可以加电连接互联网了。前面介绍过要使用PPPoE方式接入互联网，可以通过传统的ADSL技术、LAN技术或者正在迅猛发展的FTTH（光纤入户）技术。用户无论使用哪种技术，通过PPPoE接入的方式都是相同的，可以在网关设备上建立连接，也可以在计算机终端设备上建立连接。

1. 在网关设备上建立PPPoE连接

家庭网关设备一般通过Web方式进行管理，在设备使用说明书中或设备背面有设备的连接方法，包括管理地址、用户名、密码等信息。例如，在浏览器地址栏中输入“http://192.168.1.1”，即可打开图7-2所示的登录界面。

图7-2　网关登录界面

输入用户名和密码进入管理界面，就可以使用向导方式进行设置，也可以使用菜单方式进行设置。这里以向导设置为例进行介绍，如图7-3所示。

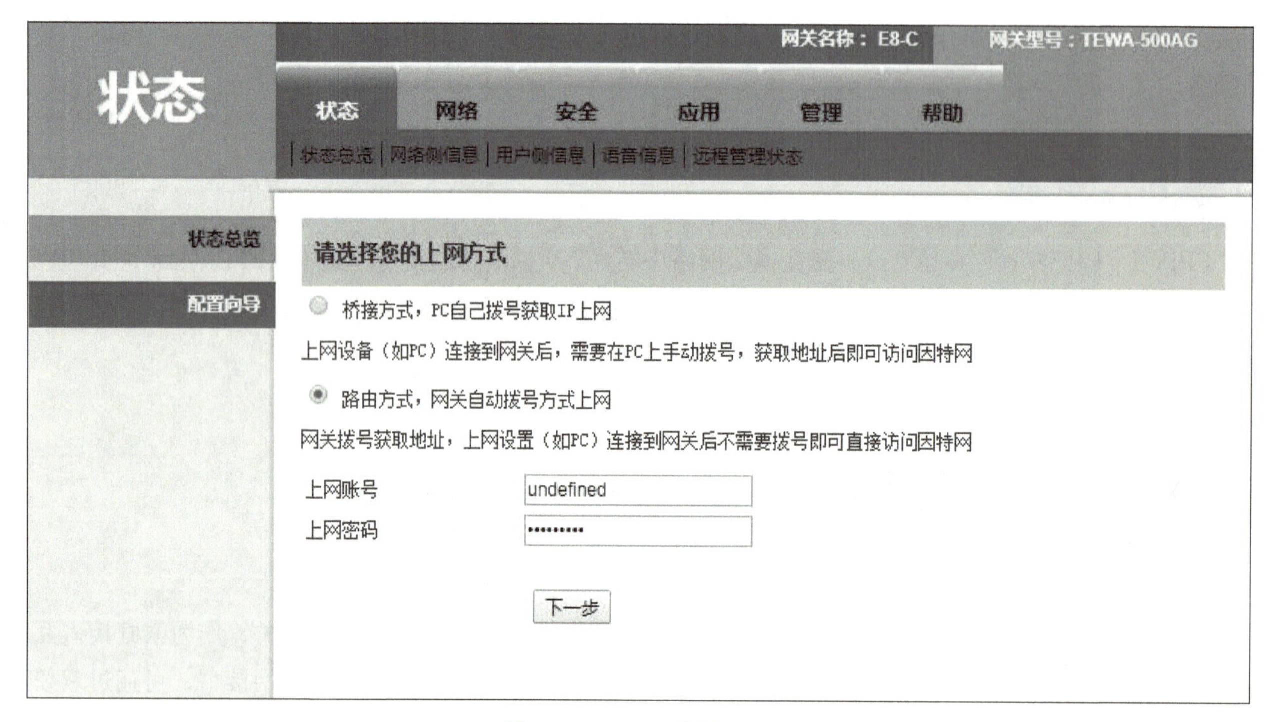

图7-3　PPPoE连接设置

其中，上网账号、上网密码由ISP提供。若连接成功，在“状态”的“设备信息”选项卡中可以看到WAN口状态，上面有网关WAN口获得的IP地址等信息，如图7-4所示。

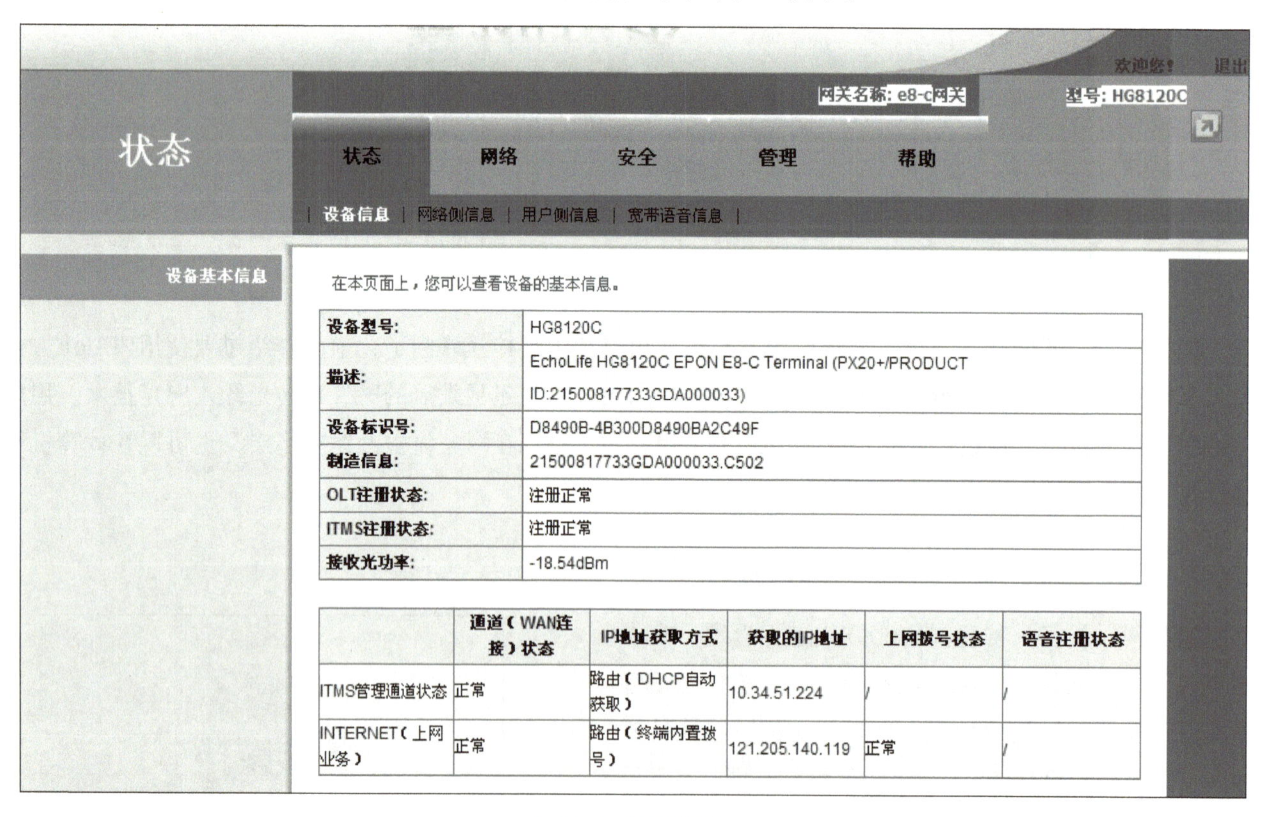

图7-4　设备信息

ISP对PPPoE连接一般采用按连接时长计费，不需要连接时可以断开连接，或选择按需连接。用户有访问互联网需求时，网关设备自动建立PPPoE连接。如果用户在若干分钟都没有访问互联网，则网关自动断开连接。

2. 在家用路由器上连接

如果家庭有多个终端需要接入互联网，可以安装一个家用路由器，在家用路由器上建立PPPoE连接，如图7–5所示。

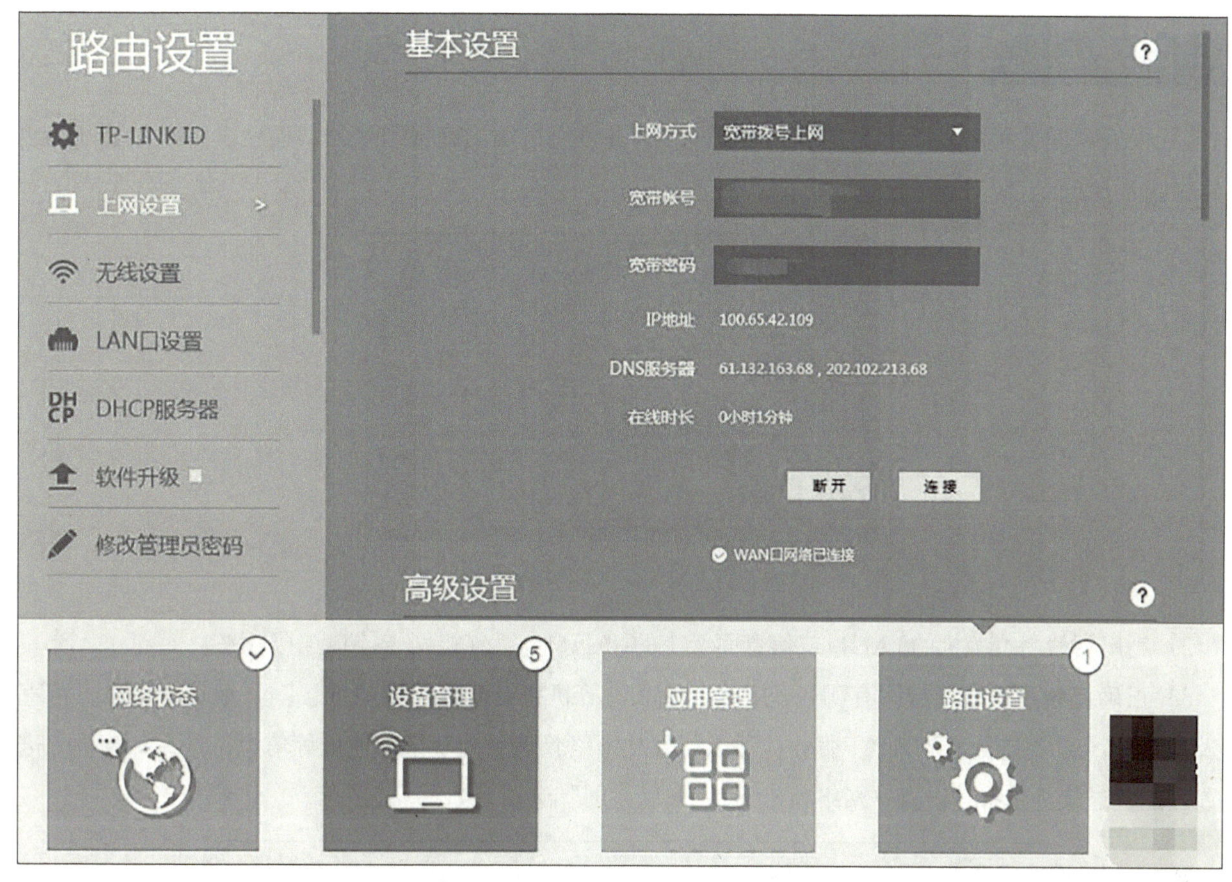

图7–5 家用路由器建立PPPoE连接

在图7–5所示的左侧区域选择“路由设置→上网设置”，在“基本设置”中的“上网方式”选择“宽带拨号上网”，宽带账号和密码由ISP提供。连接成功后，下部会显示IP地址等信息。这时，将终端设备连接到家用路由器上就可以访问互联网了。

任务3 通过局域网接入互联网

任务描述

企业一般建有局域网以供内部计算机互联。计算机通过网线连接交换机来实现与局域网的物理连接，获得该局域网分配的IP地址、子网掩码、网关、DNS等信息后，就可以和该局域网正常通信，通过局域网的互联网出口就可以访问互联网。这种连接适用于企事业单位等终端较多的场合。

知识准备

局域网（Local Area Network，LAN）是在一个局部的地理范围内（通常是一个企业内部），将各种计算机、外部设备和数据库等互相连接起来组成的计算机通信网。局域网可以实现文件管理、应用软件共享、打印机共享、电子邮件和传真通信服务等功能。局域网通常是连接到互联网的，接入局域网也就与互联网联通了。决定局域网的主要技术要素为网络拓扑、传输介质与介质访问控制方法。

任务实施

1）根据物理位置和距离情况制作若干根网线，并且通过测试确保网线的联通性。制作和测试网线的工具如图7–6所示。

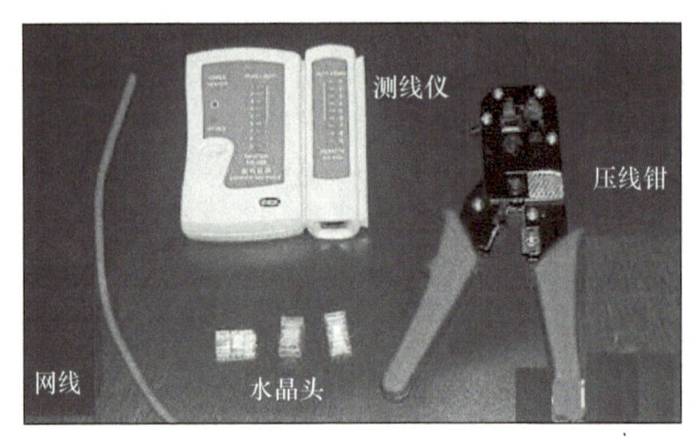

图7-6 制作和测试网线的工具

2）利用网线将交换机的LAN口或信息面板上的LAN口与计算机网卡接口连接起来。

3）正确连线后，若局域网有DHCP服务，那么计算机将自动获得IP地址、DNS地址等信息，可直接连入互联网；若局域网中无DHCP服务，那么需要从网络管理员处获得IP地址等信息，并在计算机上进行配置，配置过程为选择“设置→网络和Internet→以太网”选项，如图7–7所示。

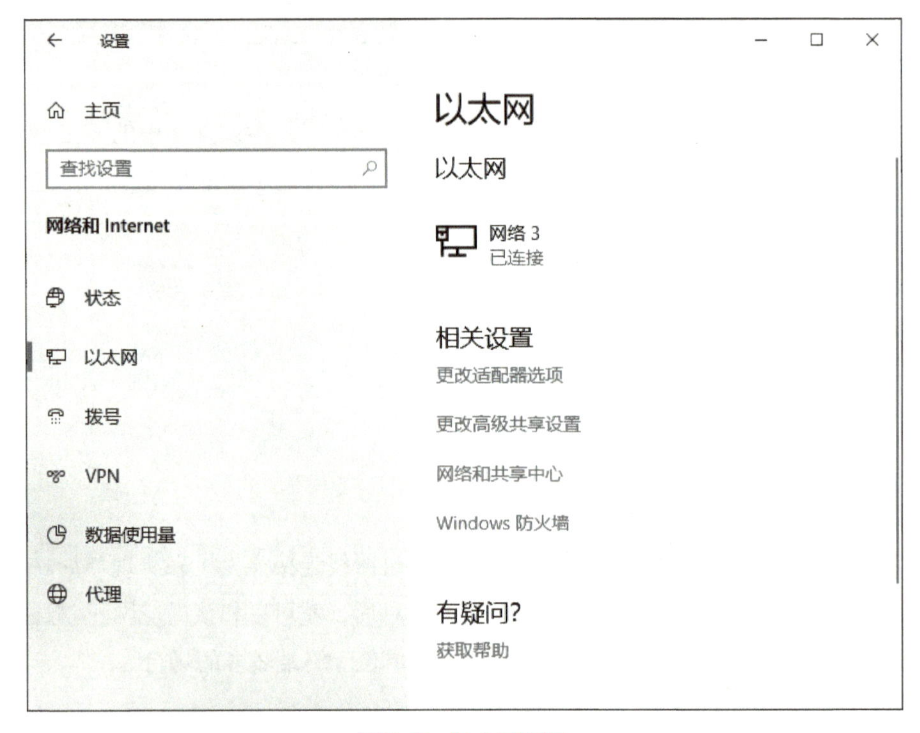

图7-7 以太网设置

在以太网设置中单击“更改适配器选项”，打开“网络连接”窗口，如图7–8所示。

图7-8　“网络连接”窗口

右击“以太网”，打开相应的菜单，选择“属性”菜单项，打开“Internet协议版本4（TCP/IPv4）属性”对话框，如图7-9所示。

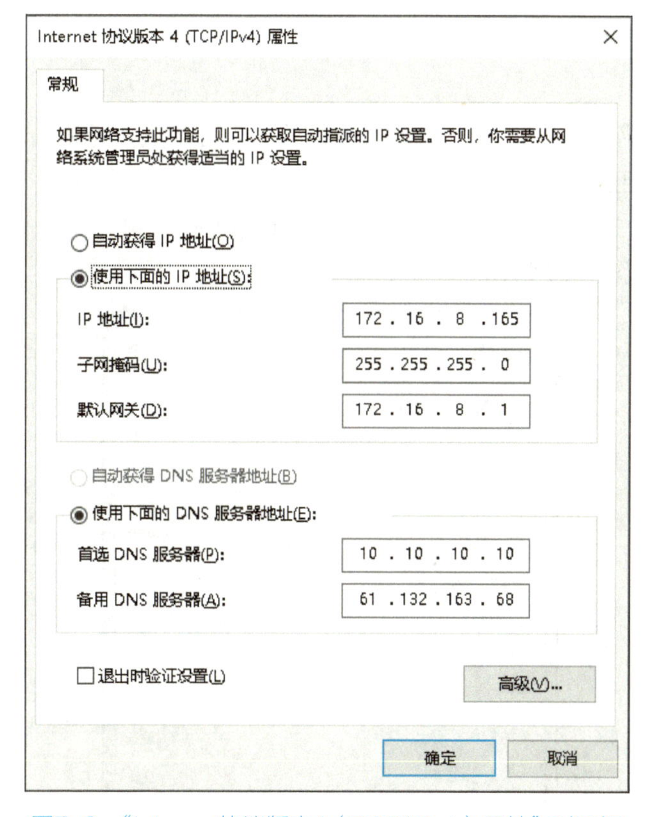

图7-9　“Internet协议版本4（TCP/IPv4）属性”对话框

输入网络管理员分配的IP地址、子网掩码、默认网关和DNS服务器地址等信息后，该计算机就可以接入互联网了。

任务4　通过无线网接入互联网

任务描述

在当今的移动互联网时代，移动终端数量有超过有线计算机终端数量的趋势，企业无线网建设如雨后春笋般开展。终端通过无线网接入互联网将成为今后的主流方式。

知识准备

无线网络（Wireless Network）是采用无线通信技术实现的网络。与有线网络的用途十分类似，最大的不同在于传输媒介。其利用电磁波取代网线，可以和有线网络互为备份。

主流无线网络有通过公众移动通信网实现的无线网络（如5G）和无线局域网两种。公众移动通信网上网方式，是一种借助移动电话网络接入Internet的无线上网方式，因此只要用户所在城市开通了公众移动通信网上网业务，那么在该城市的任何一个角落都可以通过笔记本计算机来上网。这里只介绍无线局域网方式。

首先，无线网络并不是神秘之物，相对于有线网络而言，它是一种全新的网络组建方式。无线网络在一定程度上摒弃了网线。人们在无线信号覆盖的位置，抱着笔记本计算机，即可享受网络的乐趣。

任务实施

笔记本计算机配有无线网卡，在有无线局域网覆盖的区域可以连接无线局域网，继而接入互联网。这种方式适合于移动终端接入互联网。

要接入无线局域网，首先要获得此无线局域网的SSID和连接密码，单击任务栏右侧的“网络和共享中心”图标，打开的界面如图7-10所示。

图7-10 WLAN连接设置界面

在图7-11所示的界面中找到待连接的无线局域网，单击进行连接，并输入连接密码（如需要），即可连接此无线局域网。一般，无线网接入都需要用户身份认证。常见的认证方式有Web和802.1X。

一、Web认证方式

任务栏网络图标会有“需要登录认证信息”的提示，这时可以打开浏览器，输入任意网站网址，一般会自动跳转到登录认证页面，如图7–11所示，输入账号和密码后即可访问互联网。

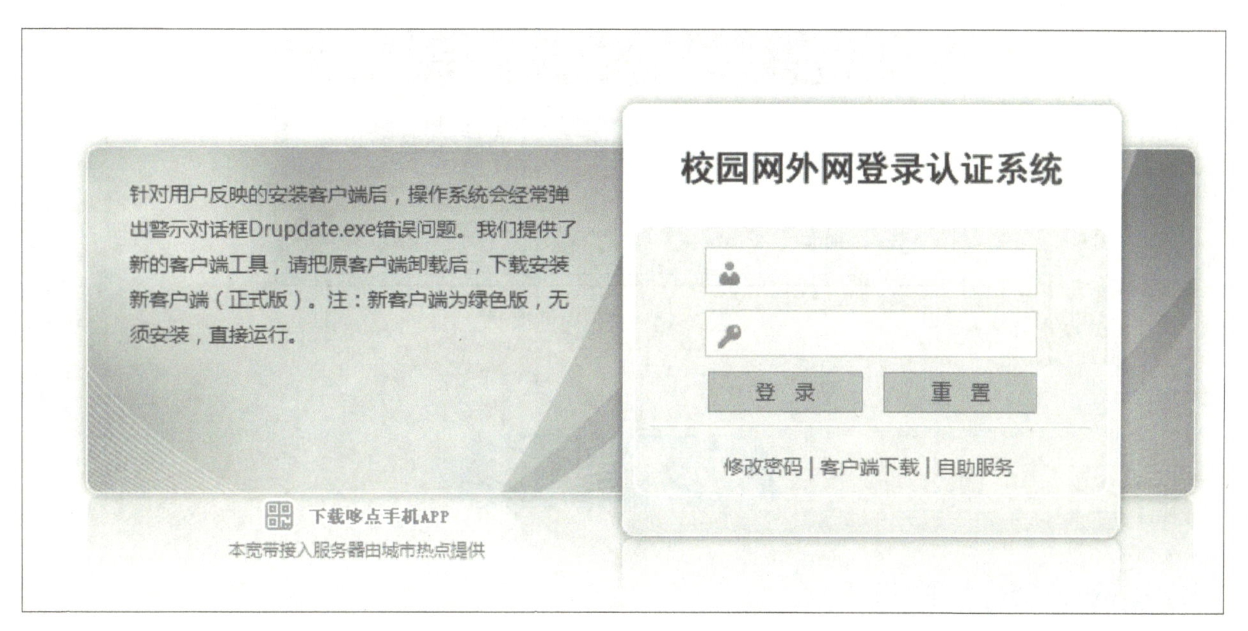

图7–11　互联网访问认证页面

二、802.1X认证方式

1）选择802.1X认证的无线网络，单击“连接”按钮，如图7–12所示。

2）输入用户名和密码，如图7–13所示。

图7–12　802.1X认证连接

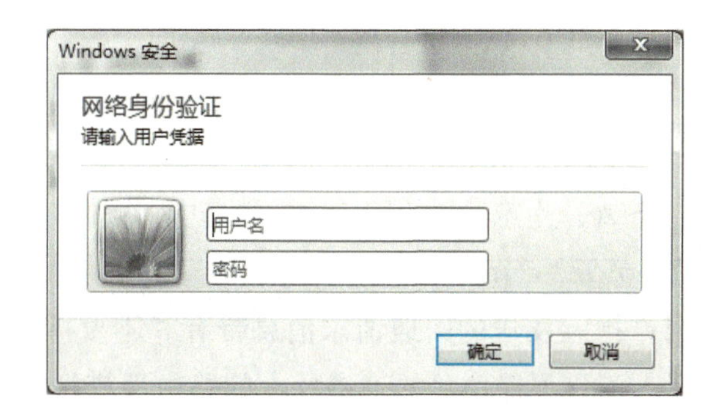

图7–13　输入用户名和密码

3）如果用户名和密码输入正确，单击“确定”按钮后即可访问互联网。如果无法完成连接，则会弹出提示对话框，如图7–14所示。

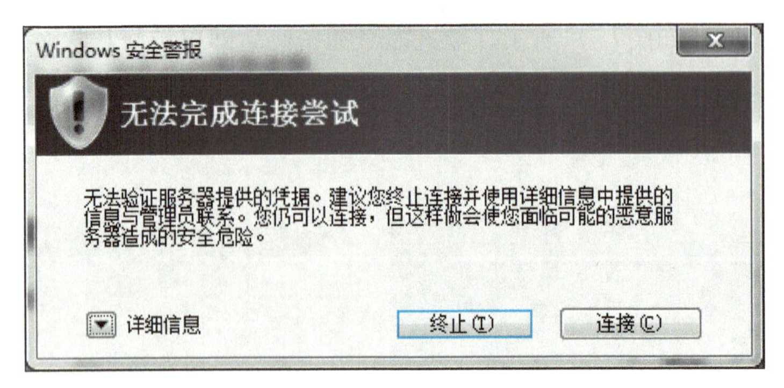

图7-14　提示对话框

拓展任务

常见网络命令的应用

1．ping命令

ping是个使用频率极高的实用命令，主要用于确定网络的联通性。这对确定网络是否正确连接及网络连接的状况十分有用。简单地说，ping就是一个测试程序，如果ping运行正确，大体上可以排除网络访问层、网卡、Modem的输入/输出线路、电缆和路由器等存在的故障，从而缩小问题的范围。

ping能够以毫秒为单位显示发送请求到返回应答之间的时间量。如果应答时间短，表示数据报不必通过太多的路由器或网络，连接速度比较快。ping还能显示TTL（Time To Live，生存时间）值，通过TTL值可以推算数据报通过了多少个路由器。

（1）命令格式及参数说明

格式：

ping [-t] [-a] [-n Count] [-l Size] [-f] [-i TTL] [-v TOS] [-r Count] [-s Count] [-j HostList] [-k HostList] [-w Timeout] TargetName

参数说明：

-t：指定中断前ping可以持续发送回响请求信息到目的地。按<Ctrl+Break>组合键可中断并显示统计信息，按<Ctrl+C>组合键可中断并退出ping。

-a：指定对目的地IP地址进行反向名称解析。如果解析成功，ping将显示相应的主机名。

-n Count：指定发送回响请求消息的次数。默认值为4。

-l Size：指定发送的回响请求消息中“数据”字段的长度（以字节表示）。默认值为32字节。Size的最大值是65527字节。

-f：指定发送的回送请求消息带有“不要拆分”标志（所在的IP数据报头部标识位字段为1）。回送请求消息不能由目的地路径上的路由器进行拆分。该参数可用于检测并解决“路径最大传输单位（PMTU）”的故障。

-i TTL：指定发送回响请求消息的IP标题中的TTL字段值。其默认值是主机的默认TTL值。对于Windows XP主机，该值一般是128。TTL的最大值是255。

-v TOS：指定发送回响请求消息的IP标题中的“服务类型（TOS）”字段值。默认值是0。TOS被指定为0～255的十进制数。

-r Count：指定IP标题中的“记录路由”选项用于记录由回响请求消息和相应的回响应答消息使用的路径。路径中的每个跃点都使用“记录路由”选项中的一个值。如果可能，可以指定一个等于或大于来源和目的地之间跃点数的Count。Count的最小值必须为1，最大值为9。

-s Count：指定IP标题中的“Internet时间戳”选项用于记录每个跃点的回响请求消息和相应的回响应答消息的到达时间。Count的最小值必须为1，最大值为4。

-j HostList：指定回响请求消息利用HostList指定的中间目的地集在IP报头中使用“松散源路由”选项。可以由一个或多个具有松散源路由的路由器分隔相邻的中间目的地。主机列表中地址或名称的数量最大为9，主机列表是一系列由空格分开的IP地址（带点的十进制符号）。

-k HostList：指定回响请求消息利用HostList指定的中间目的地集在IP报头中使用“严格源路由”选项。使用严格源路由，下一个中间目的地必须是直接可达的（必须是路由器接口上的邻居）。主机列表中地址或名称的数量最大为9，主机列表是一系列由空格分开的IP地址（带点的十进制符号）。

-w Timeout：指定等待回响应答信息的超时间隔，单位为毫秒。该回响应答信息响应接收到的指定回响请求信息。如果在超时时间内未收到回响应答信息，将会显示“请求超时”的错误信息。默认的超时时间为4000ms。

TargetName：指定目标，可以是IP地址或域名。

（2）ping命令应用

如图7-15所示，使用ping命令检查到IP地址为210.43.16.17计算机的联通性。该例为连接正常，共发送了4个测试数据包，正确接收到4个数据包。

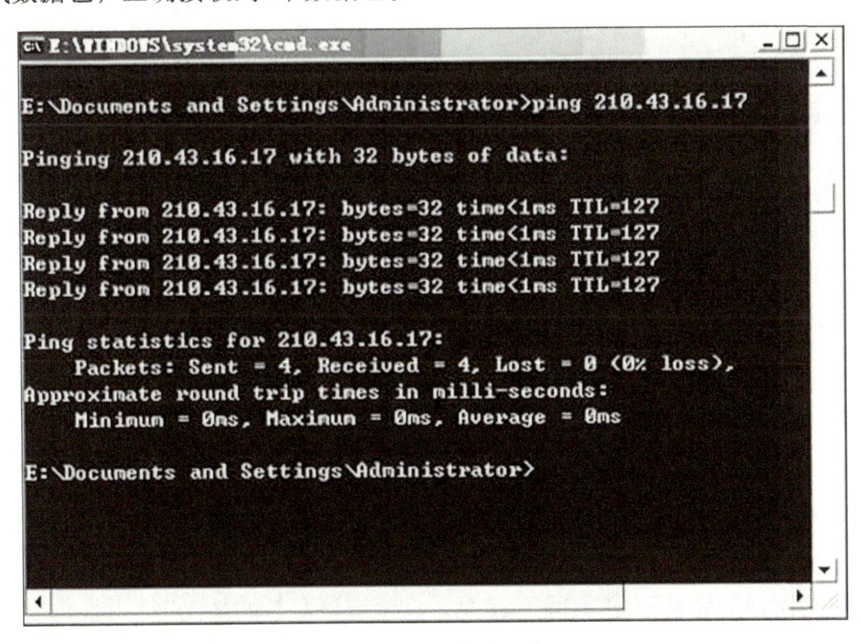

图7-15　ping命令的应用

一般情况下，用户可以通过使用一系列ping命令来查找问题出在什么地方或检验网络运行的情况。下面介绍典型的检测次序及对应的可能故障。

1）ping 127.0.0.1。

如果测试成功，表明网卡、TCP/IP、IP地址、子网掩码的设置正常。如果测试不成功，就表示

TCP/IP的安装或设置存在问题。

2）ping本机IP地址。

如果测试不成功，则表示本地配置或安装存在问题，应当对网络设备和通信介质进行测试、检查及排除。

3）ping局域网内的其他IP。

如果测试成功，表明本地网络中的网卡和载体运行正确。但如果收到0个回响应答，那么表示子网掩码不正确，或网卡配置错误，或电缆系统有问题。

4）ping网关IP。

这个命令如果应答正确，表示局域网中的网关路由器正在运行并能够做出应答。

5）ping远程IP。

如果收到正确应答，表示成功地使用了默认网关。对于拨号上网用户，则表示能够成功地访问Internet（但不排除ISP的DNS会有问题）。

6）ping localhost。

localhost是系统的网络保留名，它是127.0.0.1的别名。每台计算机都应该能够将该名称转换成地址，否则表示主机文件（/Windows/host）中存在问题。

7）ping www.yahoo.com。

对此域名执行ping命令，计算机必须先将域名转换成IP地址，通常是通过DNS服务器。如果这里出现故障，则表示本机DNS服务器的IP地址配置不正确，或它所访问的DNS服务器有故障。

如果上面所列出的所有ping命令都能正常运行，那么计算机进行本地和远程通信基本上就没有问题了。但是，这些命令的成功并不表示所有的网络配置都没有问题，例如，某些子网掩码错误就可能无法用这些方法检测到。

2. ipconfig命令

ipconfig命令可用于显示当前的TCP/IP的设置值。这些信息一般用来检验设置的TCP/IP是否正确。另外，如果计算机和所在的局域网使用了动态主机配置协议DHCP，使用ipconfig命令可以了解计算机是否成功地租用到一个IP地址。如果已经租用到，则可以了解它目前得到的是什么地址，包括IP地址、子网掩码和默认网关等网络配置信息。

（1）命令格式及参数说明

格式：

ipconfig [/all] [/renew [adapter]] [/release [adapter]] [/flushdns] [/displaydns] [/registerdns] [/showclassid adapter] [/setclassid adapter [classID]]

参数说明：

/all：显示所有适配器的完整TCP/IP配置信息。在没有该参数的情况下，ipconfig只显示IP地址、子网掩码和各个适配器的默认网关值。适配器可以代表物理接口（如安装的网络适配器）或逻辑接口（如拨号连接）。

/renew [adapter]：更新所有适配器（如果未指定适配器）或特定适配器（如果包含了adapter 参数）的DHCP配置。该参数仅在具有配置为自动获取IP地址的网卡的计算机上可用。

/release [adapter]：发送DHCPRELEASE消息到DHCP服务器，以释放所有适配器（如果未指定适配器）或特定适配器（如果包含了adapter参数）的当前DHCP配置并丢弃IP地址配置。该参数可以禁用配置为自动获取IP地址的适配器的TCP/IP。

/flushdns：清理并重设DNS客户解析器缓存的内容。如果有必要，在DNS疑难解答期间，可以使用本过程从缓存中丢弃否定性缓存记录和任何其他动态添加的记录。

/displaydns：显示DNS客户解析器缓存的内容，包括从本地主机文件预装载的记录以及由计算机解析的名称查询而最近获得的任何资源记录。DNS客户服务在查询配置的DNS服务器之前使用这些信息快速解析被频繁查询的名称。

/registerdns：初始化计算机上配置的DNS名称和IP地址的手工动态注册。可以使用该参数对失败的DNS名称注册进行疑难解答，或解决客户和DNS服务器之间的动态更新问题，而不必重新启动客户计算机。TCP/IP高级属性中的DNS设置可以确定DNS中注册了哪些名称。

/showclassid adapter：显示指定适配器的DHCP类别ID。要查看所有适配器的DHCP类别ID，可以使用星号（*）通配符代替adapter。该参数仅在具有配置为自动获取IP地址的网卡的计算机上可用。

/setclassid adapter [classID]：配置特定适配器的DHCP类别ID。要设置所有适配器的DHCP类别ID，可以使用星号（*）通配符代替adapter。该参数仅在具有配置为自动获取IP地址的网卡的计算机上可用。如果未指定DHCP类别的ID，则会删除当前类别的ID。

（2）ipconfig命令应用

图7-16所示为运行ipconfig/all命令的结果窗口。

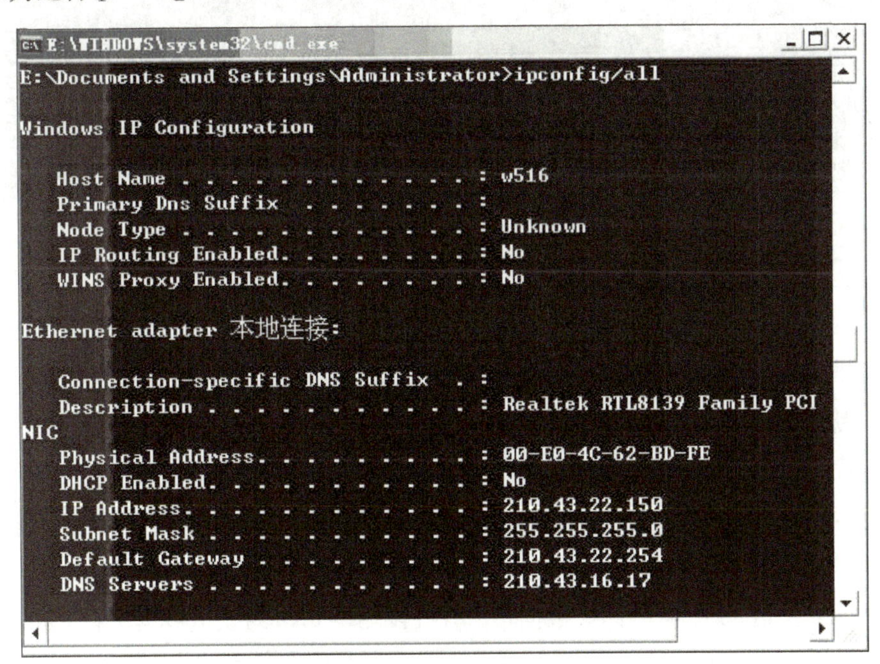

图7-16 运行ipconfig/all命令的结果窗口

3. arp命令

arp是TCP/IP协议族中的一个重要协议，用于确定对应IP地址的网卡物理地址。

使用arp命令，能够查看本地计算机或另一台计算机的ARP高速缓存中的当前内容。此外，使用arp命令能以人工方式设置静态的网卡物理地址/IP地址对，使用这种方式可以为默认网关和本地服务器等常用主机进行本地静态配置，这有助于减少网络上的信息量。

按照默认设置，ARP高速缓存中的项目是动态的，每当向指定地点发送数据，并且此时的高速缓存中不存在当前项目时，ARP便会自动添加该项目。

（1）命令格式及常用命令选项

arp命令有以下3种用法：

1）arp -a [inet_addr] [-N if_addr]

2）arp -s inet_addr eth_addr [if_addr]

3）arp -d inet_addr [if_addr]

常用命令选项：

1）arp -a：如果有多个网卡，那么使用arp -a加上接口的IP地址，就可以只显示与该接口相关的ARP缓存项目。

2）arp -s物理地址：向ARP高速缓存中人工输入一个静态项目。该项目在计算机引导过程中将保持有效状态，或者在出现错误时，人工配置的物理地址将自动更新该项目。

3）arp -d：使用本命令能够人工删除一个静态项目。

（2）arp命令的应用

arp命令的应用如图7-17所示。

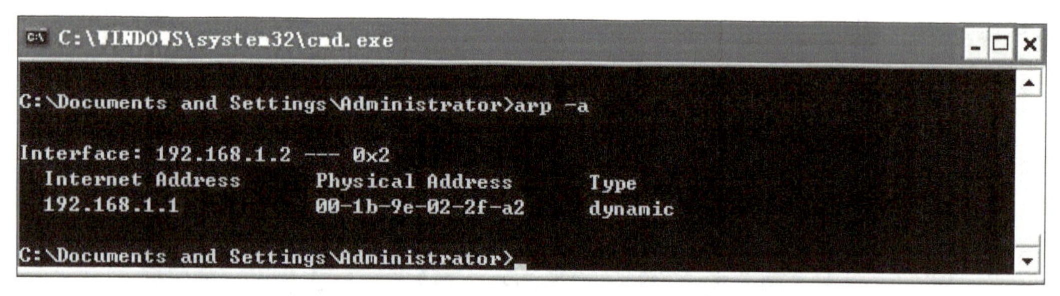

图7-17 arp命令的应用

4. tracert命令

tracert命令诊断实用程序是通过向目标计算机发送具有不同生存时间的ICMP数据包，来确定至目标计算机的路由，也就是说用来跟踪一个消息从一台计算机到另一台计算机所走的路径。

该诊断实用程序将包含不同生存时间（TTL）值的Internet控制消息协议（ICMP）回显数据包发送到目标，以决定到达目标采用的路由。要在转发数据包上的TTL之前至少递减1，但必须经过路径上的每个路由器，所以TTL是有效的跃点计数。数据包上的TTL到达0时，路由器应该将“ICMP已超时”的消息发送回源系统。tracert先发送TTL为1的回显数据包，并在随后的每次的发送过程中将TTL递增1，直到目标响应或TTL达到最大值，从而确定路由。路由通过检查中级路由器发送回的“ICMP已超时”的消息来确定路由。有些路由器会悄悄地下传包含过期TTL值的数据包，但tracert看不到。

（1）命令格式及参数说明

格式：

tracert [-d] [-h MaximumHops] [-j HostList] [-w Timeout] TargetName

参数说明：

-d：防止tracert试图将中间路由器的 IP 地址解析为它们的名称。这样可加速显示tracert 的结果。

-h MaximumHops：指定搜索目标的路径中存在的跃点的最大数。默认为30个跃点。

-j HostList：指定回显请求消息将IP报头中的松散源路由选项与HostList中指定的中间目标集一起使用。使用松散源路由时，连续的中间目标可以由一个或多个路由器分隔开。可以设置最多9个中间目标。HostList是一系列由空格分隔的 IP 地址（用带点的十进制符号表示）。仅当跟踪IPv4地址时才使用该参数。

-w Timeout：指定等待“ICMP已超时”或回响应答消息（对应于要接收的给定回响请求消息）的时间（以毫秒为单位）。如果超时时间内未收到消息，则显示一个星号（*）。默认的超时时间为4000ms（4s）。

TargetName：指定目标，可以是IP地址或主机名。

（2）tracert命令的应用

输出有5列：

第一列是描述路径的第n跳的数值，即沿着该路径的路由器序号。

第二列是第一次往返时延。

第三列是第二次往返时延。

第四列是第三次往返时延。

第五列是路由器的名称及其输入端口的IP地址。

如果源从任何给定的路由器接收到的报文少于3条（由于网络中的分组丢失），tracert在该路由器号码后面放一个星号，并报告到达那台路由器的少于3次的往返时间。

此外，tracert命令还可以用来查看网络在连接站点时经过的步骤或采取哪种路线。如果是网络出现故障，就可以通过这条命令查看出现问题的位置。tracert命令的应用如图7-18所示。

```
C:\WINDOWS\system32\cmd.exe

C:\Documents and Settings\Administrator>tracert www.sina.com.cn

Tracing route to polaris.sina.com.cn [202.108.33.60]
over a maximum of 30 hops:

  1    <1 ms    <1 ms     1 ms  bogon [192.168.1.1]
  2    22 ms    23 ms    23 ms  hn.kd.ny.adsl [219.156.56.1]
  3    23 ms    22 ms    24 ms  hn.kd.ny.adsl [125.40.248.9]
  4    32 ms    32 ms    32 ms  pc209.zz.ha.cn [61.168.253.209]
  5    32 ms    33 ms    32 ms  hn.kd.smx.adsl [221.13.224.177]
  6    44 ms    38 ms    38 ms  219.158.18.249
  7    47 ms    47 ms    48 ms  123.126.0.226
  8    36 ms    36 ms    36 ms  61.148.143.26
  9    38 ms    38 ms    38 ms  210.74.176.138
 10    36 ms    36 ms    36 ms  202.108.33.60

Trace complete.

C:\Documents and Settings\Administrator>
```

图7-18　tracert命令的应用

5. nslookup命令

nslookup命令的功能是查询任何一台机器的IP地址和其对应的域名。它通常需要一台域名服务器来提供域名。如果用户已经设置好域名服务器，就可以用这个命令查看不同主机的IP地址对应的域名。

（1）命令格式

nslookup [-option] [hostname] [server]

（2）nslookup命令的应用

1）本地机上使用nslookup命令查看本机的IP及域名服务器地址。

直接输入命令，系统返回本机的服务器名称（带域名的全称）和IP地址，并进入以“>”为提示符的操作命令行状态。输入“？”可查询详细命令参数；若要退出，需输入“exit”。查看本机IP及域名服务器地址如图7–19所示。

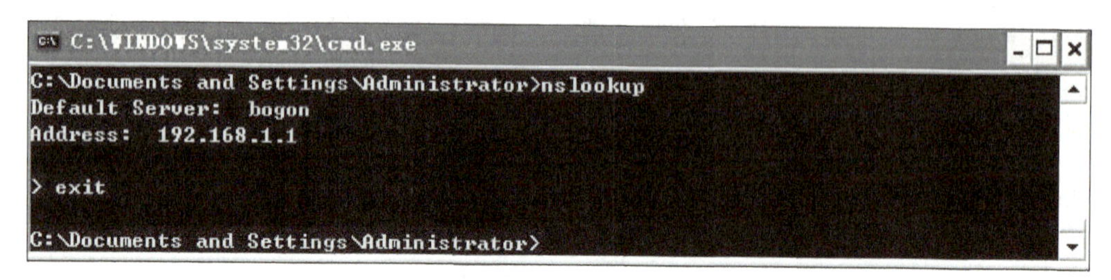

图7–19 查看本机IP及域名服务器地址

2）查看远程主机IP及域名服务器地址如图7–20所示。

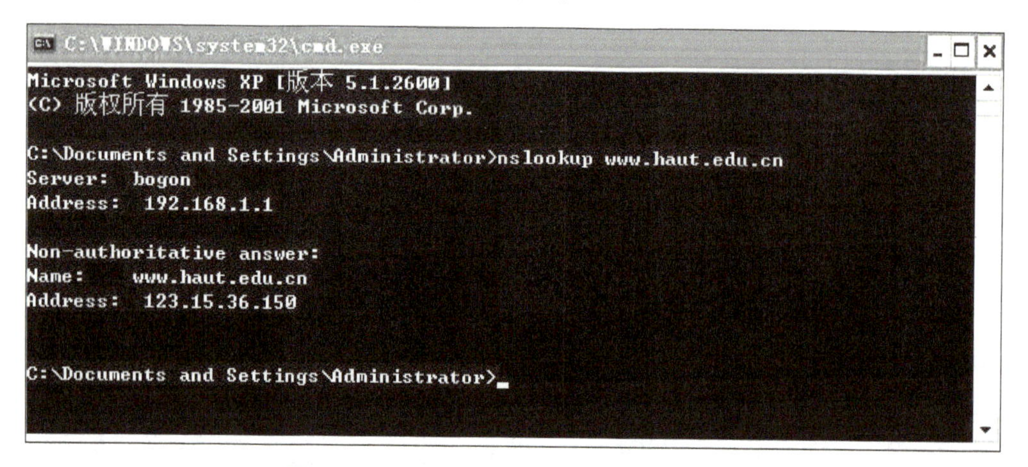

图7–20 查看远程主机IP及域名服务器地址

6. netstat命令

netstat命令能够显示活动的TCP连接、计算机侦听的端口、以太网统计信息、IP路由表、IPv4统计信息以及IPv6统计信息。使用时如果不带参数，netstat显示活动的TCP连接。

（1）命令格式及参数说明

netstat [–a] [–e] [–n] [–o] [–p proto] [–r] [–s] [–v] [interval]

参数选项说明：

–a：显示所有连接和监听的端口。

–e：显示以太网统计信息。此选项可以与–s选项组合使用。

–n：以数字形式显示地址和端口号。

–p proto：显示proto指定的协议的连接。proto可以是下列协议之一：TCP、UDP、TCPv6或UDPv6。如果与–s选项一起使用可显示协议统计信息，proto可以是下列协议之一：IP、IPv6、ICMP、ICMPv6、TCP、TCPv6、UDP或UDPv6。

–r：显示路由表及协议统计信息。默认情况下显示IP、IPv6、ICMP、ICMPv6、TCP、TCPv6、UDP和UDPv6的统计信息。

-v：与-b选项一起使用时将显示包含为所有可执行组件创建连接或监听端口的组件。

interval：添加该选项，则定期自动刷新运行结果。按<Ctrl+C>组合键停止重新显示统计信息。如果省略，netstat显示当前配置信息（只显示一次）。

（2）netstat命令的应用

下面给出netstat的一些常用选项。

1）netstat -a：-a选项显示所有的有效连接信息列表，包括已建立的连接（ESTABLISHED），也包括监听连接请求（LISTENING）的那些连接。

2）netstat -n：以点分十进制的形式列出IP地址，而不是象征性的主机名和网络名。netstat和netstat -n命令的应用如图7-21和图7-22所示。

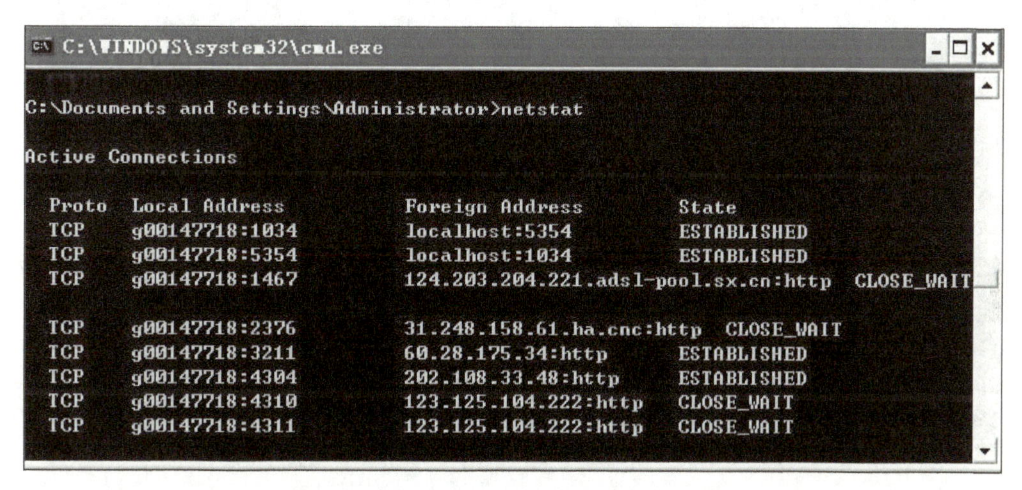

图7-21　netstat命令的应用

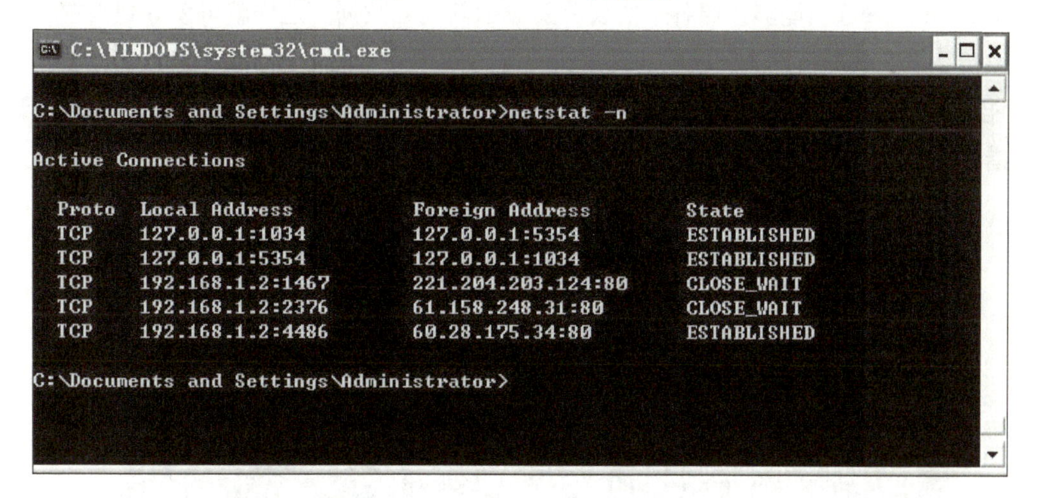

图7-22　netstat -n命令的应用

3）netstat -e：-e选项用于显示关于以太网的统计数据。它列出的项目包括传送的数据报的总字节数、错误数、删除数、数据报的数量和广播的数量。这些统计数据既有发送的数据报数量，也有接收的数据报数量。使用这个选项可以统计一些基本的网络流量。

4）netstat -r：-r选项可以显示关于路由表的信息，类似于使用route print命令时看到的信息。除了显示有效路由外，还显示当前有效的连接。

图7-23所示是一个路由表，其中，Network Destination表示目的网络，0.0.0.0表示不明网络，这是设置默认网关后系统自动产生的；127.0.0.0表示本机网络地址，用于测试；224.0.0.0表示多播地址；

255.255.255.255表示限制广播地址。Netmask表示网络掩码。Gateway表示网关。Interface表示接口地址。Metric表示路由跳数。

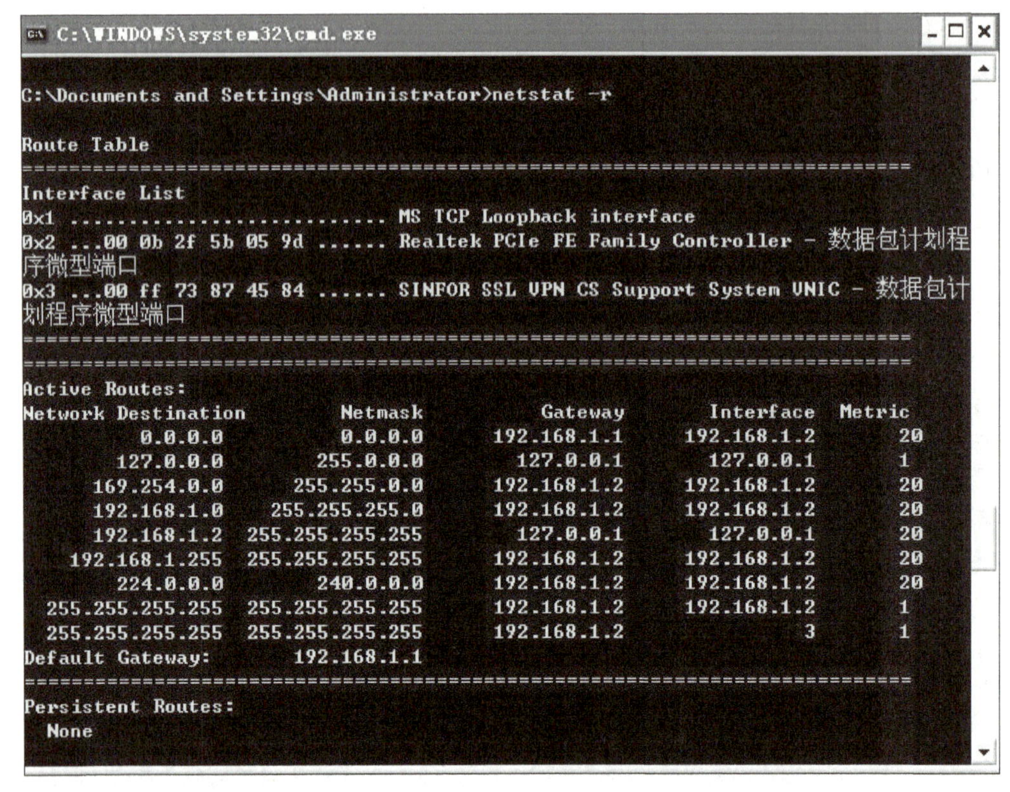

图7-23 netstat -r命令的应用

5）netstat –s：–s选项能够按照各个协议分别显示其统计数据。这样就可以看到当前计算机在网络上存在哪些连接，以及数据报发送和接收的详细情况等。如果应用程序（如Web浏览器）的运行速度比较慢，或者不能显示Web页之类的数据，那么可以用本选项来查看所显示的信息。仔细查看统计数据的各行，找到出错的关键字，进而确定问题所在。其应用如图7–24所示。

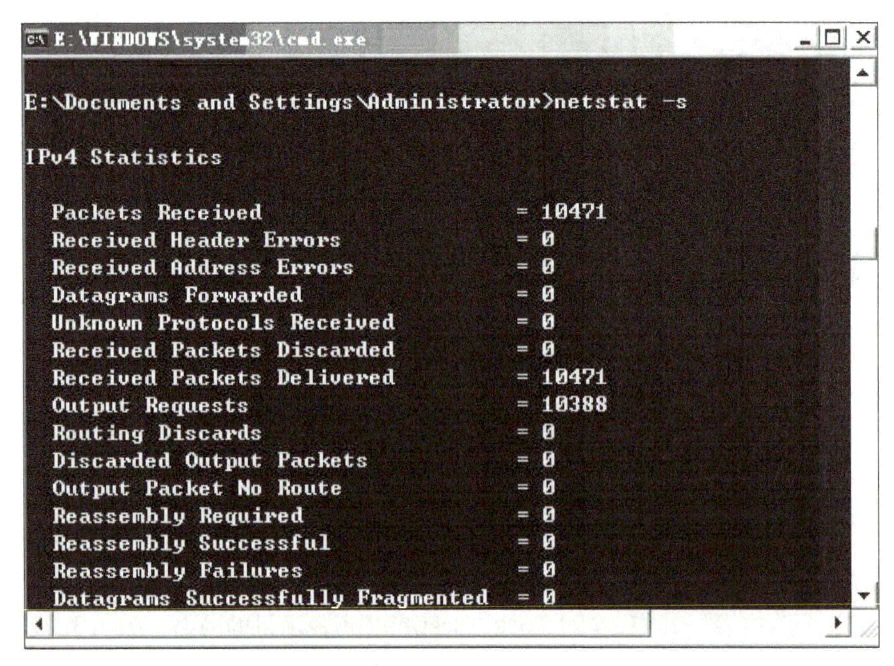

图7-24 netstat -s命令的应用

7. net命令

所有的net命令都可以使用/y和/n命令行选项。例如，net stop server命令用于提示用户确认停止所有依赖的服务器服务，net stop server/y表示确认停止并关闭服务器服务。

表7-1列出了基本的net命令及它们的作用。

表7-1 基本的net命令及它们的作用

命令	示例	作用
net accounts	net accounts	查阅当前账号设置
net config	net config server	查阅本网络配置信息统计
net group	net group	查阅域组（在域控制器上）
net print	net print\\printserver\printer1	查阅或修改打印机映射
net send	net send server1 “test message”	向别的计算机发送消息或广播消息
net share	net share	查阅本地计算机上的共享文件
net start	net start messenger	启动服务
net statistics	net statistics server	查阅网络流量统计值
net stop	net stop messenger	停止服务
net use	net use x:\\server1\admin	将网络共享文件映射到一个驱动器
net user	net user	查阅本地用户账号
net view	net view	查阅网络上的可用计算机

net命令的许多执行结果与其他Windows Server 2003管理工具所得到的结果相似。但是，net命令可以在一个地方提供所有信息，并可以把结果重新定向到打印机或一个标准的文本文件中。

许多服务所使用的网络命令都以net开头，这些net命令有一些公用属性。要想看到所有可用的net命令的列表，可以在命令提示符窗口输入“net/?”得到。

知识巩固与提高

1. 如何通过代理网关软件接入互联网？
2. 手机等智能终端如何接入互联网？

学习单元8

连接和使用外围设备

单元情景

打印机、扫描仪作为重要的计算机外部设备，被越来越多的企业和家庭所使用。用户利用打印机和扫描仪设备可以制作出各种海报、宣传单等。为了更好地为全院师生提供计算机软硬件组装和维护服务，MicroCloud365团队成员决定购买一批办公设备，拟在后期的活动中为全院师生提供文件打印、复印及扫描等服务。

在专业老师的指导下，MicroCloud365团队成员在对打印机等外围设备的性能进行反复比较之后，购买了打印机、扫描仪和复印机各一台。办公设备已经到位了，那么如何连接这些设备并实现设备共享以方便、快速地完成工作室的打印、复印等服务呢？下面就和MicroCloud365团队成员一起来认识、安装和使用这些办公设备吧！

学习目标

- 掌握打印机和扫描仪的工作原理
- 学会安装打印机和扫描仪
- 学会安装及使用网络共享打印机
- 学会连接复印机
- 学会检测和排除复印机使用时的常见故障

任务1 连接打印机设备

任务描述

打印机是计算机的输出设备之一，用于将计算机处理结果打印在相关介质上。目前打印机设备已成为办公和家用的重要外设部件之一，因此学会正确安装和使用打印机尤为重要。

任务分析

打印机作为目前用途非常广泛的输出设备，除了要对其工作的基本原理有一定的了解外，还要掌握在局域网环境中将一台打印机连接到网络的方法，即学会安装及使用网络共享打印机。

知识准备

一、打印机的分类

打印机作为计算机的最主要输出设备之一，近年来，随着计算机技术的发展和用户需求的增加而得到较快的发展，各种新型实用的打印机应运而生。目前，在打印机领域形成了针式打印机、喷墨打印机、激光打印机三足鼎立的局面，满足用户不同的需求。

1. 办公和事务通用打印机

在这一领域，针式打印机一直占主导地位。由于针式打印机具有中等分辨率和打印速度，耗材便宜，同时还具有高速跳行、多份复制打印、宽幅面打印、维修方便等特点，目前仍然是办公和事务处理中打印报表、发票等的首选打印机。

2. 商用打印机

商用打印机是指商业印刷用的打印机，由于这一领域要求印刷的质量比较高，有时还要处理图文并茂的文档，因此一般选用高分辨率的激光打印机。

3. 专用打印机

专用打印机一般是指用于专用系统的打印机，包括微型打印机、存折打印机、平推式票据打印机、条形码打印机、热敏印字机等。

4. 家用打印机

家用打印机是指与家用计算机配套的打印机。根据家庭使用打印机的特点，目前激光打印机逐渐成为主流产品。

5. 便携式打印机

便携式打印机一般与笔记本计算机配套，具有体积小、重量轻、可用电池驱动、便于携带等特点。

另外，多功能一体机可以实现打印、扫描、传真、复印等多种功能，是现在家用和办公的常用设备，可以根据打印方式分为“激光型产品”和“喷墨型产品”两大类。

二、打印机的工作原理

1. 针式打印机

图8-1 针式打印机

如图8-1所示，针式打印机是一种特殊的打印机，和喷墨打印机、激光打印机存在很大的差异，而针式打印机是其他类型的打印机不能取代的，正因为如此，针式打印机一直有着自己独特的市场份额，服务于一些特殊的行业用户。

针式打印机是通过打印头中的24根针击打复写纸来形成字体的，在使用中，用户可以根据需求来选择多联纸张，一般常用的多联纸有2联纸、3联纸、4联纸，也有6联纸。只有针式打印机能够快速完成多联纸一次性打印，喷墨打印机、激光打印机无法实现多联纸打印。

目前针式打印机常见的有并口（也称为IEEE 1284，Centrics）、串口（也称为RS-232接口）和USB接口。

一般针式打印机有两种工作方式：文本方式（Text Mode）和位映像方式（Bit Image Print Mode）。

各类针式打印机从表面上看没有什么区别，但随着专用化和专业化的需要，出现了不同类型的针式打印机，其中主要有“通用针式打印机”“存折针式打印机”“行式针式打印机”和“高速针式打印机”等。

2. 喷墨打印机

如图8-2所示，喷墨打印机在打印图像时需要执行一系列的繁杂程序。当打印机喷头快速扫过打印纸时，它上面的无数喷嘴就会喷出小墨滴，从而组成图像中的像素。打印机头上一般有48个或以上的独立喷嘴，从而喷出各种不同颜色的墨水。一般来说，喷嘴越多，打印速度越快。不同颜色的墨滴落于同一点上，可形成不同的复色。用显微镜可以观察到黄色和蓝紫色墨水同时喷射到的地方呈现绿色，所以可以这样认为：打印出的基础颜色是在喷墨覆盖层中形成的。通过观察简单的4色喷墨的工作方式，可以很容易理解打印机的工作原理：每一像素上都有0～4种墨滴覆盖于其上。不同的组合能产生10种以上的不同颜色。一些打印机还可通过颜色的组合，如“蓝绿色和黑色”或者“红紫色、黄色和黑色”的组合，产生16种不同的颜色。

喷墨打印机采用的技术主要有两种：连续式喷墨技术与随机式喷墨技术。早期的喷墨打印机采用的是连续式喷墨技术，而当前市面流行的喷墨打印机普遍采用随机式喷墨技术。

连续式喷墨技术以电荷调制型为代表。利用压电驱动装置对喷头中的墨水加以固定压力，使其连续喷射。这种连续循环的喷墨系统能生成高速墨水滴，所以打印速度快，可以使用普通纸。不同的打印介质皆可获得高质量的打印结果，还易于实现彩色打印。但是，这种喷墨打印机的结构比较复杂，工作方式的效率不够高，而且不精确。

随机式喷墨系统中，墨水只在打印需要时才喷射，所以又称为按需式。它与连续式相比，结构简单，成本低，可靠性也高，但是因受射流惯性的影响，墨滴喷射速度慢。为了弥补这个缺点，不少随机式喷墨打印机采用了多喷嘴的方法来提高打印速度。

3. 激光打印机

激光打印机是将激光扫描技术和电子照相技术相结合的打印输出设备，如图8-2所示。其基本工作原理是，由激光器发射出的激光束经反射镜射入声光偏转调制器，与此同时，由计算机送来的二进制图文点阵信息从接口送至字形发生器，形成所需字形的二进制脉冲信息，由同步器产生的信号控制9个高频振荡器，再经频率合成器及功率放大器加至声光调制器上，对由反射镜射入的激光束进行调制。调制后的光束射入多面转镜，再经广角聚焦镜把光束聚焦后射至光导鼓（硒鼓）表面上，使角速度扫描变成线速度扫描，完成整个扫描过程。

图8-2　喷墨打印机和激光打印机

硒鼓表面先由充电极充电，使其获得一定电位，之后经载有图文映像信息的激光束的曝光，在硒鼓的表面形成静电潜像，经过磁刷显影器显影，潜像即转变成可见的墨粉像，在经过转印区时，在转印电极的电场作用下，墨粉便转印到普通纸上，最后经预热板及高温热滚定影，即可在纸上熔凝出文字及图像。在打印图文信息后，清洁辊把未转印走的墨粉清除，消电灯把鼓上的残余电荷清除，再经清洁纸系统进行彻底的清洁，即可进入新的一轮工作周期。

激光打印机按其打印输出速度可分为3类：低速激光打印机（每分钟输出10～30页）、中速激光打印机（每分钟输出40～120页）、高速激光打印机（每分钟输出130～300页）。

与针式打印机和喷墨打印机相比，激光打印机有非常明显的优点。

1）高密度。激光打印机的打印分辨率最低为300dpi，还有400dpi、600dpi、800dpi、1200dpi、2400dpi和4800dpi等。

2）高速度。激光打印机的打印速度最低为4ppm，一般为12ppm、16ppm，有些激光打印机的打印速度可以达到24ppm以上。

3）噪声小。一般在53dB以下，非常适合在安静的办公场所使用。

4）处理能力强。激光打印机的控制器中有CPU、内存，控制器相当于计算机的主板，所以它可以进行复杂的文字处理、图像处理、图形处理。

4. 热敏打印机

热敏打印机的原理是在淡色材料上（通常是纸）覆上一层透明膜，将膜加热一段时间后变成深色（一般是黑色，也有蓝色）。图像是通过加热在膜中产生化学反应而生成的。这种化学反应是在一定的温度下进行的。高温会加速这种化学反应。当温度低于60℃时，膜需要经过相当长的时间甚至长达几年的时间才能变成深色；而当温度为200℃时，这种反应会在几微秒内完成。热敏打印机如图8-3所示。

热敏打印机有选择地在热敏纸的确定位置上加热，由此产生相应的图形。加热是由与热敏材料相接触的打印头上的一个小电子加热器提供的。加热器排成方形或条形由打印机进行逻辑控制，当被驱动时，就在热敏纸上产生一个与加热元素相应的图形，控制加热元素的同一逻辑电路，同时也控制着进纸，因而能在整个标签或纸张上印出图形。

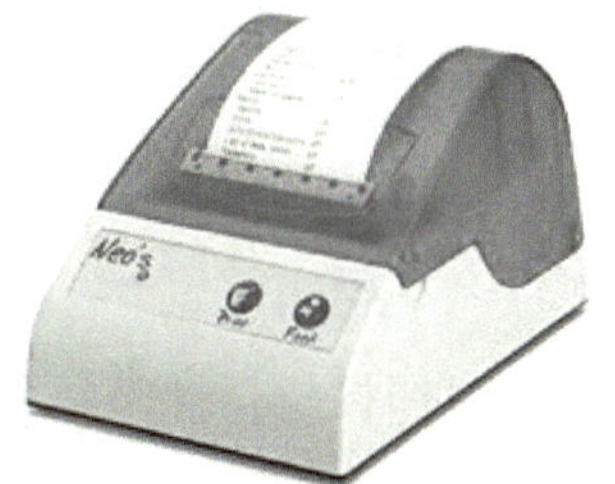

图8-3 热敏打印机

普通的热敏打印机使用一种带加热点阵的固定打印头，打印头设有320个方点，每一点大小为0.25mm×0.25mm。利用这种点阵，打印机可把点打印在热敏纸的任意位置上。这种技术已用于纸张打印机和标签打印机上。

热敏打印技术最早使用在传真机上，其基本原理是，将打印机接收的数据转换成点阵的信号以控制热敏单元的加热，把热敏纸上的热敏涂层加热显影。热敏打印机已在POS终端系统、银行系统、医疗仪器等领域得到广泛应用。

热敏打印机只能使用专用的热敏纸，热敏纸上涂有一层遇热就会产生化学反应而变色的涂层，类似于感光胶片。该涂层遇热后会变色，热敏打印技术就是利用了热敏涂层的这种特性。

相对于针式打印机，热敏打印机具有速度快，噪声小，打印清晰，使用方便的优点。但热敏打印机不能直接打印双联纸，打印出来的单据不能永久保存。

三、打印机的性能参数

1. 打印速度

打印速度是指打印机每分钟打印输出的纸张页数，单位为ppm（Pages Per Minute）。在目前的激光打印机市场上，普通产品的打印速度可以达到35ppm。对于彩色激光打印机来说，打印图像和文本时的打印速度有很大不同，厂商在标注产品的技术指标时会用黑白和彩色两种打印速度进行标注。

针式打印机的打印速度标识不使用ppm，而是使用“字/秒”，一些高端产品（多为IBM的产品）则往往会用“行/分”来标识。在单位时间内能够打印的“字符数”或者是“行数”越多，那么打印机的速度也就越快。

2. 最高分辨率

打印机分辨率又称为输出分辨率，是指打印输出时在横向和纵向两个方向上每英寸最多能够打印的点数，通常以“点/英寸”（dot per inch，dpi）表示。而所谓的“最高分辨率”，就是指打印机所能打印的最大分辨率，目前一般激光打印机的分辨率均在600×600dpi以上。分辨率越高，可显示的像素个数也就越多，可呈现出更好、更清晰的图像，打印质量就越好。

分辨率不仅与显示打印幅面的尺寸有关，还要受打印点距和打印尺寸等因素的影响。打印尺寸相同，点距越小，分辨率越高。

3. 最大打印幅面

最大打印幅面就是指打印机所能打印的最大纸张幅面。打印机的打印幅面越大，打印的范围就越大。

打印机可以处理的打印幅面主要包括A4幅面以及A3幅面这两种。激光打印机的打印幅面主要有A3、A4、A5等幅面。

4．首页打印时间

首页打印时间（First Print Out，FPOT）指的是在打印机执行打印命令后输出第一页内容的时间。当测试的基准为300dpi的打印分辨率、A4打印幅面、5%的打印覆盖率、黑白打印时，激光打印机在15s内可以完成首页的打印工作。

首页打印时间也是衡量输出速度快慢的核心指标，其理想的首页打印时间应在5～25s。

任务实施

打印机的连接主要是硬件的安装和驱动程序的安装。这里以在Windows 10系统下安装惠普HP LaserJet P1008为例进行介绍。

一、组成最小系统

打印机硬件的连接，主要是电源线和数据线的连接。电源线采用的是普通的3芯250V供电端口，数据线采用的是常用的USB接口。

二、安装本地打印机

硬件安装完毕后，要实现文档、图片的打印任务，还需要安装打印机的驱动程序。驱动程序可以使用打印机驱动安装光盘进行安装，也可以在打印机官网下载相应型号的、适合相应操作系统的打印机驱动程序。

打开Windows 10的“设置”窗口，找到“设备”选项，打开并添加打印机，如图8-4所示。

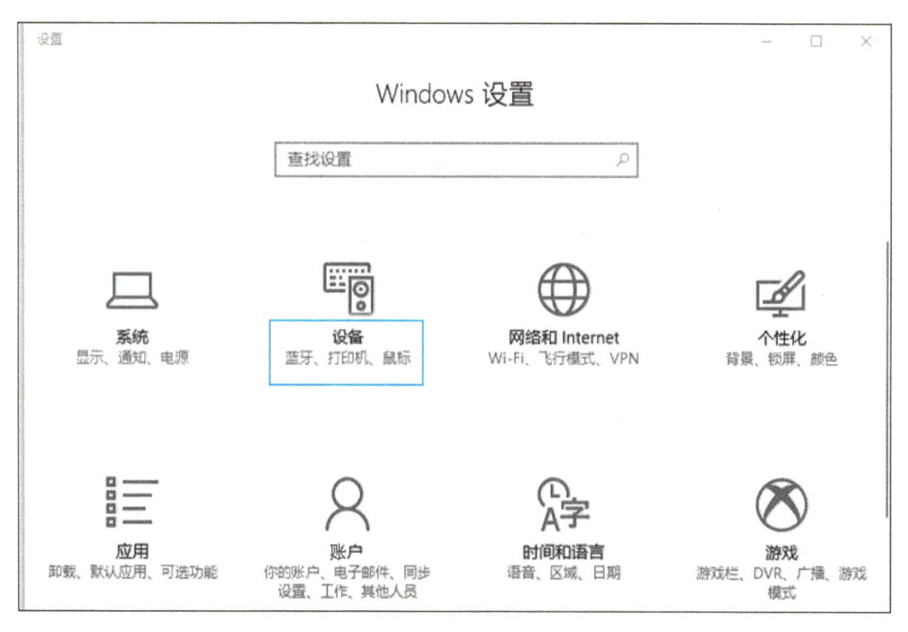

图8-4　打印机设备设置

打印机添加完毕后，显示“驱动程序无法使用”信息，还要安装打印机驱动程序，如图8-5所示。

图8-5 “驱动程序无法使用”信息

首先从驱动光盘或下载的驱动文件中找到“Setup”应用程序文件，通过双击运行打印机驱动，如图8-6所示。

图8-6 双击“Setup”应用程序文件

接受许可协议，并安装驱动程序，如图8-7所示。

驱动程序安装成功后，“打印机和扫描仪”列表中显示HP LaserJet P1008打印机，如图8-8所示。打开打印机后，即可完成文档打印任务。此时打印机安装成功。

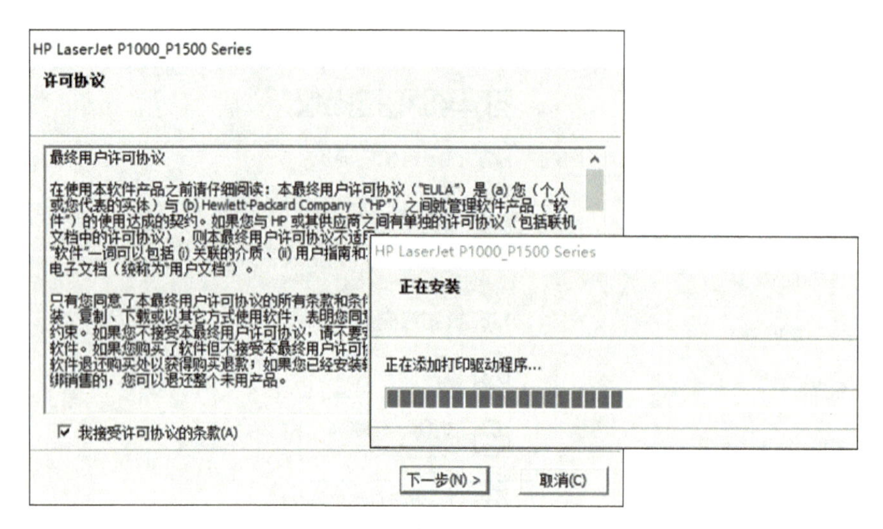

图8-7 接受许可协议

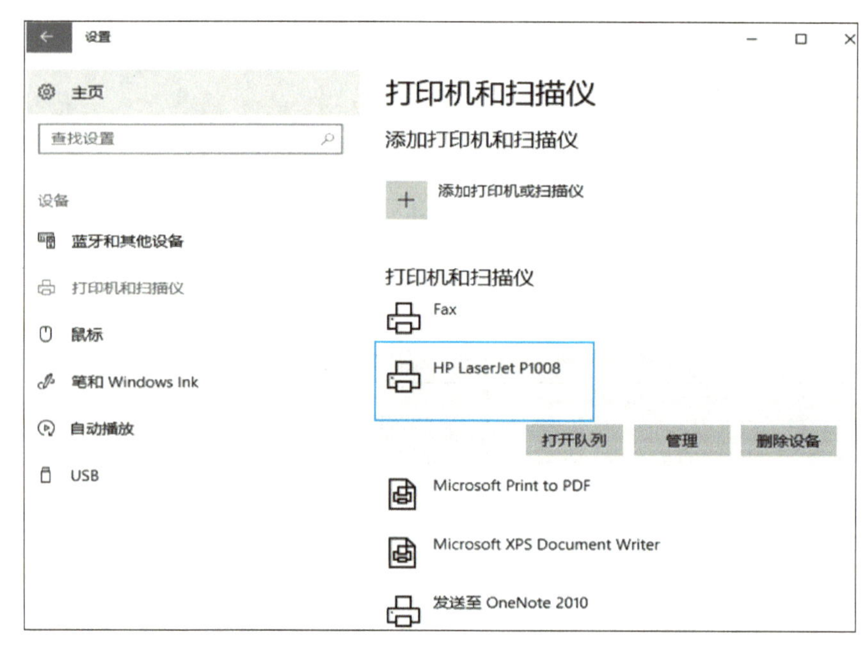

图8-8 "打印机和扫描仪"列表

任务2 连接扫描仪设备

任务描述

扫描仪是计算机重要的输入设备，人们通常将扫描仪用于计算机图像的输入。图片、照片、胶片等以及各类文稿资料都可以用扫描仪输入计算机中，从而实现对图像形式信息的处理和使用。熟练掌握扫描仪的使用方法能够快速提高办公效率。

任务分析

扫描仪作为计算机重要的输入设备，用户需要掌握其主要的性能指标，从而选择合适的扫描仪以及正确安装和使用扫描仪设备。

知识准备

一、扫描仪的分类

扫描仪的种类繁多。根据扫描介质和用途的不同，目前市面上的扫描仪大体可分为平板式扫描仪、名片扫描仪、胶片扫描仪、文件扫描仪。除此之外，还有鼓式扫描仪、笔式扫描仪、实物扫描仪、3D扫描仪、滚筒式扫描仪和手持式扫描仪。

1. 平板式扫描仪

平板式扫描仪又称为平台式扫描仪、台式扫描仪，是目前办公用扫描仪的主流产品。这类扫描仪的光学分辨率在300～8000dpi，色彩位数为24～48位。部分产品可安装透明胶片扫描适配器，用于扫描透明胶片，少数产品可自动进纸以实现高速扫描。扫描幅面一般为A4或是A3。

2. 名片扫描仪

名片扫描仪是能够扫描名片的扫描仪，由一台高速扫描仪、一个质量较好的OCR（光学字符识别系统）和名片管理软件组成。

其主要以高速输入、准确的识别率、快速查找、数据共享、原版再现、在线发送、能够导入Pda等为基本标准，并可通过计算机与掌上计算机或手机连接。此外，其操作简便并便于携带。

3. 胶片扫描仪

胶片扫描仪又称底片扫描仪或接触式扫描仪，其扫描效果是平板扫描仪+透扫不能比拟的，主要是扫描各种透明胶片，光学分辨率最低也在1000dpi以上，一般可以达到2700dpi。

4. 文件扫描仪

文件扫描仪具有高速度、高质量、多功能等优点，可广泛用于各类型工作站及计算机平台，并能与200多种图像处理软件兼容。对于文件扫描仪来说，一般会配有自动进纸器（ADF），可以处理多页文件扫描。由于自动进纸器价格昂贵，所以文件扫描仪目前大多被专业用户所使用。

5. 鼓式扫描仪

鼓式扫描仪是专业印刷排版领域应用最为广泛的产品，使用的感光器件是光电倍增管，是一种电子管，性能远远高于CCD类扫描仪，光学分辨率一般为1000～8000dpi，色彩位数为24～48位，低档的在10万元以上，高档的可达数百万元。

该类扫描仪一次只能扫描一个点，所以扫描速度较慢，扫描一幅图花费需要很长时间。

6. 笔式扫描仪

笔式扫描仪又称为扫描笔，该扫描仪外型与一支笔相似，扫描宽度大约与四号汉字相同。使用时，笔式扫描仪贴在纸上一行一行地扫描，主要用于文字识别。

7. 实物扫描仪

其结构原理类似于数码相机，不过是固定式结构，拥有支架和扫描平台，分辨率远远高于市场上常见的数码相机，但一般只能扫描静态物体。

8. 3D扫描仪

3D扫描仪的结构原理与传统的扫描仪完全不同，其生成的文件不是常见的图像文件，而是能够精确描述物体三维结构的一系列坐标数据，输入3ds Max中即可完整地还原出物体的3D模型，由于只记录物体的外型，因此无彩色和黑白之分。

3D数据比常见图像的2D数据庞大得多，因此扫描速度较慢。根据物体大小和精度高低的不同，扫描时间从几十分钟到几十个小时不等。

9. 滚筒式扫描仪

滚筒式扫描仪多采用CIS技术，光学分辨率为300dpi，有彩色和灰度两种，彩色型号一般为24位彩色。也有极少数滚筒式扫描仪采用CCD技术，扫描效果明显优于CIS技术的产品。

10. 手持式扫描仪

手持式扫描仪绝大多数采用CIS技术，最大扫描宽度为105mm，光学分辨率为200dpi，有黑白、灰度、彩色多种类型，其中彩色类的一般为18位彩色。另外，也有个别高档产品采用CCD作为感光器件，可以实现24位真彩色。

二、扫描仪的工作原理

扫描仪主要由光学部分、机械传动部分和转换电路组成。扫描仪的核心部件是完成光电转换的光电转换部件。目前，大多数扫描仪采用的光电转换部件是感光器件（包括CCD、CIS和CMOS）。

扫描仪工作时，首先由光源将光线照在欲输入的图稿上，产生表示图像特征的反射光（反射稿）或透射光（透射稿）。光学系统采集这些光线，将其聚焦在感光器件上，由感光器件将光信号转换为电信号，然后由电路部分对这些信号进行A/D（Analog/Digital）转换及处理，产生对应的数字信号并传输给计算机。机械传动部分在控制电路的控制下带动装有光学系统和CCD的扫描头与图稿进行相对运动，将图稿全部扫描一遍，一幅完整的图像就输入计算机中了，如图8-9所示。

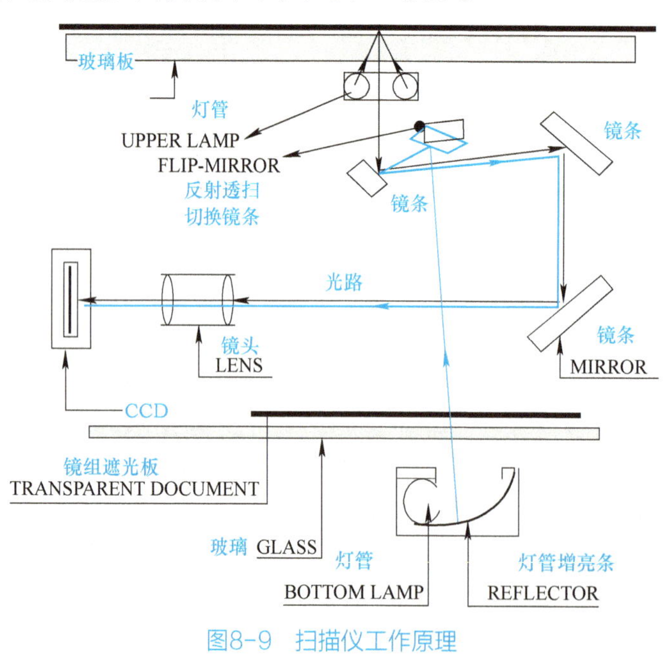

图8-9 扫描仪工作原理

在整个扫描仪获取图像的过程中，有两个元件起到关键作用：一个是光电器件，它将光信号转换为电信号；另一个是A/D变换器，它将模拟电信号转换为数字电信号。这两个元件的性能直接影响扫描仪的整体性能指标，同时也关系到人们选购和使用扫描仪时如何正确理解和处理某些参数及设置。

三、扫描仪的性能参数

1. 分辨率

扫描仪的分辨率分为光学分辨率和最大分辨率。由于最大分辨率相当于插值分辨率，并不代表扫描仪的真实分辨率，所以在选购扫描仪时应以光学分辨率为准。

光学分辨率是指扫描仪物理器件所具有的真实分辨率，表示为两个数字相乘，如600×1200dpi。前一个数字代表扫描仪的横向分辨率，例如，将一个具有5000个感光单元的CCD器件用于A4幅面扫描仪，由于A4幅面的纸张宽度是8.3英寸，所以该扫描仪的光学分辨率就是5000/8.3=600dpi，换句话说，该扫描仪的光学分辨率是600dpi。后面的数字则代表扫描仪的纵向分辨率或机械分辨率，是扫描仪所用步进电机的分辨率。扫描仪步进电机的精度与扫描仪的横向分辨率相同，但由于受各种机械因素的影响，扫描仪的实际精度（步进电机的精度）远达不到横向分辨率的水平。一般来说，扫描仪的纵向分辨率是横向分辨率的两倍，有时甚至是四倍，如600×1200dpi。但有一点要注意：有的厂家为了显示自己的扫描仪精度高，将600×1200dpi写成1200×600dpi，因此在判断扫描仪光学分辨率时，应以最小的一个为准。

最大分辨率又称为插值分辨率或软件分辨率，是通过数学算法增大图像分辨率的方法。在实际购买扫描仪时要以光学分辨率为准，在光学分辨率相同的条件下，最大分辨率只能作为参考。

2. 色彩位数

色彩位数又称色彩深度，是指扫描仪对图像进行采样的数据位数，也就是扫描仪所能辨析的色彩范围，目前有18位、24位、30位、36位、42位和48位等。

扫描仪的色彩位数和色彩还原效果取决于如下的几个方面：感光器件的质量、D/A转换器的位数、色彩校正技术的优劣、扫描仪的色彩输出位数。

感光器件的质量是决定扫描仪扫描质量的最关键因素，主要包括灵敏度、噪声系数、动态范围、光谱感应曲线等参数。这些参数的综合结果决定了CCD的质量。

如果CCD的质量能够满足一定色彩位数的要求，为了获得相应的输出效果，就要求有相应位数的D/A转换器实现数据采样。

扫描仪为保证良好的色彩输出，需要采用不同的色彩校正技术。色彩校正技术的好坏，直接影响扫描的色彩还原程度。当色彩校正技术水平一定时，上一级的图像数据质量将成为图像输出效果的决定因素。

经过上面几步图像的处理，特别是色彩校正技术的处理，图像将按每色8位也就是24位彩色进行输出，这时的图像已经可以满足人们的需求了，这时的图像数据是最真实的数据，不必担心图像的调整会造成图像细节的损失。

3. 扫描速度

扫描速度是指扫描仪从预览开始到图像扫描完成后光头移动的时间。但这段时间并不足以准确地衡量扫描的速度，有的时候把扫描图像输出到Word文档中所花费的时间，往往比单纯的扫描过程还要长。

扫描速度可分为预扫速度和实际扫描速度。扫描仪在开始扫描稿件时必须通过预扫的步骤确定稿件在扫描平台上的位置，因此预扫速度是很影响实际扫描效率的。因此在选择扫描仪时，应尽量选择预扫速度快的产品。

扫描速度的表示方式一般有两种：一种用扫描标准A4幅面所用的时间来表示，另一种使用扫描仪完成一行扫描的时间来表示。一般扫描黑白、灰度图像，扫描速度为2～100ms/线；扫描彩色图像，扫描速度为5～200ms/线。

任务实施

和打印机的安装方法类似，扫描仪的安装也包括硬件的安装和驱动程序的安装。

一、安装或添加网络、无线或蓝牙扫描仪

可用扫描仪应该包含网络上的所有扫描仪，如蓝牙扫描仪、无线扫描仪或者在网络上共享的扫描仪。安装某些扫描仪可能需要相关权限。如果扫描仪已打开并连接到网络，Windows应该能够轻松将其找到。

单击“开始”按钮，然后选择“设置”菜单项，在“设置”窗口中选择“设备→打印机和扫描仪”中的“添加打印机或扫描仪”选项，如图8-10所示。等待计算机找到附近的扫描仪，然后选择需要的扫描仪。

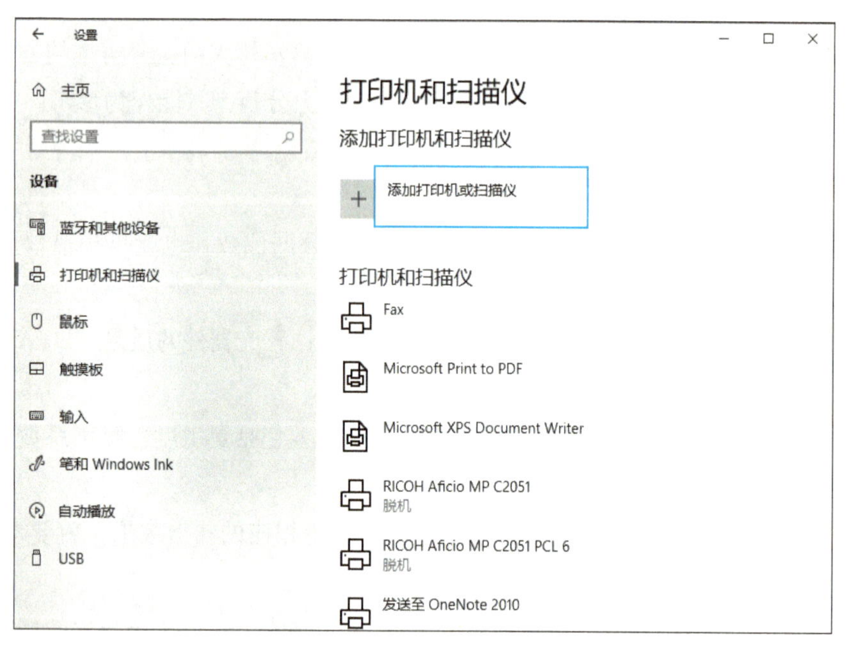

图8-10　添加打印机或扫描仪

温馨提示

如果多功能或一体式打印机中包含扫描仪，那么可能仅会看到打印机的名称。若要查看扫描仪，可在“打印机和扫描仪”列表中选择安装的打印机，单击“管理”按钮（见图8-11a），然后选择扫描仪。

如果使用具有单独的SSID的无线接入点、扩展器或多个无线路由器，需确保连接到扫描仪使用的网络以便于查找和安装。

如果扫描仪不在列表中，选择“我需要的打印机不在列表中”选项，然后按照说明手动添加，如图8-11b所示。

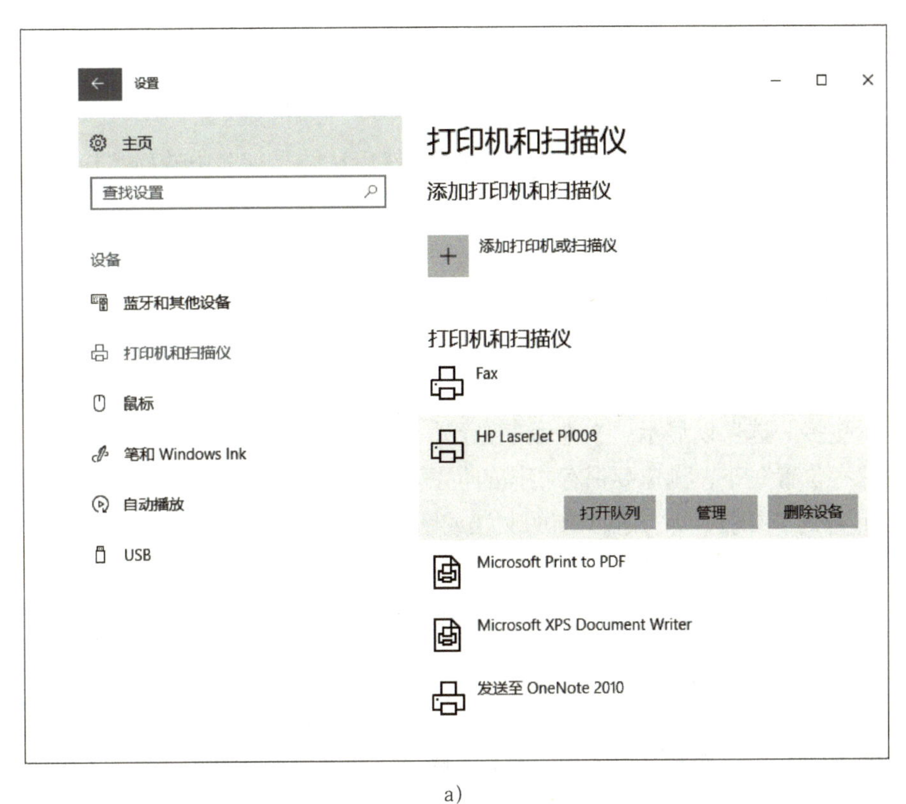

a)

b)

图8-11　手动添加扫描仪

a）单击“管理”按钮　b）选择“我需要的打印机不在列表中”

在大多数情况下，只需将扫描仪的USB电缆插入设备上的可用USB端口，然后打开扫描仪即可。

二、使用Windows扫描应用扫描图片或文档

扫描仪安装好后，即可使用Windows扫描应用扫描图片或文档，操作步骤如下。

1）确保扫描仪设备已打开，并将需要扫描的项目正面朝下放置在扫描仪的平板上，或放置在扫描仪的文档送纸器中。

2）在任务栏上的搜索框中输入“Windows扫描”，然后从结果列表中选择“扫描”。

3）在“扫描”页面上，执行以下操作：

① 在“扫描仪”下，选择使用的扫描仪。

② 在“源”下，选择开始扫描的位置。

③ 在“文件类型”下，选择扫描后另存为的文件类型，可以采用不同的文件格式（如JPEG、位图和PNG）保存文件。

④ 选择“显示更多”选项以显示“文件保存位置”选项。

⑤ 在“文件保存位置”下，浏览要保存扫描的位置。

4）选择屏幕底部的“扫描”来扫描当前的文档或图片。

5）完成扫描后，选择“查看”选项可在保存前查看扫描的文件，或选择“关闭”选项以保存文件。用户可以在选择“查看”选项时显示的预览中编辑扫描的文档或图片。

三、查找已保存的扫描

若要查找之前保存的扫描文件，可从任务栏中选择“文件资源管理器”，然后在打开窗口的左侧窗格中选择保存已扫描文件的位置。

任务3 连接复印机设备

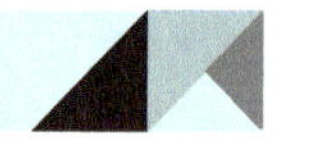

任务描述

复印机是从书写、绘制或印刷的原稿得到等倍、放大或缩小的复印品的设备。复印机不但具备复印的功能，还同时兼有打印和扫描文件的功能，是目前企业不可或缺的一款办公设备。本任务将介绍如何安装和使用复印机设备。

任务分析

作为常用的办公设备，复印机的安装和打印机、扫描仪的安装方法类似。在了解复印机工作原理的基础上，重点掌握如何正确地使用复印机设备。

知识准备

一、复印机的分类

从基本技术来讲，复印机主要可以分为模拟复印机、数码复印机两大类，如图8-12所示。

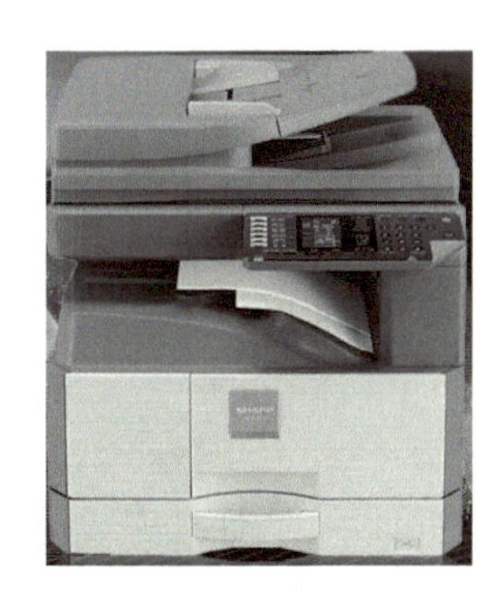

图8-12 复印机

模拟复印机价格低廉，操作相对简单。数码复印机可以进行复杂的图文编辑，大大提高了工作效率和复印质量，降低了故障率。

从应用范围来讲，复印机又可以分为主流办公型复印机、工程图纸复印机和便携式复印机。

二、复印机的工作原理

1. 模拟复印机的工作原理

模拟复印机是通过曝光、扫描的方式将原稿的光学模拟图像通过光学系统直接投射到已被充电的感光鼓上，产生静电潜像，再经过显影、转印、定影等步骤，完成整个复印过程。

2. 数码复印机的工作原理

数码复印机是通过电荷耦合器件（即CCD）将原稿的模拟图像信号进行光电转换后成为数字信号，然后将经过数字处理的图像信号输入激光调制器，调制后的激光束对被充电的感光鼓进行扫描，在感光鼓上产生静电潜像，再经过显影、转印、定影等步骤，完成整个复印过程。数码复印机相当于将扫描仪和激光打印机融合在一起。

三、复印机的性能参数

1. 复印速度

复印速度是指复印机每分钟能够复印的张数（张/min）。由于复印机预热需要时间，首张复印也需要花费比较长的时间，因此计算复印速度时一般从复印第二张开始。目前，万元级的复印机的复印速度大多是10张/min以上，高端产品的复印速度往往在50张/min以上。

产品的复印速度与复印机中复印装置的运行速度、成像原理、定影系统都有直接的关系。

2. 复印分辨率

复印分辨率是指每英寸复印对象是由多少个点组成的，它直接关系到复印输出文字和图像质量的好坏。例如，惠普PSC 2410 photosmart的复印分辨率为600×600dpi。

3. 最大复印尺寸

最大复印尺寸是指复印机可以复印输出的最大尺寸，一般大于或等于最大原稿尺寸。最大复印尺寸在一定程度上也作为复印机的一种分类方式，常见的有A4、A3和A3+。

4. 首张复印时间

首张复印时间是指在复印机完成预热后在处于待机的状态下，用户完成了在稿台放好复印原稿、盖好盖板等一切准备工作后，从按下按钮向复印机发出复印指令到复印机输出第一张复印稿所花费的时间。首张复印时间对于复印量较小的用户或同一复印原稿每次只复印一两张的用户来说显得尤为重要。

5. 连续复印

连续复印是指对同一复印原稿不需要进行多次设置，复印机可以一次连续完成复印的最大数量。目前最为常见的产品都能进行1～99张的连续复印，对同一对象进行一次设置，可一次连续复印1～99张。一些高端产品的连续复印可以达到1～999张，一些低端产品则可能只有1～9张。

任务实施

一、复印机的安装

与打印机和扫描仪的安装方法类似，具体步骤这里不再赘述。

二、复印机的使用

首先打开电源，待机器预热结束后进行以下功能选择。

1. 常规复印

1）拉出第一纸盒，放入与原稿大小相同的纸张，关上纸盒。
2）打开输稿器盖，放置原稿，使要扫描的原稿正面朝下，且与原稿玻璃上边和左边的原稿刻度对齐。
3）合上输稿器。
4）使用键盘指定所需复印的份数，可在1～99设置。
5）按“开始”键，复印开始；如需停止复印，按“清除/复印”键。

2. 缩放复印

1）在复印机操作面板上选择左侧的缩放功能。
2）按“▲”或“▼”键，选择“固定”选项，然后按“OK”键。
3）按“▲”或“▼”键，选择所需的缩放倍率，然后按“OK”键。
4）按“开始”键，复印开始。

3. 双面复印

1）将原稿的第一页放在原稿玻璃上。
2）按操作面板上的“单面/双面”键。
3）按“▲”或“▼”键，选择“单面→双面”，然后按“OK”键。
4）待第一页扫描完后，将原稿的第二页放在原稿玻璃上，然后按“OK”键。
5）双面复印开始。

4. 复印浓度设置

根据原稿类型可设置复印件的清晰程度。

1）选择控制面板上的“浓度设置”→“手动设置”。

2）按“←”（较淡）或“→”（较浓）键调整浓度。

3）调整到位后按“OK”键确认。

4）按“开始”键，复印开始。

三、复印机的日常维护

1. 卡纸的处理

“卡纸”是复印机很容易出现的故障。发生“卡纸”时，在取纸时应注意，要先停止复印，只扳动复印机说明书上允许动的部件并尽可能一次将整纸取出。同时注意，不要把破碎的纸片留在复印机内。可按如下步骤操作。

1）打开机器的右侧门。右侧门上有一块颜色较浅的部位，按下，右侧门即可打开。

2）拉下定影单元释放杆（拉下右侧门内绿色的部分，只能握住绿色部分）。

3）一面转动轴上的绿色旋钮，一面缓慢拉出纸张。注意不要触摸PC感光鼓的表面。

4）关闭机器的右侧门。

5）拉出第一纸盒。

6）从纸盒取出所有纸张，然后将纸张装入纸盒。

7）关闭纸盒。

2. 其他注意事项

1）为保证复印机不卡纸，多页复印时，原稿纸张尽量不要超过30张。如果原稿页数较多，可分次复印。

2）非常规复印结束后，可按控制面板右上角的“复位”键或“功能清除”键，恢复原始复印状态。

3）当复印机红灯闪动并且显示屏提示缺纸时，打开复印机底部的纸盒抽屉，加入复印纸后，将纸盒抽屉复位，红灯熄灭后，复印机可以正常工作。

4）复印结束后，可按操作面板左上角的“节能”键，方便下次使用。复印机工作时间内尽量不要频繁关闭电源。

拓 展 任 务

设置外围设备共享使用

在日常办公中，同一个区域内可能有多人进行办公，在办公设备的采购和使用上，为了节约成本，可能会通过局域网实现多台计算机共享打印机设备。如何设置打印机共享呢？具体分主计算机打印机共享设置和其他计算机共享打印机设置。

1. 主计算机打印机共享设置

（1）关闭本机防火墙

打开Windows 10控制面板，选择“系统和安全→Windows防火墙→自定义设置”选项，在“自定义设置”窗口中选择“关闭Windows防火墙（不推荐）”选项，如图8–13所示。

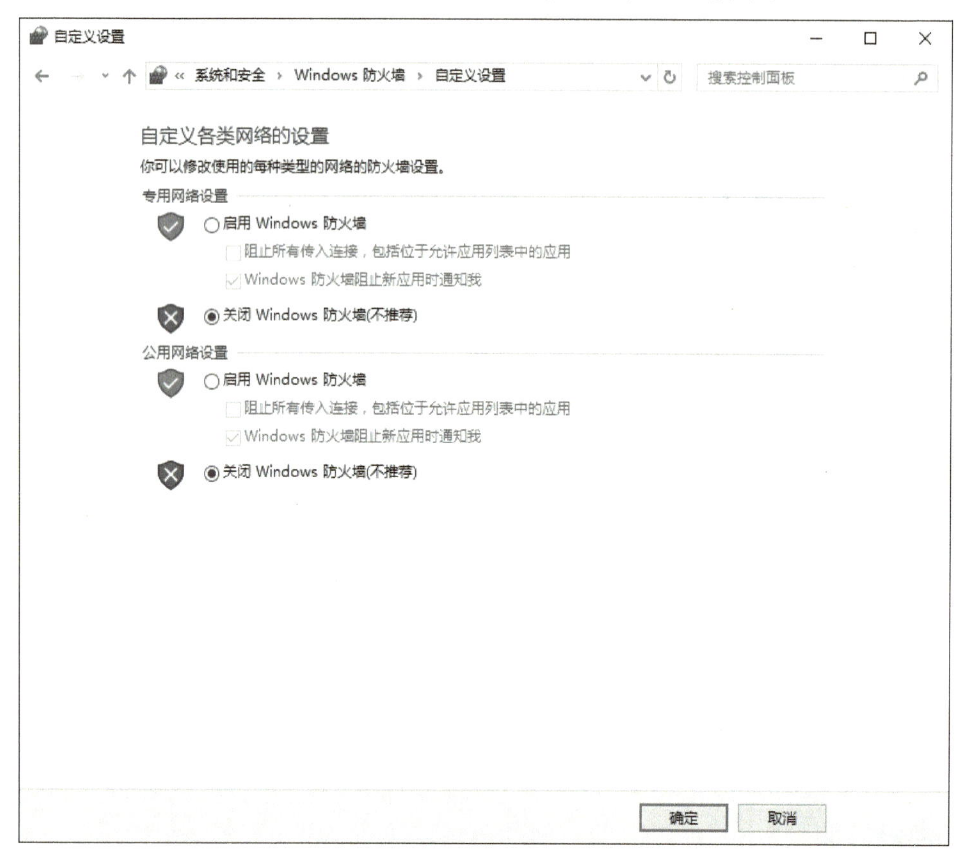

图8–13　关闭Windows防火墙

（2）修改本地安全策略

在“运行”对话框中输入secpol.msc，打开“本地安全策略”窗口。

1）在“本地安全策略”窗口中选择“安全选项”，将“网络访问：本地账户的共享和安全模型”修改为“仅来宾”，如图8–14所示。

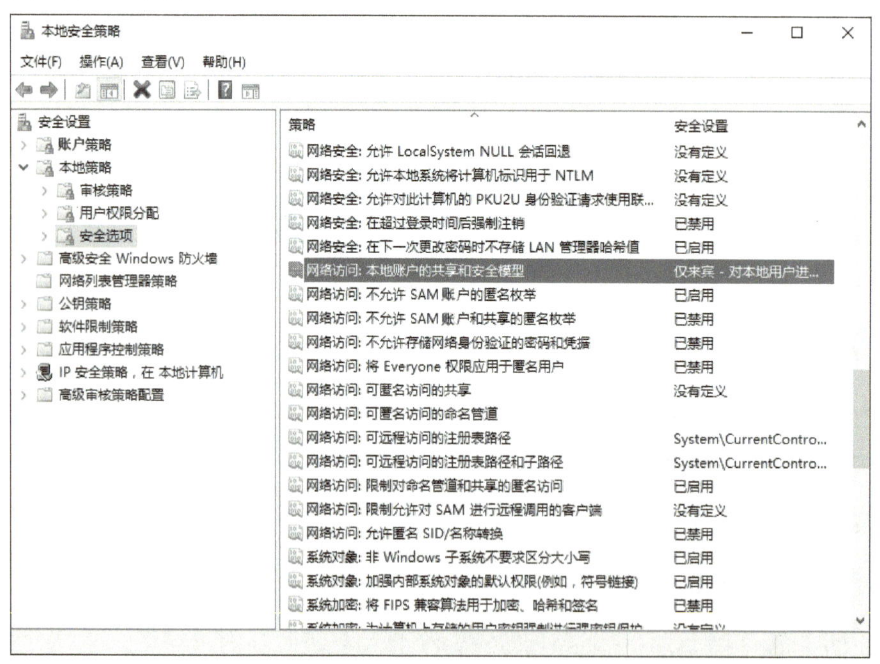

图8–14　修改账户共享和安全模型

2）在“本地安全策略”窗口中选择“安全选项”，将“账户：来宾账户状态”修改为“已启用”，如图8−15所示。

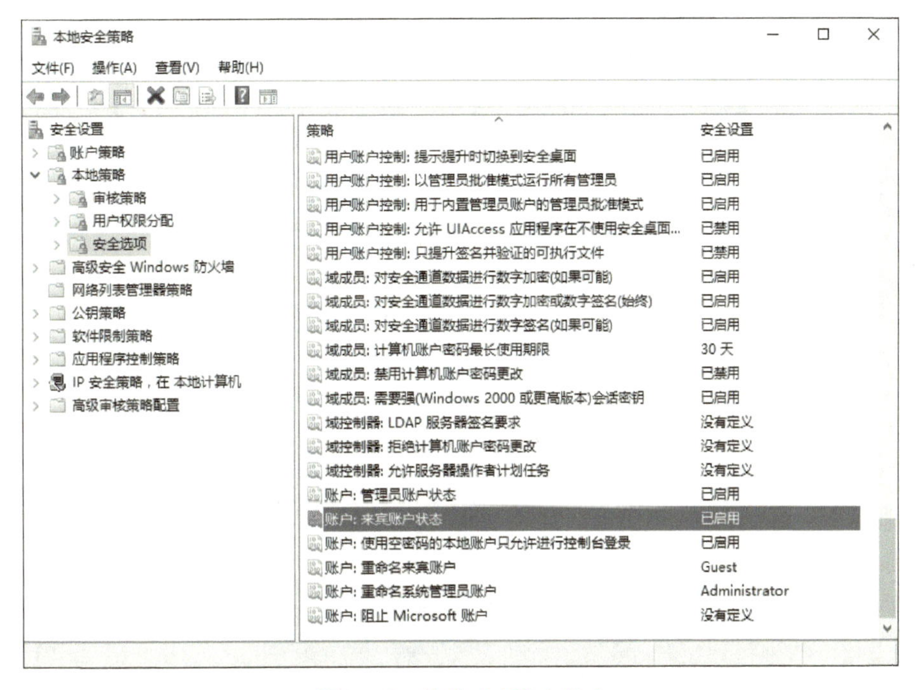

图8−15　修改来宾账户状态

3）在“本地安全策略”窗口中选择“用户权限分配”，从“拒绝从网络访问这台计算机”选项删除guest，如图8−16所示。

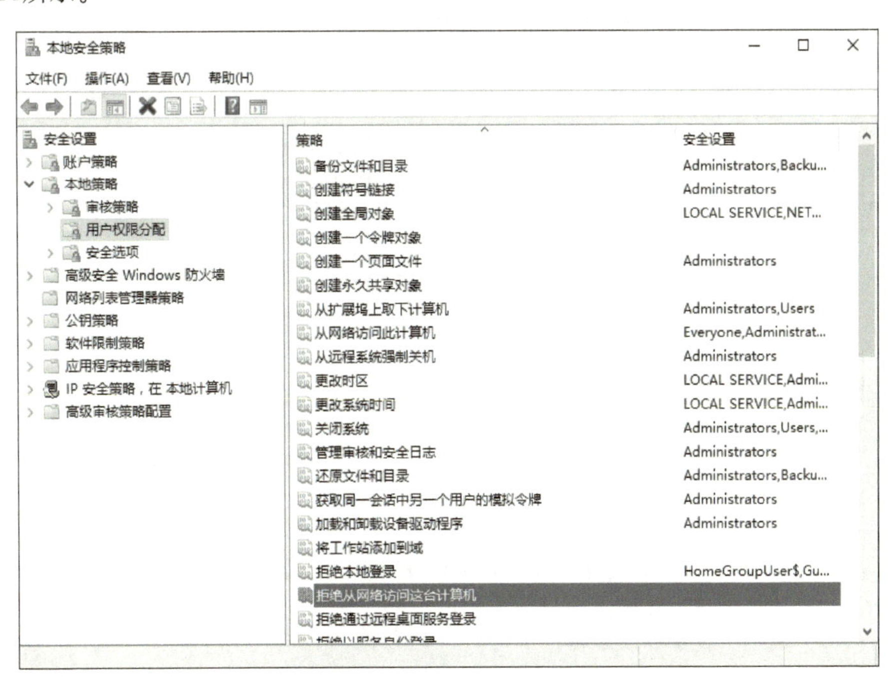

图8−16　修改用户权限

（3）修改高级共享设置

1）打开控制面板，在“网络和共享中心”窗口中选择“选择家庭组和共享选项”中的“更改高级共享设置”选项。在“高级共享设置”窗口的“专用（当前配置文件）”区域中选择“启用网络发现”和“启用文件和打印机共享”单选按钮，如图8−17所示。

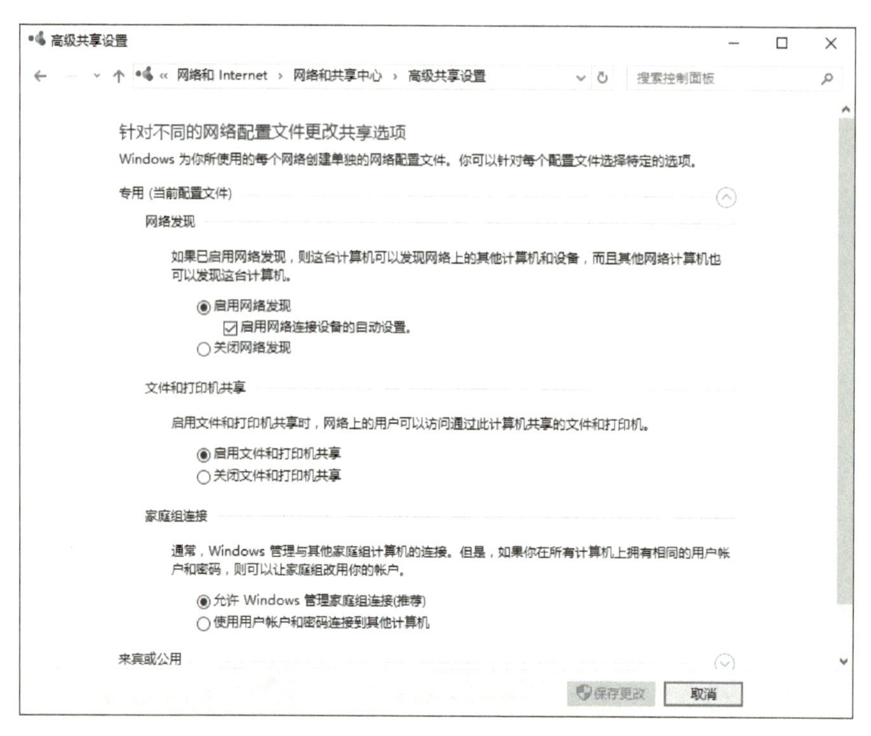

图8-17　专用（当前配置文件）设置

2）在“所有网络”区域中选择“关闭公用文件夹共享（登录到此计算机的用户仍然可以访问这些文件夹）”“为使用40或56位加密的设备启用文件共享”“关闭密码保护共享”单选按钮，如图8-18所示。

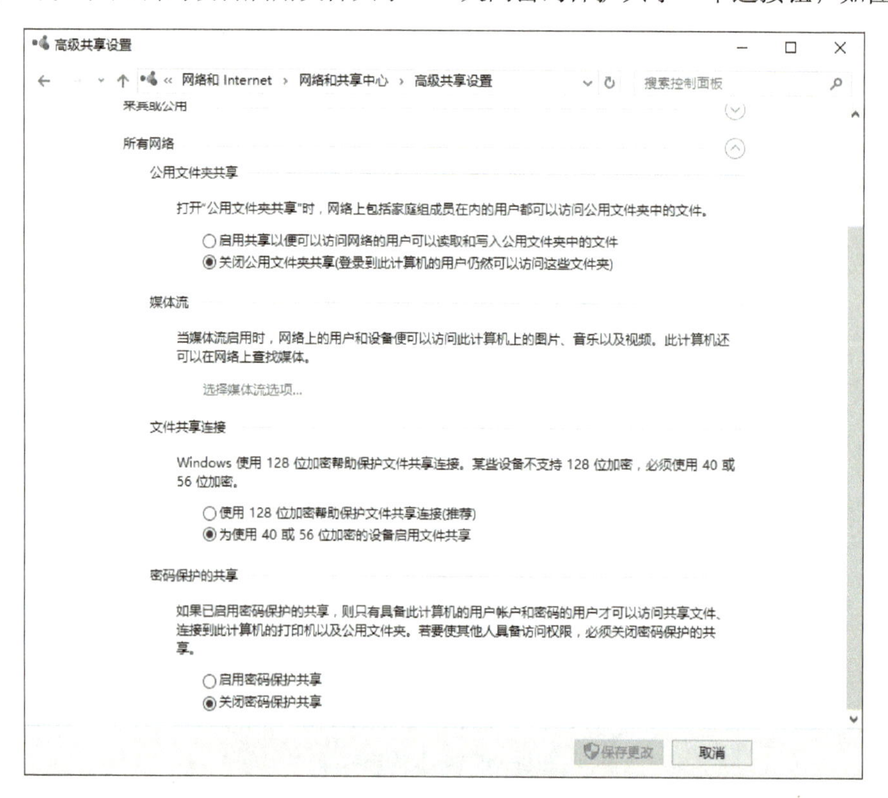

图8-18　更改所有网络设置

3）右击需要局域网共享的文件夹，在弹出的菜单中选择“共享→特定用户”菜单项，打开的界面如图8-19所示。从中添加Everyone（guest）用户，按实际修改Everyone（guest）权限为“读取”或“读写”。

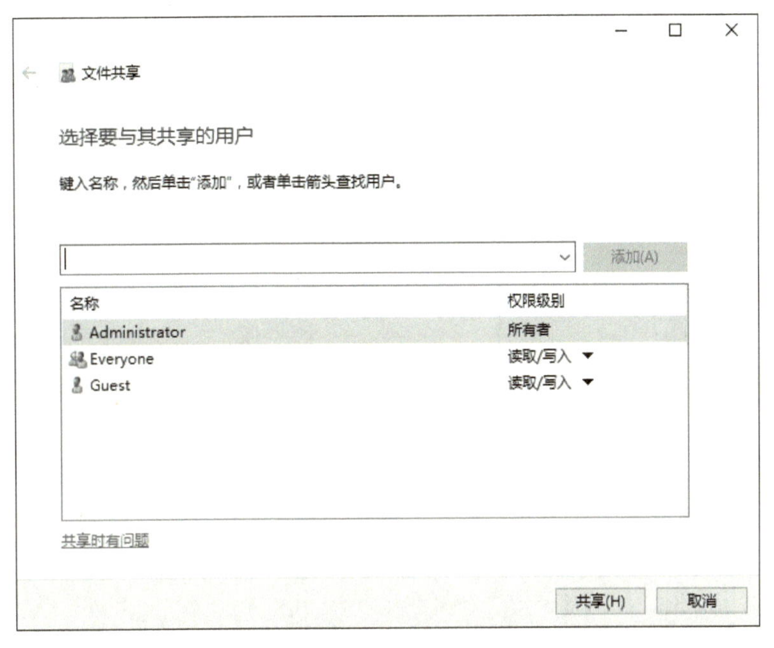

图8-19　更改文件夹共享用户

4）将公用网络修改成专用网络。打开网络设置，将“将这台电脑设为可以被检测到”设置为“开”，如图8-20所示。

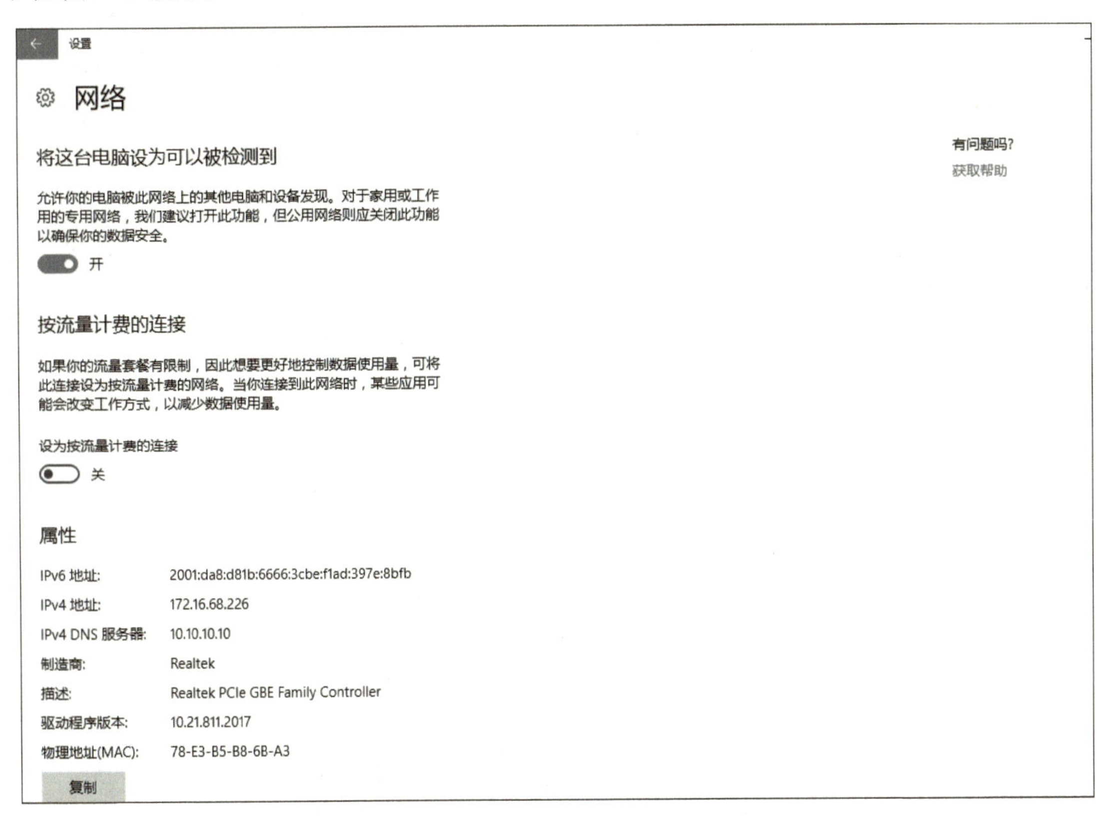

图8-20　公用网络改为专用网络

2. 在其他计算机打印文档

1）在网络中找到那台装有打印机的主计算机，如图8-21所示。

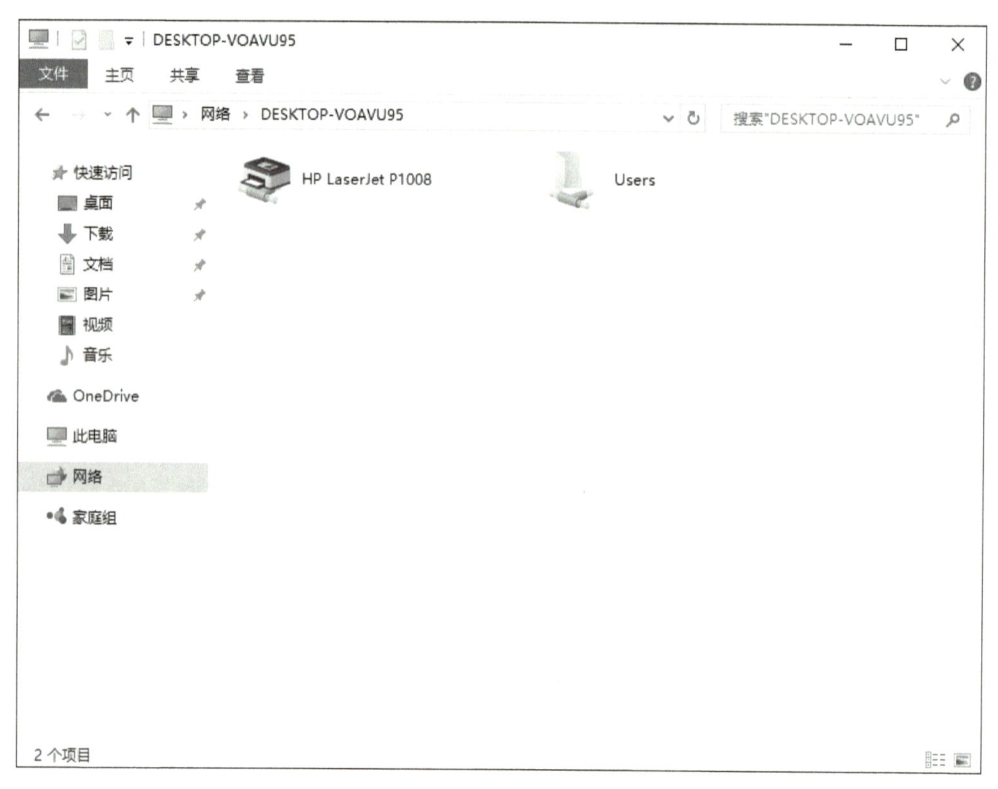

图8-21　找到网络共享打印机设备

2）打开需要打印的文档，在“打印”对话框的“常规”选项卡中选中已共享的打印机设备，单击“打印”按钮即可，如图8-22所示。

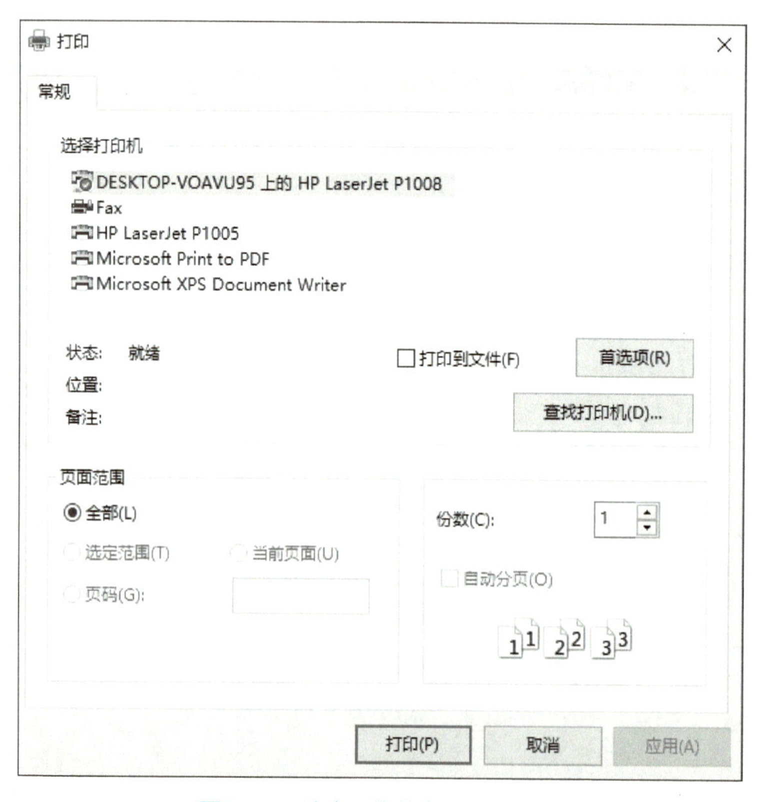

图8-22　选中网络共享打印机设备

如果“常规”选项卡中没有发现共享打印机，可选择单击“查找打印机”按钮，手动查找网络共享打印机设备，如图8-23、图8-24所示。找到共享打印机后，可添加至“打印”对话框的“常规”选项卡，单击“打印”按钮即可。

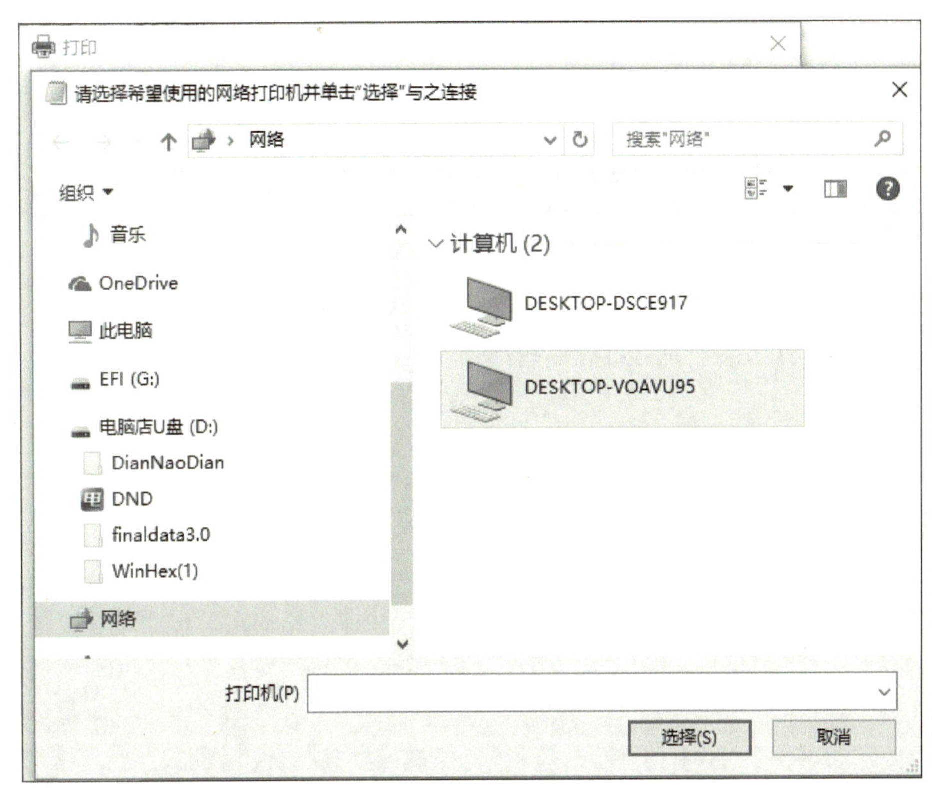

图8-23　查找网络共享打印机设备（1）

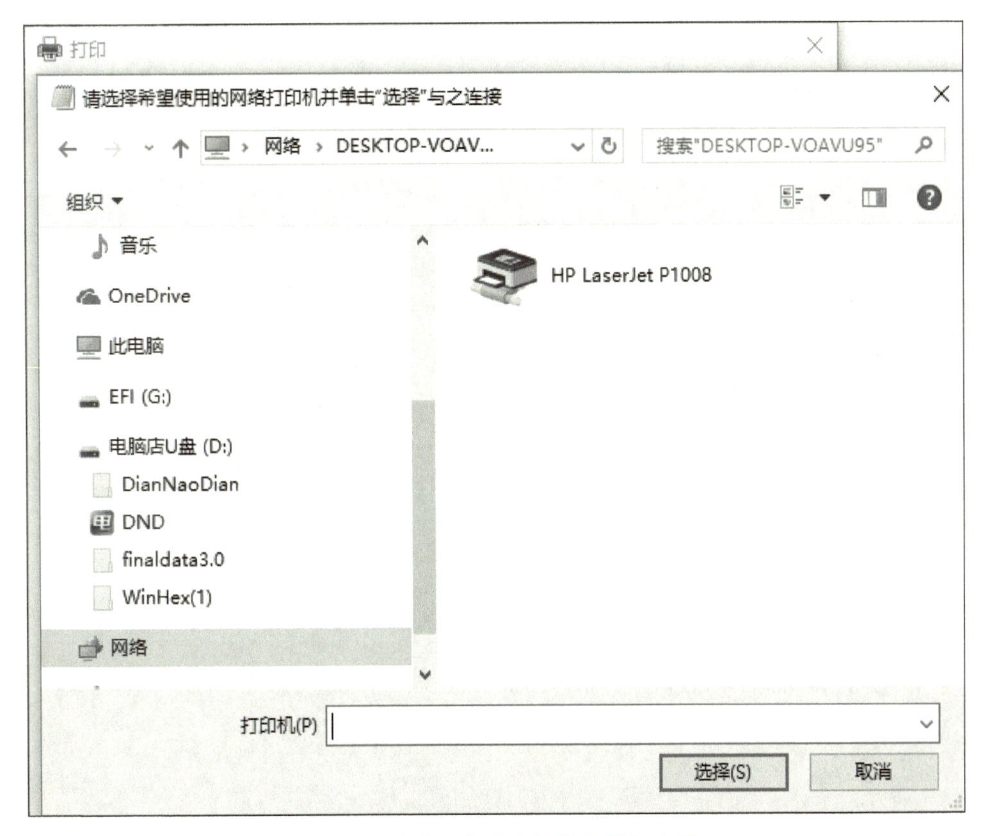

图8-24　查找网络共享打印机设备（2）

知识巩固与提高

1．扫描仪应用了哪些技术？

2．分辨率分别为600dpi和1200dpi的两个文件，哪个文件的打印效果更好？

3．列举两种可以提高打印质量的方法。

4．激光打印机内存不足时，会出现什么故障？

5．如何在工作组中分享一台打印机？

6．如何确定打印机的电缆不是故障的源头？

7．扫描仪有哪些种类？主要性能指标有哪些？

学习单元9

维护计算机硬件系统

单元情景

MicroCloud365团队在开展计算机系统装调与维护的理论知识及操作技能的学习活动期间，非常重视计算机硬件系统的检修与维护工作，这不仅可以使计算机稳定运行，还能延长使用寿命。MicroCloud365团队根据计算机常见故障现象分析原因，在遵循一定的原则下，按照特定方法完成计算机板卡级或芯片级维修。学习本单元后，读者能够处理相关的故障，具备相应的检修及维护能力。

学习目标

- 熟悉计算机硬件故障种类和检修原则
- 理解计算机板卡级维修和芯片级维修的区别与联系
- 掌握计算机常见故障检测与维修方法

任务1 排除常见的硬件故障

计算机故障包括软件故障和硬件故障。MicroCloud365团队成员觉得有必要掌握常见硬件故障的表现及排除硬件故障的方法。

任务实施

一、主板常见故障及其处理

主板故障的确定，通过逐步拔除或替换主板所连接的板卡（内存、显示卡等）实现，先排除这些配件可能出现的问题，然后确定是否是主板存在故障。另外，主板故障往往表现为系统启动失败、屏幕无显示等难以直观判断的现象。

1. 接触不良、短路等

主板的面积较大，是聚集灰尘较多的地方。灰尘可能会引起插槽与板卡接触不良，这时可以对着插槽吹气或用橡胶洗耳球去除灰尘。如果是由于插槽引脚氧化而引起的接触不良，可以将有硬度的白纸折好（表面光滑的那边向外），插入槽内来回擦拭。另外，如果CPU插槽内用于检测CPU温度或主板上用于监控机箱内温度的热敏电阻上附上了灰尘，那么很可能会造成主板对温度的识别错误，从而引发主板保护性故障的问题，在清洁时也需要注意。

拆装机箱时，如果不小心掉入诸如小螺钉之类的导电物，那么可能会卡在主板元器件之间，从而引起短路现象，引发保护性故障。另外，要检查主板与机箱底板之间是否少装了用于支撑主板的小铜柱，或是否主板安装不当，而使主板与机箱直接接触，使具有短路保护功能的电源自动切断电源供应。

2. 由主板电池引发的故障

如果遇到计算机开机时不能正确找到硬盘、开机后系统时间不正确、CMOS设置不能保存等现象，可先检查主板CMOS跳线是否设置为“Clear”选项。如果是CMOS跳线错误，需将跳线改为“Normal”选项后重新设置。如果不是CMOS跳线错误，则很可能是主板电池损坏或电池电压不足造成的，可更换主板电池。

3. 由主板驱动引发的故障

主板驱动丢失、损坏、重复安装，都会引起操作系统引导失败或操作系统工作不稳定，可依次打开“控制面板→系统→设备管理器”，检查“系统设备”中的项目是否有黄色感叹号或问号。将有黄色感叹号或问号的项目全部删除（可在“安全模式”下进行操作），重新安装主板自带的驱动程序启动即可。

4. 兼容性问题

遇到主板设计上的Bug或升级配件时出现的新旧事物兼容性问题，在排除BIOS设置的问题后可以下载主板的最新BIOS进行刷新。另外，主板BIOS陈旧还可能导致无法升级操作系统等问题。

温馨提示

清除CMOS设置，也可解决一些莫名其妙的故障。如果安装的硬件不能被操作系统识别，可以尝试将CMOS设置的“PnP OS Installed”设置为“Yes”或“No”。

5. 主板电容失效引起的故障

主板上的铝电解电容（一般在CPU插槽周围）内部采用了电解液，由于时间、温度、质量等方面的原因，会发生老化现象，导致主板抗干扰性能降低，从而影响计算机正常工作。可以购买与已老化电容容量相同的电容，准备好电烙铁、焊锡丝、松香后将老化的电容替换。另外，拆装计算机时，工具不小心失落也有可能将电容砸坏，这种情况也应检查排除。

6. 主板北桥芯片散热效果不佳引起的故障

有些主板将北桥芯片上的散热片省掉了，这可能会造成芯片散热效果不佳，导致系统运行一段时间后死机。遇到这种情况，可自制散热片或加一个散热效果好的机箱风扇。

7. BIOS受损

由于BIOS刷新失败或感染CIH病毒而造成BIOS受损的问题，如果引导块未被破坏，可用自制的启动盘重新刷新BIOS。如果引导块损坏，则用热插拔法（危险性很大）或用编程器进行安全的修复。

二、CPU常见故障及其处理

CPU是计算机中非常重要的配件。CPU的集成度、可靠性都很高，正常使用时故障率并不高，但是如果安装或使用不当则可能会带来很多麻烦。

CPU出现的问题一般是无法开机，即系统没有任何反应，按下电源开关后，机箱喇叭无任何鸣叫声，显示器无任何显示。CPU出现故障一般是由以下原因造成的。

1. CPU安装不正确

检查CPU是否插入到位，尤其是采用Slot 1插槽的CPU，安装时容易不到位。现在的CPU都有定位措施，但仍要检查CPU插座的固定杆是否固定到位。

2. 风扇运行不正常

CPU运行是否正常与风扇有很大关系。风扇一旦出故障，则很可能导致CPU因温度过高而被烧坏。平时使用时，应该注意对CPU风扇的保养。例如，在气温较低的情况下，风扇的润滑油容易失效，导致运行时噪声大，甚至风扇损坏，这时应该将风扇拆下清理并加润滑油。

3. CPU有物理损坏

在安装与拆卸CPU时应注意保持平衡，检查CPU是否有被烧毁、压坏的痕迹。CPU损坏还有一种现象就是针脚折断。CPU针脚可直接插入主板上的CPU插槽，如果插槽不好，CPU插入时的阻力较大，这时要注意检查针脚是否有弯曲，不要一味地用力压拔，否则有可能折断CPU针脚。

4．跳线、电压设置不正确

在采用跳线的老主板上，稍不注意就有可能将CPU的有关参数设置错误，因此在安装CPU前，应仔细阅读主板说明书，认真检查主板跳线是否正常及是否与CPU匹配。目前，大多数主板都能自动识别CPU的外频、倍频以及电压等参数，不需要用户进行跳线设置。

对于一些故障，还可以借助Debug卡来解决。

Debug卡可读取80H地址内的POST CODE并经译码器译码，最后由数码管显示出来。这样就可以通过Debug卡上显示的十六进制代码判断出问题的部件是不是CPU，而不用仅依靠计算机主板的报警声来粗略地判断硬件错误。

三、内存常见故障及其处理

内存是计算机的核心部件之一，内存的大小与性能好坏直接影响计算机性能的发挥。内存常见的故障有以下几个方面。

1．开机无显示

如果开机无显示，则一般是由于内存条与主板内存插槽接触不良造成的，只要用橡皮来回擦拭金手指部位即可解决问题（不要用酒精等清洗）。除此之外，内存条损坏或主板内存插槽有问题也会造成此类故障。由于内存条原因造成的开机无显示故障，主机扬声器一般会伴有长时间蜂鸣（针对Award BIOS而言）。

2．Windows经常自动进入安全模式

此情况一般是由于主板与内存条不兼容或内存条质量不佳引起的，常见的就是将高频率的内存条用于某些不支持此频率内存条的主板上，可以尝试在CMOS设置中降低内存读取速度，如果不能解决问题，就只有更换内存条。

3．随机性死机

此情况一般是由于采用了几种不同芯片的内存条，各内存条速度不同而产生时间差，从而导致死机。此情况可以尝试在CMOS设置中降低内存速度，或者使用同型号的内存条。另外还可能是由于内存条与主板不兼容，此类情况很少见，再有可能就是内存条与主板接触不良而引起计算机随机性死机。

4．运行某些软件时出现内存不足的提示

此情况一般是系统盘剩余空间不足造成的，可以删除一些无用文件，多留一些空间即可，一般保持在300MB左右为宜。

四、显卡常见故障及其处理

显卡分为集成显卡和独立显卡两种。与显卡有关的故障在使用计算机时是非常常见的，主要表现为开机有报警声、无自检画面、自检无法通过、显示异常等。需要注意的是，必须先排除显示器以及其信号输出数据线可能出现的问题。在确定是显卡出现了问题后，可以试着从以下几个方面进行判断和处理。

1．接触不良、灰尘、金手指氧化等

这种情况大多数在开机时有报警声提示，可打开机箱重新拔插一下显卡，清除灰尘，认真观察显卡

的金手指是否发黑。如果发黑，用橡皮擦干净，一般都可以解决。这样的故障在实际的显卡故障中占绝大部分。

2. 显卡工作电压不稳

显卡有正常的工作电压标准。PCI显卡的工作电压为5V。AGP显卡目前有3种情况：AGP 1.0的电压是3.3V，而AGP 2.0的电压是1.5V，AGP 3.0的工作电压降到了0.8V。当工作电压低于或高出标准时就有可能造成显示方面的故障。遇到这种现象，对于PCI的显卡，可以换个插槽，或者换个功率大、质量好的电源，还可以查看主板是否支持AGP电压可调，如果可以，则参照主板说明书和主板标识进行跳线。目前，有些主板提供了在BIOS中进行AGP电压调节的功能。

3. 与显卡散热条件有关

显卡的芯片与CPU一样，工作时会产生大量的热量，因此必须有较好的散热条件。省去了散热片或采用了质量不好的风扇，都会使显卡的工作稳定性降低。另外，由于显卡风扇灰尘过多而导致的转速减慢，也会引起显卡过热等问题。

4. 显卡相关跳线设置是否正确

如果要添加一块外接显卡，要记住先到BIOS中将集成显卡的相关项设置为“Disabled”，或用主板的硬件跳线将集成显卡屏蔽，然后安装独立显卡，以免发生冲突。

5. 超频引起的故障

为了提高显卡的性能，用软件、超电压等方式对显卡进行超频，如果出现了问题，就应使用原来的设定值或降低频率。另外，显卡超频后可能使工作时的温度上升，需要加强散热。

五、声卡常见故障及其处理

声卡有板载声卡和独立声卡之分，而以板载声卡最为流行。独立声卡以高音质、CPU占用率低等特点成为音乐爱好者的追求。目前以PCI声卡为主。

当声卡出现问题时，一般表现为播放音乐或玩游戏时音箱无声音、出现噪声等。最常见、最方便的判断方法就是调用Windows自带的DirectX诊断工具，用声音项进行检测就可以发现声卡是否工作正常。

1. 不小心造成的声音故障

先检查工具栏右下角的小喇叭图标是否出现一个红色的中间带一条斜线的圆圈，如果有则是将声卡输出设置为静音所导致的。此时只要单击小喇叭图标，在出现音量调节滑块后，取消选择“静音”复选框即可解决问题。

2. 驱动程序安装

当工具栏右下角的小喇叭图标丢失、变成灰色、出现红色的“×”或无法更改属性时，绝大部分与声卡驱动丢失或损坏有关。可以到“控制面板”的“设备管理器”中将出现黄色问号或感叹号的项目删除，并重新安装驱动。

3. 声卡与DirectX出现兼容性问题

当安装了新版本的DirectX后声卡不能发声，则需要为声卡更换新的驱动程序，如果不行，则要将DirectX卸载后重装老的版本。还有的表现为将DirectX升级成高版本后，Windows启动时有声音，用Winamp播放MP3时有声音，唯独玩游戏时没有声音。这时，可以到DirectX诊断工具的“声音”项中将硬件的声音加速级别从“完全加速”调为“没有加速”即可。

4. 声卡的安装及相关连接是否正确

有些声卡制造精度不高或安装不牢，导致声卡的金手指与主板扩展槽不能紧密接触，可以重新拔插或用工具进行校正，这是独立声卡常见的故障。除此之外，还要查看音频线与声卡的连接是否正确。

5. 声卡与其他硬件发生冲突或兼容性问题

声卡常会与带语音的Modem或解压卡等设备发生兼容性问题，这时可以试着把声卡与其他卡换一个插槽。另外，也要检查声卡与其他插卡之间是否有资源冲突，一般而言，PCI声卡与其他的PCI板卡之间由于都使用PCI插槽而出现IRQ中断冲突现象。解决方法是调整它们所使用的系统资源，使各卡互不干扰，也可以更换插槽位置试着解决。一般不要把PCI声卡插在第一个或最后一个插槽。

6. 是否与超频有关

系统的标准外频是66MHz、100MHz和133MHz。如果对CPU进行超频，特别是CPU的外频被设定在非标准外频时，会使得内置声卡也处于超频工作状态。部分主板由于不具备分频功能，因而很可能会出现因工作频率过高而导致声卡不能正常工作的现象。这种情况的解决方法是将CPU调到标准外频。

六、硬盘常见故障及其处理

硬盘中存放着大量的有用数据，而硬盘又是一个易出问题的部件。为了有效地保存硬盘中的数据，除了做好保存、备份工作以外，还要学会在硬盘出现故障时拯救硬盘，或者提取其中的有用数据，把损失降到最小程度。

1. 硬盘坏道故障现象的检测和恢复

硬盘使用久了，可能会出现各种各样的问题，而硬盘出现坏道是最常见的问题。出现这种问题，除了硬盘本身质量及老化的原因外，主要是平时在使用时没有注意造成的，例如，内存空间太小而导致应用软件对硬盘频繁访问，对硬盘频繁地整理碎片、分区、格式化、不适当地超频，电源质量不好、温度过高、防尘不良、震动等。

硬盘的坏道可分为逻辑坏道和物理坏道两类。逻辑坏道为软坏道，通常由软件操作或使用不当造成，可用软件修复；物理坏道为真正的物理性坏道，表明硬盘磁道上产生了物理损伤，只能通过更改硬盘分区、扇区的使用情况或将其隐藏来解决。遇到以下现象就该检查硬盘是否出现了坏道。

1）在读取某一文件或运行某一程序时，硬盘反复读盘并且出错，或者要经过很长时间才能成功并发出异常的杂音。

2）启动时不能通过硬盘引导系统，用软盘启动后可以转到硬盘盘符，但无法进入，用SYS命令传导系统也不能成功。

3）格式化硬盘时，在某一进度停止不前，最后报错，无法完成。

4）对硬盘执行Fdisk程序时，在某一进度会反复进退。

2. 主引导程序引起的启动故障

计算机不能从硬盘启动，但从软驱及光驱启动时可以对硬盘进行读/写，这种情况一般是由于主引导程序损坏而引起的启动故障。主引导程序位于硬盘的主引导扇区，主要用于检测硬盘分区的正确性并确定活动分区，负责把引导权移交给活动分区的操作系统。此段程序损坏将无法从硬盘引导。修复此故障的方法较为简单，使用Fdisk程序最为方便，当带参数/mbr运行时，将直接更换（重写）硬盘的主引导程序。

实际上，硬盘的主引导扇区正是此程序建立的，Fdisk.exe中包含完整的硬盘主引导程序。虽然操作系统版本不断更新，但硬盘的主引导程序一直没有变化，从DOS 3.x到Windows 9x的DOS操作系统，只要找到DOS引导盘启动系统并运行Fdisk程序即可修复。

3. 分区表错误引起的启动故障

就硬盘而言，分区表出现错误是非常严重的错误。不同程度的错误会造成不同的损失。如果没有活动分区标志，则计算机无法启动，但从软驱或光驱引导系统后可以读/写硬盘，此时可通过Fdisk程序重置活动分区进行修复。如果是某一分区类型错误，则可造成某一分区的丢失。分区表的第四个字节为分区类型值，正常的可引导的大于32MB的基本DOS分区值为06，而扩展的DOS分区值为05。很多用户利用此类型值实现单个分区的加密技术，恢复原来的正确类型值即可使该分区恢复正常。

分区表中还有其他数据用于记录分区的起始或终止地址，这些数据的损坏将引起该分区的混乱或丢失，解决的方法是用备份的分区表数据重新写回，或者从其他相同类型并且分区状况相同的硬盘上获取分区表数据。恢复时可采用NU等工具软件，操作非常方便。

4. FAT表引起的读/写故障

FAT表记录硬盘数据的存储地址，每个文件都有一组FAT链指定其存放的簇地址。FAT表损坏意味着文件内容丢失。操作系统本身提供两个FAT表，当目前使用的FAT表损坏时，则可用第二个进行覆盖修复。但是不同规格的磁盘，其FAT表的长度和第二个FTA表的地址也是不固定的，所以修复时必须正确查找其位置，一些工具软件（如NU等）具有这样的修复功能，使用非常方便。采用Debug也可以实现这种操作，即采用其m命令把第二个FAT表移到第一个表处即可。如果第二个表也损坏了，则无法把硬盘恢复到原来的状态，但文件的数据仍然存放在硬盘的数据区中，此时可采用CHKDSK或Scandisk程序进行修复，最终得到*.CHK文件，这就是丢失FAT链的扇区数据。如果是文本文件，则可从中提取出完整的或部分文件内容。

5. 目录表损坏引起的引导故障

目录表记录硬盘中文件的文件名等数据，其中最重要的一项就是该文件的起始簇号。由于目录表没有自动备份功能，所以目录表损坏将丢失大量的文件。为了减少损失，一般采用CHKDSK或Scandisk程序恢复的方法。从硬盘中搜索出*.CHK文件。目录表损坏时只是首簇号丢失，每一个*.CHK文件即是一个完整的文件，把其改为原来的名称即可恢复大多数文件。

6．BIOS不能识别硬盘

这种情况主要是由于硬盘安装不当、硬盘物理故障、主板和硬盘接口电路故障、电源故障等原因导致。这时可按以下步骤检查处理。

1）如果故障是新装机或新加装硬盘、光驱以及其他IDE设备导致，则先检查硬盘主从跳线设置是否有错误，主从跳线设置不当会导致系统不能正确识别安装在同一IDE接口上的两个IDE设备。

2）试试系统是否能从软驱启动，如果软驱也不能启动系统，则很可能是主板和电源故障。如果软驱能启动系统，系统还是不能识别硬盘，则一般是硬件故障造成的。这时要打开机箱，开机后听听硬盘是否转动以及转动声是否正常。如果硬盘没有转动，则需要检查硬盘电源线是否插好，可以换一个大四针插头、拔出硬盘数据排线进行尝试。如果硬盘还是不转动或转动声不正常，则可确定是硬盘故障。如果硬盘转动并且转动声正常，则检查硬盘数据线是否断线或接触不良，最好换一根好的数据线进行尝试。

如果数据线无故障，检查硬盘数据线接口和主板硬盘接口是否有断针或接触不良现象。

3）如果系统还是无法识别硬盘，则需要在另一台计算机上检查硬盘，确认是否是硬盘故障。如果是硬盘故障，则更换或维修硬盘。在另一台计算机上检查硬盘是否完好，然后进一步检查主板。可去掉光驱和第二硬盘，将硬盘插在主板IDE2接口上，如果能启动，则说明电源功率不足。如果将硬盘插在主板IDE2接口上，BIOS能识别硬盘，则是主板IDE1接口损坏。如果主板的两个IDE接口均损坏，可外接多功能卡连接硬盘。使用多功能卡连接硬盘必须修改BIOS参数，禁止使用主板上的IDE接口。

4）如果上述检查还是无法排除故障，则要更换或维修主板。

任务2 计算机板卡级故障检测与处理

任务描述

计算机开机后无任何指示，主机不启动，显示器无任何显示，ATX电源风扇不转，ATX电源或主板发生故障时均能表现出上述故障现象。此时应首先确认ATX电源是否正常。把ATX电源从主板上拔下，人工启动ATX电源，若风扇不转，更换ATX电源即可；若风扇转动，数字万用表测试的输出电压均在允许误差范围以内，更换主板即可（或进行主板芯片级检修）。

任务分析

计算机主板各模块所需的工作电压均从ATX电源接口处获取。在主板不能启动的情况下，一般先排除ATX电源是否存在故障。现实生活中，计算机系统维护人员大多采用置换法来确认ATX电源的工作状况，但是在不具备置换的情况下，可以采用人工唤醒的方式，该操作简单，易于推广。

知识准备

计算机硬件故障是指其自身部件发生问题而不能使其正常运行。对于硬件故障的维修，按维修技术层次可分为板卡级维修与芯片级维修。板卡级维修只从故障原因判定由哪个部件或板卡所造成，直接用正常产品予以替换，成本极高。芯片级维修则属于更高级别的维修技术，需对电子产品的电路板（如计算机主板、显示器电路、接口板卡等）进行检测，并对损坏元器件或芯片进行更换，实现对电路板功能的修复，成本可降到最低。

一、计算机常见硬件故障

1. 电源故障

电源故障表现为系统供电不正常或没有供电，如电源电压不稳、电源冲击与干扰、电源插头或插座连接接触不良等。

2. 接触不良的故障

接触不良一般表现为显卡、声卡、网卡、内存以及CPU与主板等的接触不良，或者电源线、数据线、音频线等没有连接好。其中，各种接口卡、内存与主板接触不良的现象较为常见，通常只需清理相应插槽位置的灰尘等脏物或用橡皮擦拭板卡的金手指，重新安装好就可排除故障。

3. 硬件本身故障

硬件出现故障，除与其自身的质量有关外，也可能是由于负荷太重或其他原因而损坏，例如，CPU长时间超频使用致使超负荷运转而烧毁等。

计算机板卡级故障检修是对常见硬件故障的判断与处理，核心是要掌握计算机硬件组成部分，并且知道它们的用途和它们之间的关系，不需要电子学的理论，只需要按照一定的原则和方法找出故障板卡，直接更换正常板卡即可。

二、计算机板卡级故障处理原则

排除故障的整体思路是先易后难、先假后真、先软后硬、先外后内。

1. 先易后难

在遇到计算机故障时，许多用户都会把问题考虑得很复杂，其实这是完全没有必要的。首先应想好怎样做、从何处入手，再实际动手，也可以说是先分析判断，再进行维修。对于所观察到的现象，要根据自身已有的知识、经验来进行判断，对于自己不太了解或根本不了解的问题尽可能地先查阅相关资料，或向有经验的同事咨询，再着手维修。

2. 先假后真

所谓“假故障”，是指由于外界环境、硬件安装、设置不当等原因造成的故障，而计算机的主机部件和外设均没有损坏。所以，在计算机出现故障时，首先要考虑是否是“假故障”，因为只有这样才能使排障过程达到事半功倍的效果。

3. 先软后硬

在计算机发生故障的时候，考虑问题时一定要从软件着手，比如是否是操作系统的设置不当、是否感染了病毒或系统损坏等。从这些方面着手解决问题，显然要比从硬件方面着手简单得多。

4. 先外后内

在计算机出现无故重启等一些奇怪现象的时候，首先应检查外部设备是否良好，以及连接是否正确。检查完毕后，如果故障依然存在，再打开机箱检查内部配件。先从最简单、最容易的地方开始查找故障，逐步深入，直至找到故障原因及部位。

在出现故障时，有时不止有一种故障现象（如启动时显示器蓝屏，重新启动完毕后有死机的现象），应先判断、维修主要的故障现象。当修复后，可能次要的故障现象已经不需要再进行维修了。

三、常用的硬件故障检测方法

1. 清洁法

计算机故障很多时候是由于机器内灰尘较多引起的，这就要求在维修过程中注意观察计算机内外部是否有较多的灰尘。如果是，应先进行除尘，再进行后续的判断和维修。

2. 替换法

替换法是用好的配件去代替可能有故障的配件，以判断故障现象是否消失的一种维修方法。好的配件可以是同型号的，也可能是不同型号的。替换时一般按先简单后复杂的顺序进行。同时应检查与有故障的配件相连接的连接线、信号线等。

3. 逐步添加/去除法

逐步添加法，以最小系统为基础，每次只向系统添加一个配件/设备或软件，检查故障现象是否消失或发生变化，以此来判断并定位故障部位。逐步去除法，正好与逐步添加法的操作相反。逐步添加/去除法一般要与替换法配合，才能较为准确地定位故障部位。

4. 观察法

观察法是指通过看、摸、听、闻来检查硬件故障。

5. 加电自检法

当打开计算机电源时，计算机首先进行的工作是自检，计算机自动对各主要部件（主板、内存、键盘、鼠标、硬盘、光驱等）进行一次检测。如果各部件正常，系统会发出“嘟”的一声，然后引导启动操作系统。如果硬件检查未通过，则发出不同的声音（不同的BIOS所发出的故障声音不同），说明硬件存在故障，这时可根据声音的长短和次数来判断故障的部位。

6. 软件诊断法

通过随机诊断程序、专用维修诊断卡及各种技术参数（如接口地址），自编专用诊断程序来辅助硬件维修，可达到事半功倍的效果。

任务实施

识别与判断20针ATX电源接口好坏

ATX电源的作用是把交流220V的电源转换为计算机内部使用的直流±12V、±5V、±3.3V电源。电源出现故障，容易导致计算机无法开机、无法关机、自行开机、休眠与唤醒功能异常。采用ATX电源的计算机系统如果出现故障，根据计算机维修的“先软后硬”原则，用户首先要检查BIOS设置是否正确，排除因设置不当造成的“假故障”，可以利用万用表检查ATX电源中的主电源和辅助电源是否正常。

一、无主板启动ATX电源

这里以长城双卡王ATX电源（型号：GW−6000）为例（实物如图9−1所示），有20针脚插头（实物如图9−2所示），各针脚接口如图9−3所示。无主板启动ATX电源时，首先接通220V交流电源，再闭合ATX电源开关，用镊子或一根导线直接把插有绿色线的针脚（第14针脚PS−ON）和插有黑色线的针脚（第3、5、7、13、15、16、17针脚COM）任一针脚短接，可在待机状态下人为地唤醒ATX电源，并查看开关电源风扇是否会转动。如果转动，说明电源没有问题（这是在没有万用表的情况下判断电源是否损坏的最直接方法）。

图9−1　长城双卡王ATX电源

图9−2　长城双卡王ATX电源接头

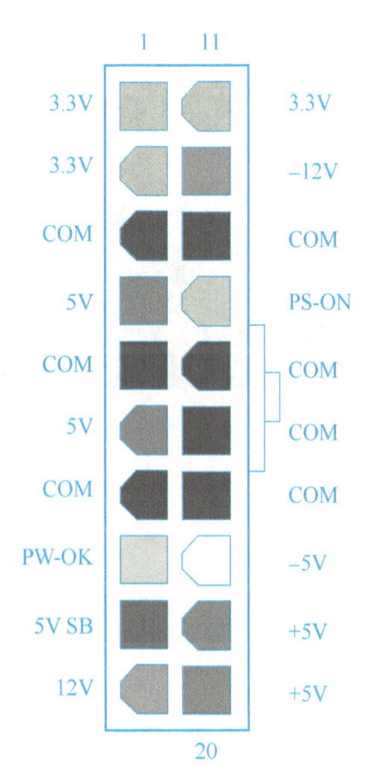

图9−3　长城双卡王ATX电源20针脚接口

二、使用数字万用表直流电压档

可以用数字万用表电压档来测量ATX电源各针脚电压，与标称电压进行比较，即可得出电源是否损坏。首先把数字万用表的红色表笔插入V（Ω）插孔，将黑色表笔插入COM插孔，再把选择开关带有三角箭头标识的一端指向20V（−）（直流电压），最后闭合电源开关POWER（黄色按键），如图9−4所示。

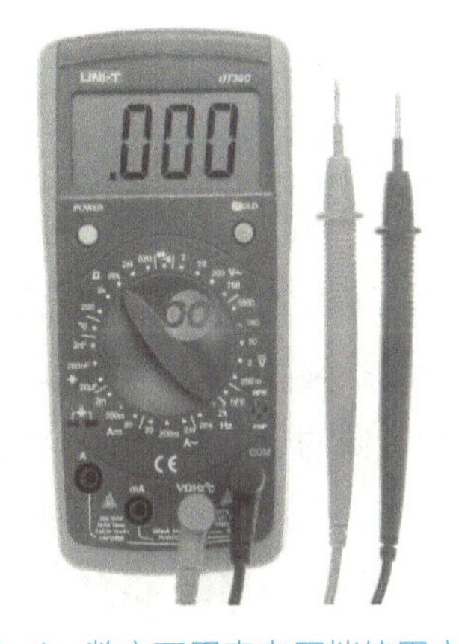

图9−4　数字万用表电压档使用方法

三、ATX电源各针脚电压测试及故障处理

长城双卡王ATX电源（型号：GW−6000）各针脚电压标称值如图9−5所示，将数字万用表黑表笔接ATX电源任一个COM针脚，将

红表笔依次接各种不同颜色的供电针脚（红色、黄色、橙色、蓝色、紫色），把实测数据分别与图9-3所示的值进行对比。若实测数据与理论电压值一样或输出电压在5%允许误差之内，说明ATX电源是好的；若实测数据无显示或超出允许误差范围，说明ATX电源损坏（前提是交流220V供电正常）。可以用同型号的ATX电源直接更换来排除计算机电源供电故障，亦可拆开电源，根据电子线路原理知识进行芯片级检修来排除电源故障。

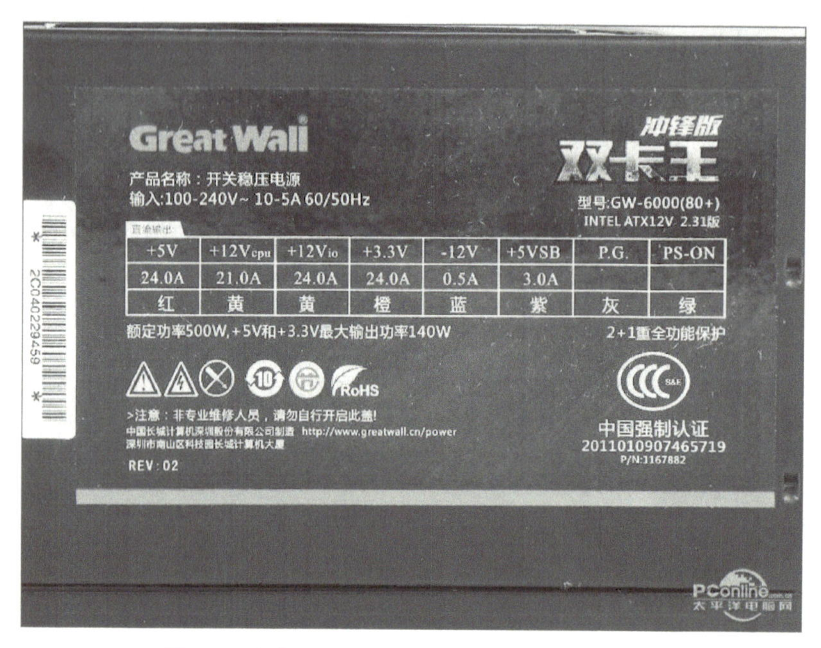

图9-5　长城双卡王ATX电源各针脚电压标称值

任务3　主板CMOS电路芯片级故障检测与维修

任务描述

通过引入主机提示“CMOS checksum error-Defaults loaded”的故障现象来营造实际维修工作情景，以主板故障现象为主线，介绍CMOS电路在关机、待机和开机时南桥内部CMOS存储器正常存储客户信息所必须具备的工作条件，在CMOS供电电路和CMOS电池正常的情况下分别提出相应的故障解决方案。

任务分析

计算机开机自检过程中，有时会提示“CMOS checksum error-Defaults loaded”，其中文意思是“CMOS执行全部检查时发现错误，要载入系统预设值”。出现这种情况的大部分原因都是电力供应造成的。若更换电池无效，可能CMOS芯片或阻容元件已经损坏，需要进行芯片级检修，修复主板功能。主板各功能区域的检修流程及方法有相似之处。首先要掌握主板各种元器件的功能、标注、参数、形状、好坏检测方法；其次要会分析主板重要电路的组成、作用、工作原理和基本故障检测方法，并会利用数字万用表对主板各个电路的元器件实物及其走线特点来确定关键检测点；最后根据所测数据与理论数据的对比确定故障点，更换元器件，修复电路功能。

知识准备

计算机芯片级维修技术属新型高端技术，它将电路与模拟电子技术和数字电路的知识进行综合实践与应用，涵盖计算机主板中的各种工作电路，硬盘的控制电路，笔记本计算机的键盘、电源电路，显示器中控制电路板中芯片的更换，还包括一些I/O芯片、声卡芯片、开机芯片、电容和电阻等电子元器件的维修和更换。对于初学者，要重点掌握主板各模块电路的工作原理及关键点数据的检测，把故障板所测数据与正常数据进行对比，从而确定电路故障点。

计算机芯片级故障检修应具备的基础技能知识如下。

1. 会分析电路图

要会分析电路图工作原理，依据上电时序识别电信号工作流程。只有能看懂主板电路图，才可能修好主板或笔记本计算机故障。要想看懂主板电路图，就需要从基本电子元器件（电阻、电容、二极管、晶体管、MOS管、门电路等）的标识、特性、工作原理等方面开始。由于计算机品牌多，厂商多，还需要看懂各大厂商的保护电路、电路设计的差异、上电时序、信号流程。真正掌握了这些技能以后，不论计算机如何升级和改进，用户都可以轻松地解决各种故障。

2. 能在计算机主板上找到电子元器件

如果用户会分析电路图，则可以判断可能是某个电子元器件损坏了，但是如果找不到电子元器件则无法维修。计算机主板上的电路组成和设计有一定规律，从而让用户轻松地掌握主板上各元器件的位置。

3. 知道计算机主板上的关键测试点

知道计算机主板上的关键测试点，这样可以快速地找到故障点。计算机主板中的每个电路都有关键测试点，通过这些关键测试点的对地阻值、电压或波形可以判断计算机对应的故障。

4. 会使用维修工具

示波器检测可以直观形象地把内部的问题反映出来。找出故障点后，要会使用恒温电烙铁、热风焊枪等工具完成元器件拆焊，修复主板故障。

任务实施

CMOS电路识别与故障检修

CMOS（互补金属氧化物半导体存储器）一般内置在南桥中，是一个可读/写存储器（RAM），主要用于保存日期、时间、主板上存储器的容量、硬盘的类型和数目、显卡的类型、当前系统的硬件配置及用户设置的某些参数等重要信息。一般情况下，CMOS电路主要由南桥芯片、实时时钟晶振、CMOS电池和CMOS跳线等部分组成。

一、关机时CMOS供电电路识别与故障检修

CMOS供电电路在关机状态下仍然需要工作，由CMOS电池经过CMOS供电电路为南桥内部的CMOS

存储器提供工作电压，台式机和笔记本计算机的CMOS电池分别如图9–6和图9–7所示。

具体工作原理：从CMOS电池正极开始，经过二极管DD1（2脚入，3脚出）和CMOS跳线（3脚入，2脚出），从RTCVDD端口直接送入南桥内部CMOS存储器，为实时时钟电路提供工作电压，如图9–8和图9–9所示。

图9–6　台式机的CMOS电池

图9–7　笔记本计算机的CMOS电池

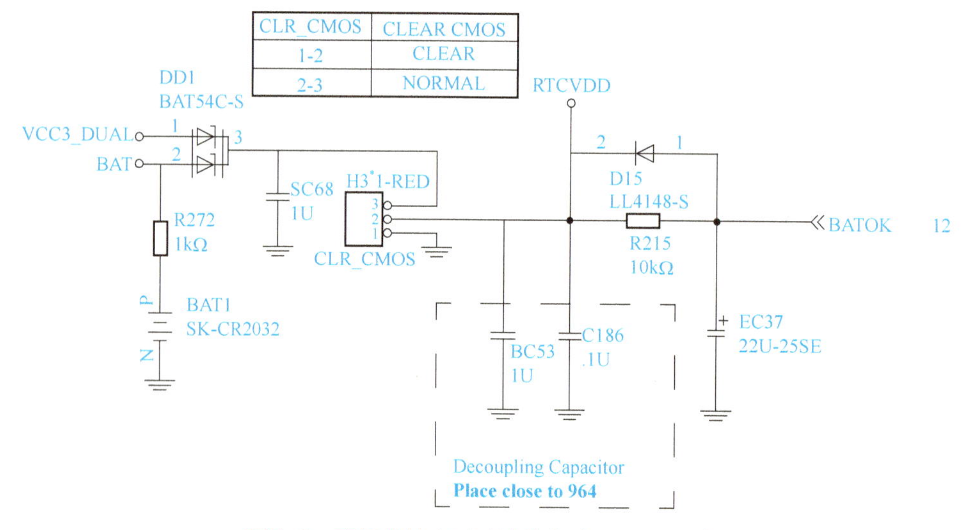

图9–8　南桥芯片实时时钟供电（RTCVDD）

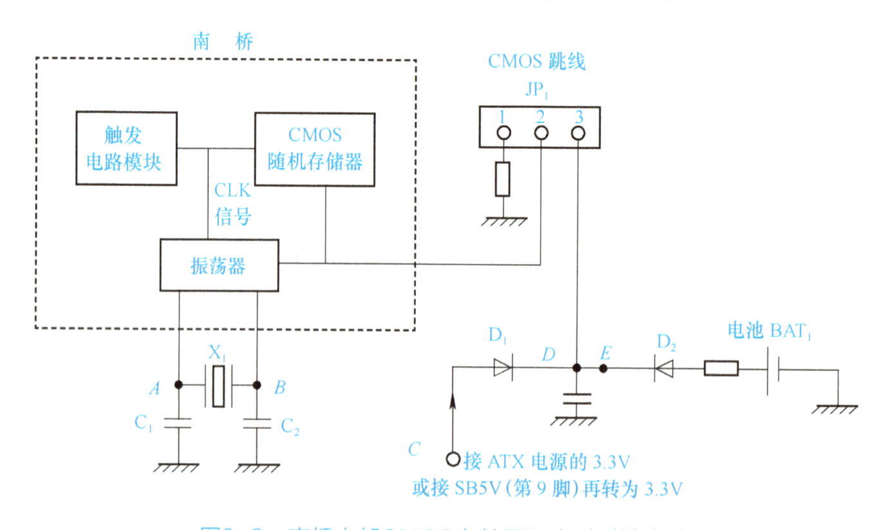

图9–9　南桥内部CMOS存储器和实时时钟电路

在CMOS电池损坏或电量过低的情况下，CMOS存储器无法保存CMOS信息，故计算机启动时屏幕出现“CMOS checksum error–Defaults loaded”提示，提示主板保存的CMOS信息出现问题，需要重置。一般的解决方法是更换CMOS电池，并查看CMOS跳线设置是否正确。如果更换了CMOS电池，CMOS跳线设置正确，但故障现象依然存在，则需要用数字万用表判断二极管和电容的好坏，发现硬件损坏后直接更换损坏的元器件，即可修复电路故障。

二、待机和开机时CMOS供电电路识别与故障检修

主机接通220V电源，ATX电源为主板提供5V待机电压（SB5V），利用AMS1084CD三端稳压器（U11）转换为3.3V（VCC3_DUAL），提供给南桥芯片、CMOS供电电路等，如图9-10所示。

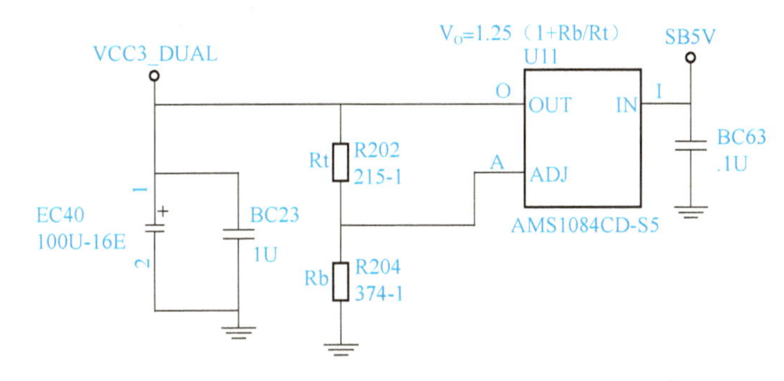

图9-10 南桥3.3V待机电压（VCC3_DUAL）

具体工作原理：由于VCC3_DUAL电压大于CMOS电池电压，在二极管DD1（见图9-8）作用下，VCC3_DUAL电压取代CMOS电池为CMOS存储器提供工作电压，从VCC3_DUAL电源开始，经过二极管DD1（1脚入，3脚出）和CMOS跳线（3脚入，2脚出），同样从RTCVDD（见图9-8）端口直接送入南桥内部CMOS存储器，为实时时钟电路提供工作电压。

在VCC3_DUAL电压异常的情况下，计算机启动时，出现“CMOS checksum error-Defaults loaded”提示，更换新电池后，使用时间不长，故障再次出现。这主要是因为CMOS供电电路中的VCC3_DUAL电源、二极管或者电容元器件发生故障，导致供电无法到达南桥内部，只能由新电池维持CMOS供电。此时需要用数字万用表判断三端线性稳压器、二极管和电容的好坏，发现硬件损坏后直接更换损坏的元器件，即可修复电路故障。

温馨提示

数字万用表蜂鸣档使用方法：数字万用表蜂鸣档一般用来快速判断电路的通、断，把数字万用表的红色表笔插入V（Ω）插孔，把黑色表笔插入COM插孔，再把选择开关带有三角箭头标识的一端指向蜂鸣档（二极管档）即可。在测量为通的情况下，蜂鸣器会发出蜂鸣声，表明被测两点之间是连通的。发出蜂鸣声时，电阻一般小于30Ω，不同牌子的数字万用表发出蜂鸣声的最小电阻有差异。

拓展任务

识别与判断24针ATX电源接口好坏

24针脚ATX电源接口与20针脚接口有所区别，如图9-11所示。

下面对ATX电源输出的不同电压进行介绍

1）+12V：一般为硬盘、光驱的主轴电机和寻道电机提供电源，以及为串口等电路提供逻辑信号电平。如果+12V的电压输出不正常，常会造成硬盘、光驱的读盘性能不稳定。当电压偏低时，表现为光驱挑盘严重，硬盘的逻辑坏道增加，经常出现系统死机的现象，无法正常使用。电压偏高时，光驱的转速过高，容易出现失控现象，如炸盘，硬盘表现为失速、飞转。

2）-12V：为串口提供逻辑判断电平，需要的电流较小，一般在1A以下，即使电压偏差较大，也不会造成故障，因为逻辑电平的0电平为-15～-3V，有很宽的范围。

3）+5V：提供给CPU和PCI、AGP等集成电路的工作电压，是计算机主要的工作电源。电源质量的好坏，直接关系着计算机的系统是否稳定。如果没有足够大的+5V电压提供，会表现出CPU工作速度变慢，经常出现蓝屏，屏幕图像停顿等，计算机的工作变得非常不稳定或不可靠。

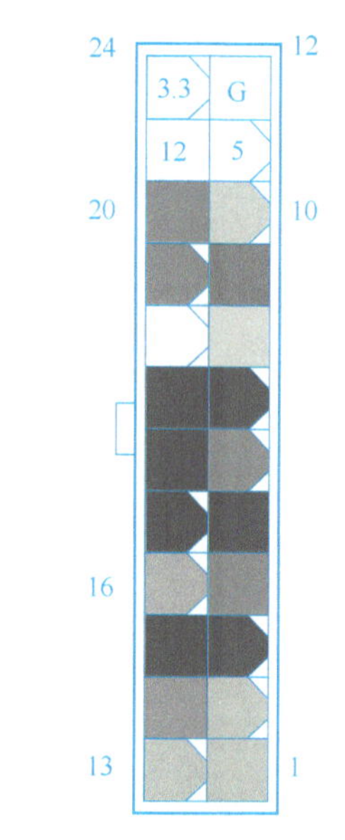

图9-11　ATX电源24针脚接口

4）-5V：也是为逻辑电路提供判断电平的，需要的电流很小，一般不会影响系统正常工作，出现故障的概率很小。

5）+3.3V：经主板的电压转换电路变换后用于驱动CPU、内存等电路。

6）+5VSB（+5V待机电源）：ATX电源通过PIN9向主板提供+5V、720mA的电源。这个电源为WOL（Wake-up On Lan）和开机电路、USB接口等电路提供电源。如果不使用网络唤醒等功能，可将此类功能关闭，去除跳线，从而避免这些设备从+5VSB供电端分取电流。

7）P-ON（电源开关端）：P-ON端（PIN14脚）为电源开关控制端，通过判断该端口的电平信号来控制开关电源的主电源的工作状态。

注意：有时候虽然使用万用表测出的电源输出电压是正确的，但是当电源连接在系统上时仍然不能工作，这种情况主要是由于电源不能提供足够多的电流导致的。典型的表现为系统无规律地重启或关机。对于这种情况，只能更换功率更大的电源。

8）P-OK（电源好信号）：一般情况下，如果灰色线P-OK的输出在2V以上，那么这个电源就可以正常使用；如果P-OK的输出在1V以下，那么这个电源将不能保证系统的正常工作，必须被更换。

知识巩固与提高

1．主板常见故障有哪些？如何处理？

2．CPU常见故障有哪些？如何处理？

3．显卡常见故障有哪些？如何处理？

4．内存常见故障有哪些？如何处理？

5．计算机常见硬件故障分类和故障处理原则是什么？

6．识别与判断计算机ATX电源接口好坏的方法是什么？

7．计算机开机无显示，试分析哪些硬件可能导致此故障？

8．计算机开机出现“滴”声，一开始是一长两短，然后出现长音断，如何检测并排除故障？

9．开机黑屏该如何进行检测？

10．计算机启动时无法找到硬盘，该怎么处理？

11．计算机芯片级检修应具备哪些技能知识？

12．计算机CMOS电路的作用是什么？由哪些组成部分？

13．计算机CMOS电路在关机和待机（开机）状态下的工作过程是怎样的？

14．CMOS电路正常工作时，CMOS跳线如何设置？清除CMOS信息时又如何设置？

学习单元10

维护计算机软件系统

单元情景

MicroCloud365团队成员小王的计算机最近不太好用，经常无法进入操作系统。即便有时进入了操作系统，系统卡顿也很严重。小王判断可能是操作系统存在问题，就把操作系统重新安装了一遍。重装操作系统后，计算机正常运行了，但是一周后，老问题又频繁出现。此时小王又怀疑是硬盘故障，打算换一块新硬盘。考虑到当前硬盘容量都比较大，而且价格也不高，就买了一块容量大小为1TB的硬盘。重新安装操作系统后，可以正常进入操作系统，运行也很流畅。但3天后，操作系统又出现卡顿的现象。小王开始手足无措，实在找不到原因了。小王的计算机怎么了？问题到底出在什么地方？

当操作系统出现故障时，还原系统是一个比较好的方法。但是，不是所有的故障都可以通过还原系统解决，如软件故障和硬件故障等。当计算机遭遇软件故障或硬件故障时，如何及时、有效、准确地判断并处理问题；如何使计算机硬件与软件尽可能地兼容并发挥计算机最大的作用等，都是本单元需要解决的问题。

学习目标

- 了解计算机软件的分类
- 了解造成软件故障的常见原因
- 了解常见的计算机硬件故障
- 掌握软件故障的排除方法，并能排除常见的软件故障
- 掌握造成硬件故障的原因，并能排除常见的硬件故障
- 掌握计算机性能测试及优化方法

任务1 排除常见的软件故障

在进行软件故障排除之前，需要先了解计算机软件的分类以及造成软件故障的原因。只有找到软件故障的原因，才有可能在第一时间找到排除软件故障的方法。MicroCloud365团队成员需要尽快掌握分析软件故障原因的技能，从而快速排除常见的软件故障。

知识准备

一、软件故障剖析

计算机软件一般分为系统软件和应用软件两大类。系统软件一般是由计算机厂家提供的，是为了管理和充分利用计算机资源，方便用户使用和维护，发挥和扩展计算机功能，提高使用效率的通用软件。用户都要使用它们，但一般不修改它们。应用软件是用户在各个领域中为解决各类实际问题而开发的软件，如平面设计软件、图书管理软件、人事管理软件、财务管理软件等。

软件故障通常是由下面一些原因造成的。

（1）软件不兼容

有些软件在运行时与其他软件有冲突，不能相互兼容。如果这些不能兼容的软件同时运行，则可能会严重消耗计算机资源，导致操作系统卡顿，严重情况下可能会使操作系统崩溃。浏览器、输入法、安全软件、杀毒软件等同类型的不同产品，都有可能存在冲突。如果系统中安装了多款杀毒软件，那么很容易造成操作系统运行速度慢且不稳定。

（2）非法操作

非法操作是由于用户操作不当造成的。例如，卸载程序时不使用程序自带的卸载软件，而是直接将程序的文件夹和文件删除，这样一般不能完全卸载该程序，反而会给系统留下大量的垃圾文件，成为系统故障隐患。

（3）误操作

误操作是指用户在使用计算机时，误将有用的操作系统文件删除或者执行了格式化命令，从而使硬盘上重要的数据丢失。例如，用户发现C盘根目录下有部分隐藏文件，以为没有用处，就随手将这部分文件删除了，当用户再次开启计算机时，就会发现计算机无法进入操作系统并报错。

（4）病毒的破坏

计算机病毒会对操作系统进行难以预料的破坏。有的病毒会破坏硬盘上的可执行文件，使其不能正常运行；有的病毒会破坏操作系统文件，造成操作系统不能正常启动；还有的病毒会破坏计算机的硬件，使用户承受巨大的损失。

（5）软件的参数设置不合理

软件（特别是应用软件）总是在一个具体用户环境下使用的，如果用户设置的环境参数不能满足用户使用的环境要求，那么用户在使用时往往会感觉软件有某些缺陷或者发生故障。文档在编辑过程中可以正常显示，但是打印出来却是白纸。经过检查发现，故障计算机的Office 2003的Word系统设置了“蓝底白字”功能。由于在编辑时无法发现任何异常（因为是蓝色背景），但是在打印时，白纸上面是无法显示白字的，因此也就导致了故障现象的发生。

二、软件故障排除方法

1. 安全模式法

安全模式法主要用来诊断由于注册表损坏或一些软件不兼容导致的操作系统无法启动的故障。安全模式法的诊断步骤为：首先用安全模式启动计算机，如果存在可能不兼容的软件，在系统启动后将相关软件卸载，然后正常退出；接着启动计算机，启动后如果还是不能正常启动，则需要使用其他方法排除故障。

2. 软件最小系统法

软件最小系统法是指从维修的角度看能使计算机开机运行的最基本的软件环境，即只有一个基本的操作系统环境，不安装任何应用软件（可以卸载所有的应用软件或者重新安装操作系统，然后根据故障分析及判断的需要，安装需要的应用软件）。使用一个干净的操作系统环境，可以判断故障是属于系统问题、软件冲突问题，还是软硬件间的冲突问题。

3. 程序诊断法

针对运行环境不稳定等故障，可以用专用的软件对计算机的软硬件进行测试，如3DMark、BurnInTest等。根据这些软件的反复测试而生成的报告文件，人们就可以比较轻松地找到一些由于系统运行不稳定而引起的故障。

4. 逐步添加/去除软件法

逐步添加软件法是指以最小系统为基础，每次只向系统添加一个软件，以此检查故障现象是否发生变化，从而判断软件故障。逐步去除软件法正好与逐步添加软件法的操作相反。

5. 软件环境参数重置法

目前的软件为了适应不同环境下用户的需要，都预留了一些配置参数变量。因此，当软件出现了一些应用故障或者缺陷时，要尽量从软件的配置参数入手分析，针对软件故障的表现对相应的参数加以修改，从而有效排除故障。

任务实施

一、Windows 10操作系统故障

1. 桌面上的所有图标突然消失

通常情况下，可能是由于用户误操作而隐藏了桌面图标，只要更改系统设置就能将其显示出来。

操作步骤如下：

如图10-1所示，在桌面空白处单击鼠标右键，从弹出的菜单中选择“查看”菜单项，然后选择级联菜单中的“显示桌面图标”菜单项即可。

图10-1　选择“查看→显示桌面图标”菜单项

2. 系统无法自动更新

以前操作系统都是自动更新的，但是隔了很长时间都没有自动更新。系统无法自动更新的故障，通常情况下是由于关闭“Windows Update”服务导致的，重新开启“Windows Update”服务即可，步骤如下：

右键单击桌面左下角的Windows徽标按钮，在弹出的菜单中选择“运行”菜单项（如图10-2所示），也可以按<Win+R>组合键，弹出图10-3所示的对话框。

图10-2　弹出菜单窗口

在“运行”对话框中，在“打开”文本框中输入“services.msc”，单击“确定”按钮。

图10-3　“运行”对话框

此时弹出如图10-4所示的“服务”窗口，找到“Windows Update”选项并双击，打开“Windows Update的属性（本地计算机）”对话框，在“启动类型”处选择“自动”，依次单击“启动”“确定”按钮，即完成“Windows Update”服务的启动工作。

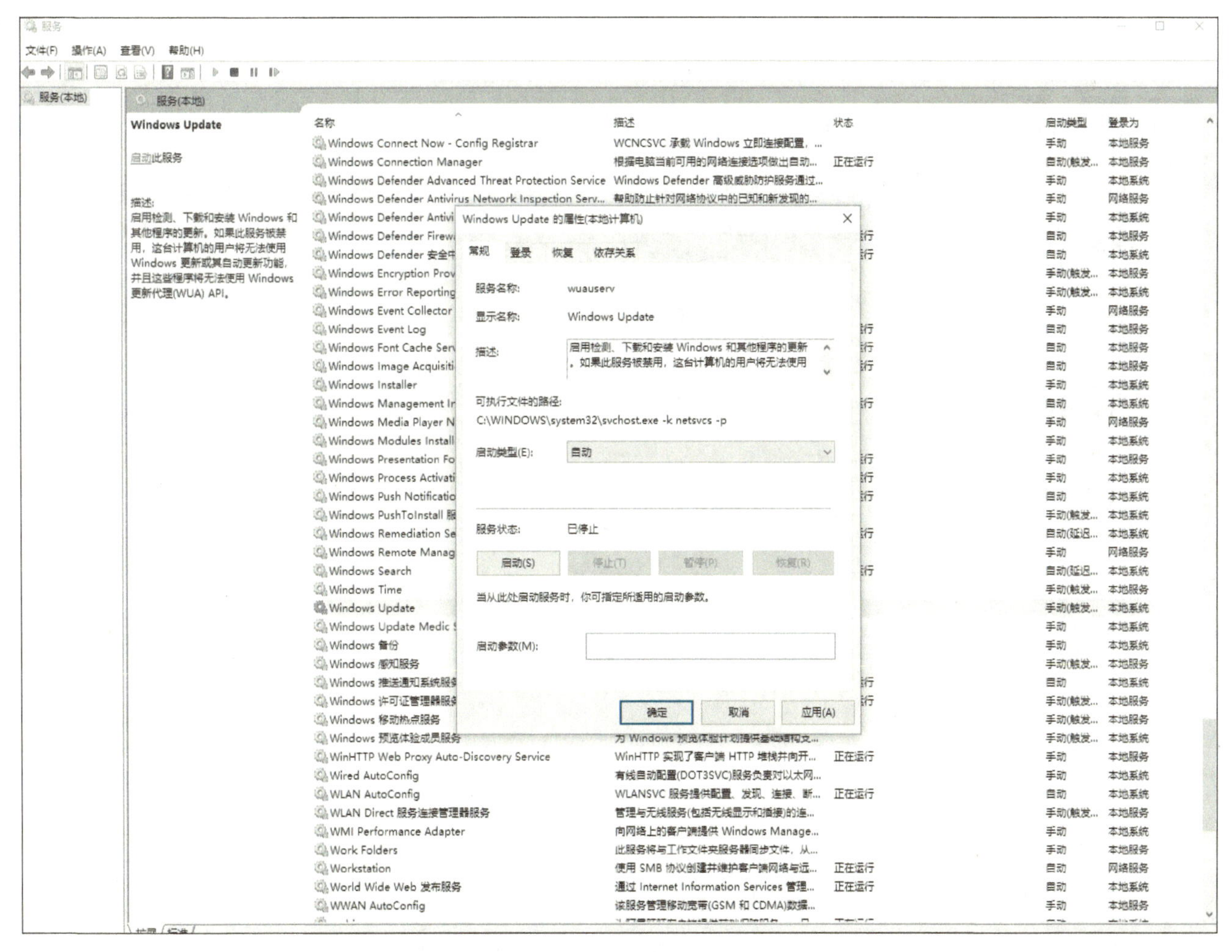

图 10-4　“服务”窗口

3. 任务管理器无法使用

通常情况下，按下键盘的<Ctrl+Alt+Del>组合键或<Ctrl+Shift+Esc>组合键，都可以打开任务管理器。若想重新获得任务管理的使用权，只需在“本地组策略编辑器”窗口中进行简单的设置即可。具体的操作步骤如下：

右键单击桌面左下角的Windows徽标按钮，在弹出的菜单中选择“运行”菜单项，打开“运行”对话框，在“打开”文本框中输入“gpedit.msc”，如图10-5所示，单击“确定”按钮。

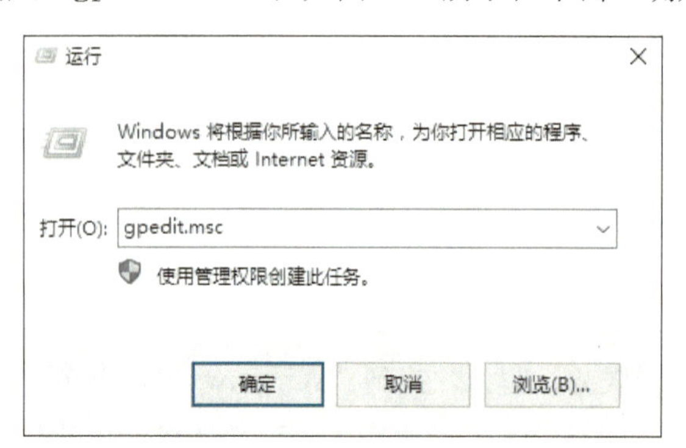

图10-5　输入要运行的程序

打开“本地组策略编辑器”窗口，依次展开“用户配置”→“管理模板”→“系统”→“Ctrl+Alt+Del选项”分支，如图10-6所示。

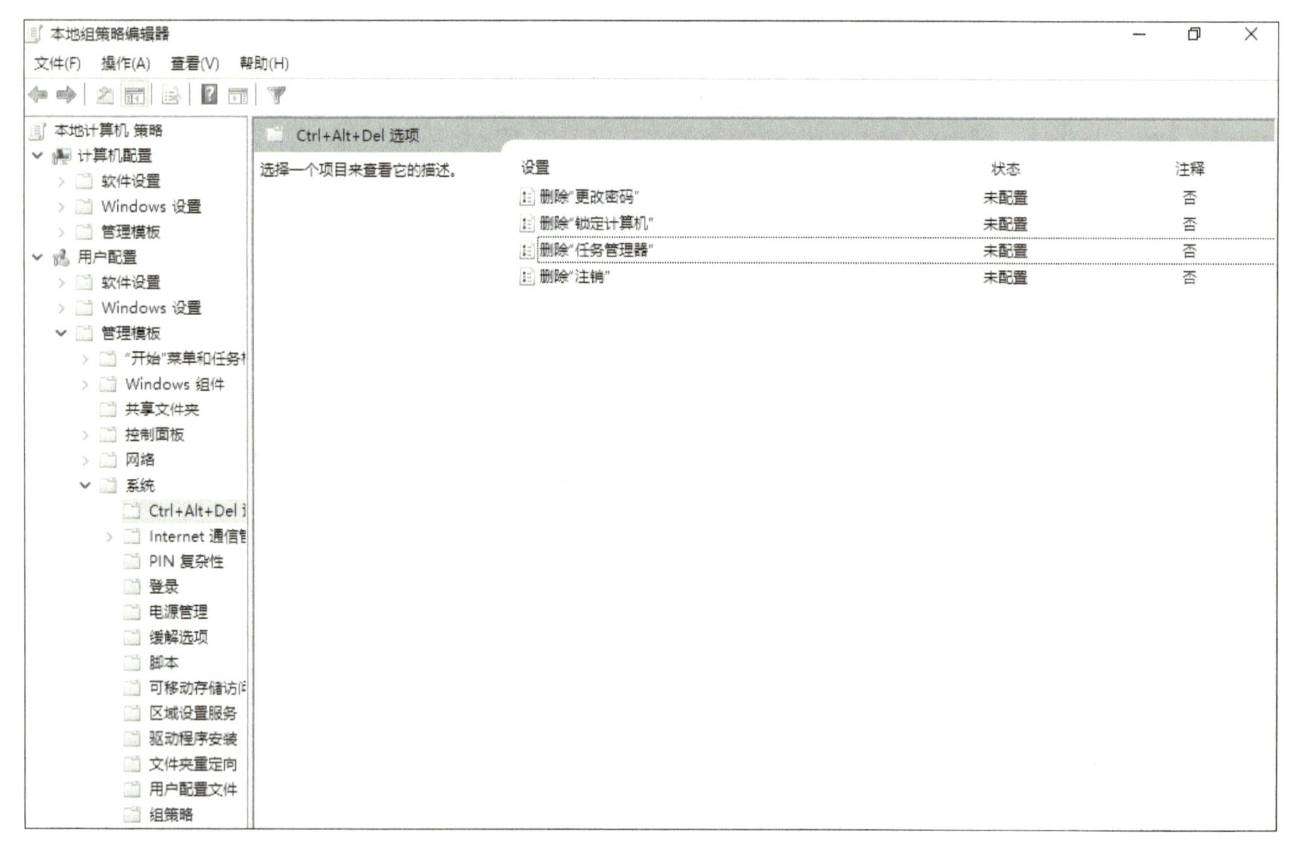

图10-6　“本地组策略编辑器”窗口

在窗口右侧的窗格中双击“删除‘任务管理器’”选项，弹出“删除‘任务管理器’属性”对话框，选中“未配置”或“已禁用”单选按钮，单击“确定”按钮即可，如图10-7所示。

4. 运行过程中频繁死机

Windows 10系统在运行过程中频繁死机，计算机没有超负载使用，其他硬件也没有故障。

解决办法：使用杀毒软件对整个系统进行病毒查杀，排除病毒导致故障的可能性。后来经过检查发现，近期系统中安装了一款不常见的软件，怀疑可能是因为安装了此软件才导致系统频繁死机，于是卸载该软件，重新启动计算机，故障就此排除。

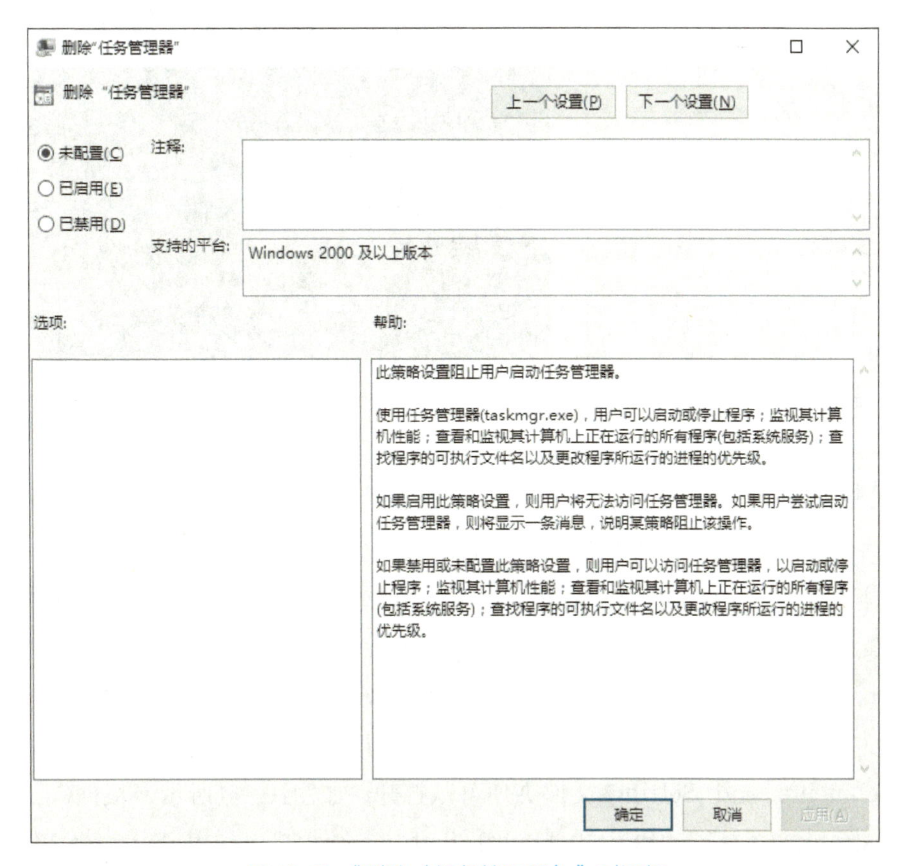

图10-7 "删除'任务管理器'"对话框

5. Windows 10家庭版系统没有"组策略"

组策略对于优化和维护Windows系统来说十分重要。Windows 10家庭版并不包含组策略，因此给用户带来不少的麻烦。

解决办法：首先打开记事本，输入以下内容：

```
@echo off
pushd "%~dp0"
dir /b C:\Windows\servicing\Packages\Microsoft-Windows-GroupPolicy-ClientExtensions-Package~3*.mum >List.txt
dir /b C:\Windows\servicing\Packages\Microsoft-Windows-GroupPolicy-ClientTools-Package~3*.mum >>List.txt
for /f %%i in ('findstr /i . List.txt 2^>nul') do dism /online /norestart /add-package:"C:\Windows\servicing\Packages\%%i"
pause
```

然后将该文件另存为以.bat为扩展名的批处理文件，并以管理员身份运行该文件，如图10-8所示。

稍等片刻，系统提示安装完毕，按任意键退出，如图10-9所示。

此时，重新启动计算机，进入系统后就可以使用组策略功能。

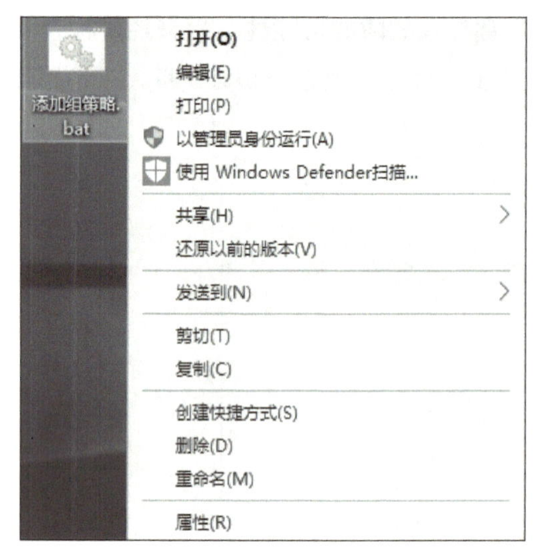

图10-8　以管理员身份运行批处理文件

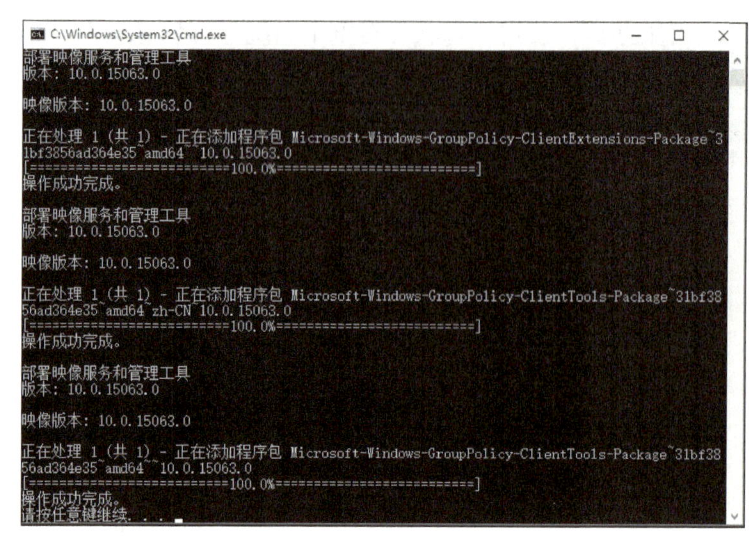

图10-9　批处理文件运行界面

6．找不到Windows 7目录C:\Documents and Settings\Administrator\Local Settings\

解决办法：双击打开桌面上的“计算机”图标，选择“组织→文件夹和搜索选项”选项，在弹出的“文件夹选项”对话框中，打开“查看”选项卡，取消选择“隐藏受保护的操作系统文件（推荐）”复选框并选中“显示隐藏的文件、文件夹或驱动器”单选按钮，单击“确定”按钮，如图10-10所示。

双击打开C盘，此时会看到C盘下有Documents and Settings文件夹，但是前面带了一把锁且双击无法打开。选择该文件夹，然后单击鼠标右键，在弹出菜单中选择“管理员获得所有权”菜单项。当权限赋予完毕后，Documents and Settings文件夹便可以打开。如图10-11所示，根据C:\Documents and Settings\Administrator\Local Settings找到Local Settings文件夹，Local Settings文件夹也需要管理员获得所有权才能打开。

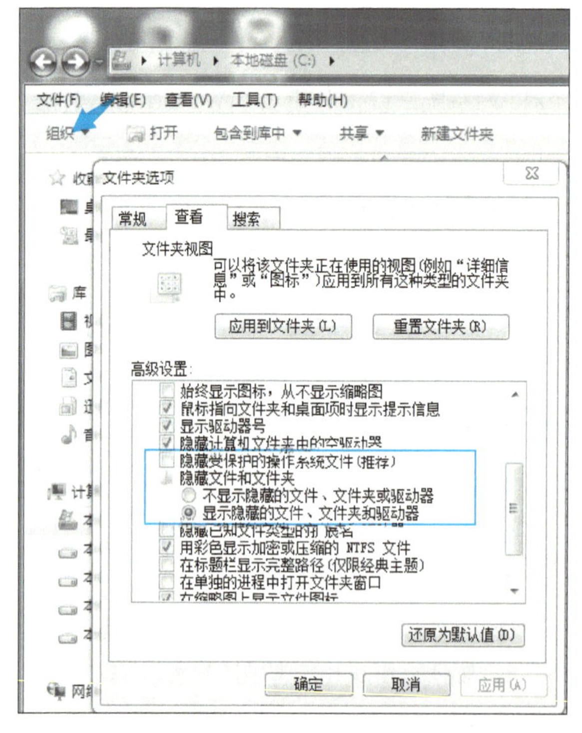

图10-10　“文件夹选项”对话框

图10-11　Local Settings文件夹

二、应用软件故障

1. 网页内容无法复制

故障描述：小王在浏览网页时需要复制网页中的文字及图片等资料，而某些网站中的页面内容无法复制，使小王的网上资料搜索效率降低了不少。

解决办法：如果遇到网页中的文字无法复制的问题，只需通过简单的设置就可以解决。具体步骤如下：

打开“Internet选项”对话框，切换到“安全”选项卡，在“选择一个区域以查看或更改安全设置”列表框中选择“Internet”选项，如图10-12所示。

单击“自定义级别”按钮，弹出“安全设置-Internet区域”对话框，如图10-13所示。在“设置”列表框中选中“脚本”选项下的所有“禁用”单选按钮，然后单击“确定”按钮即可。

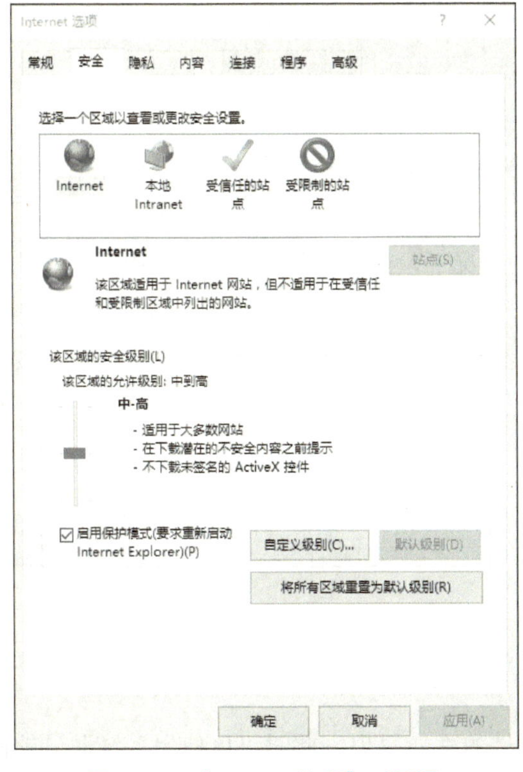

图10-12　“Internet选项”对话框

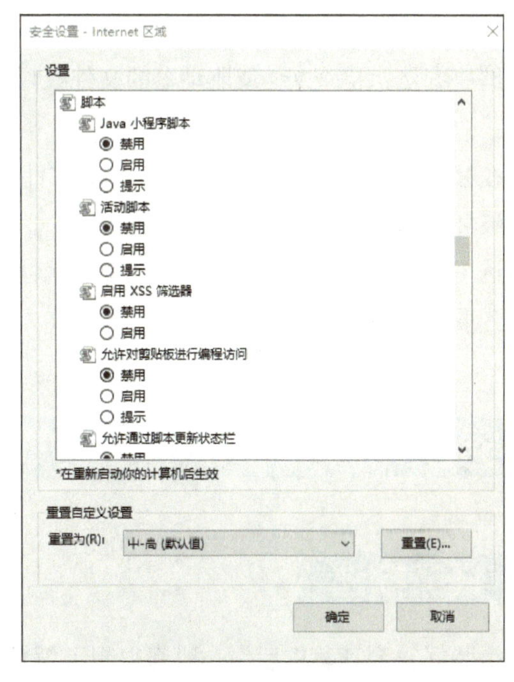

图10-13　“安全设置-Internet区域”对话框

2．网页经常提示“此网站需要运行以下加载项”

使用浏览器上网时，如果浏览器提示“此网站需要运行以下加载项”，先不要进行下一步操作，想一想以下两个问题再操作：

（1）计算机上有没有安全助手和杀毒软件

安全助手和杀毒软件在一定程度上可以辨别该网站是否为虚假网站、钓鱼网站或恶意网站，防止系统加载恶意插件。

（2）此网站是否安全

例如，打开百度，根据常识来判断这个网站一般不会有病毒或恶意插件。再如，打开各大银行的官网，这种类型的站点一般也不会有病毒或恶意插件。这些站点都可以放行加载项。

如果网站是莫名弹出来的，或可以确认某网站带有病毒、木马或恶意插件，建议不要运行加载项，或直接关闭浏览器。

所以，浏览器提示“此网站需要运行以下加载项”时，要有选择地运行或取消，不能一概而论。

3．PPT/Word文档无法打开

故障描述：小王经常遇到在网上下载的PPT文档或者Word文档无法打开的情况，打开文档时总会弹出“Word在试图打开文件时遇到错误”提示，如图10-14所示。

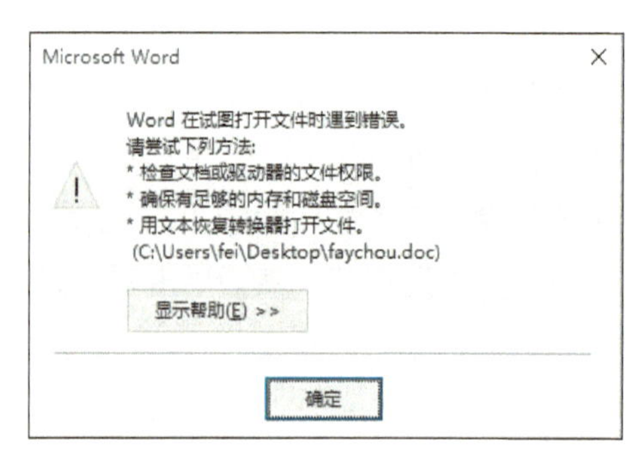

图10-14　Microsoft Word报错提示

解决办法：检查文档或驱动器的文件权限，确保有足够的内存和磁盘空间，或用文件恢复转换器打开文件。

在修复文档或更换更高版本的Office软件都无法解决的情况下，可以考虑是否是计算机为了防止外部文件破坏系统而采取的自我保护措施。

选中该文件，单击鼠标右键，选择“属性”菜单项，此时，文件属性对话框最下方多了一个“安全”选项，取消选择“解除锁定”复选框即可。

任务2　测试与优化系统性能

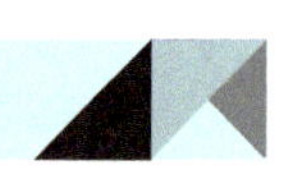

任务描述

组装好一台计算机后，一般都很想了解计算机主要部件的性能表现，此时可以使用系统测试软件进行测试。换个角度说，通过测试硬件性能来了解各硬件性能优劣，就可以合理优化硬件配置，使各个硬件

性能均衡，避免出现水桶效应，即因为某个硬件性能低而影响整个计算机系统性能。目前有许多优秀的系统性能测试软件工具，用户只需要通过简单的操作就可以非常详细地获取计算机的相关信息，如CPU信息、主板信息、内存信息等。

知识准备

系统的优化主要是指对整机性能的优化，包括对操作系统的优化和对硬盘的优化。对系统优化，可更充分地利用硬件资源，提高系统的运行速度。优化的方法有两种：一种是手工优化；另一种是使用第三方软件进行优化。

任务实施

一、计算机系统测试

1. 使用操作系统提供的功能进行性能测试

Windows 10操作系统提供了一个“性能监视器”，用于查看计算机的主要硬件系统信息，如处理器、内存等。主要操作步骤如下：

1）打开“控制面板”，在“管理工具”页面选择“性能监视器”，双击打开，如图10-15所示。

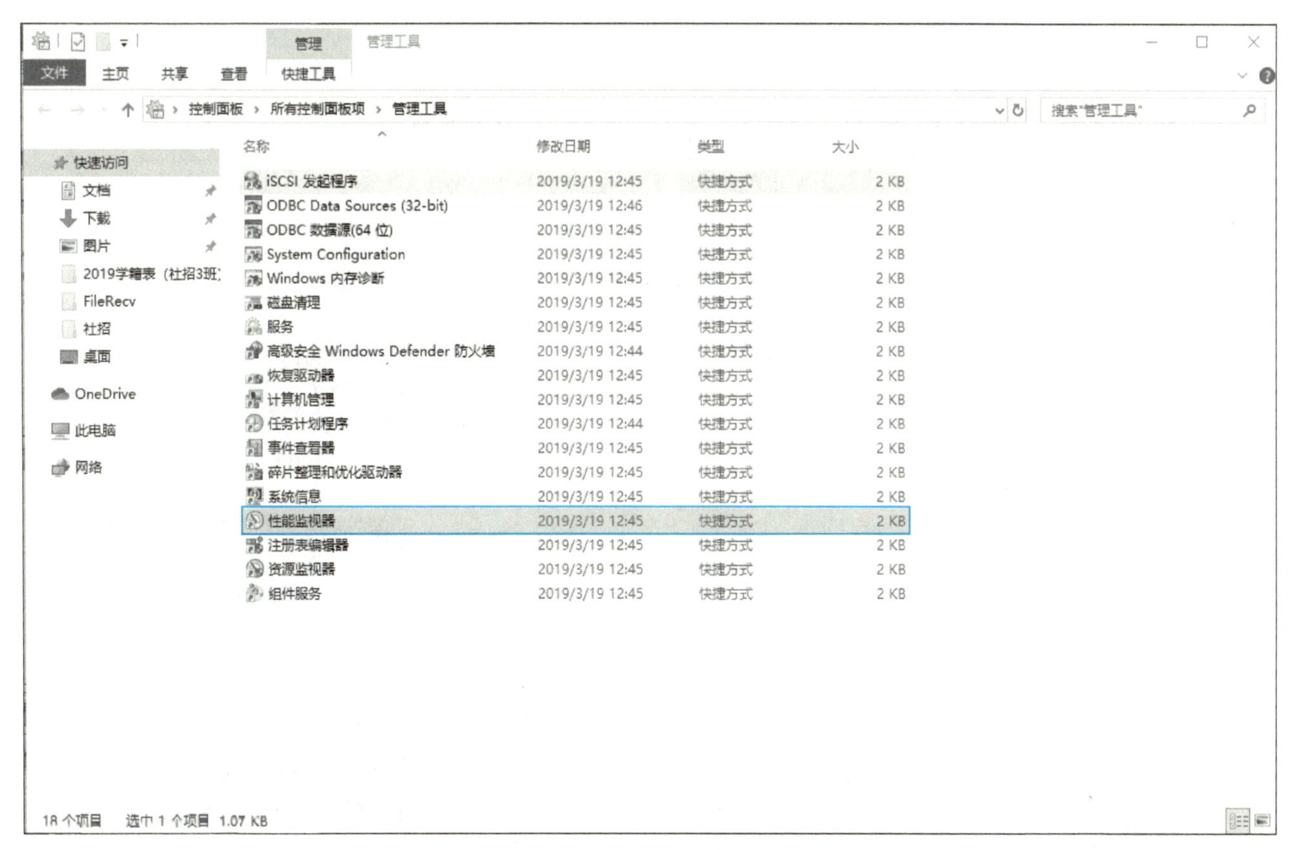

图10-15 “管理工具”页面

2）出现如图10-16所示的“性能监视器”窗口。

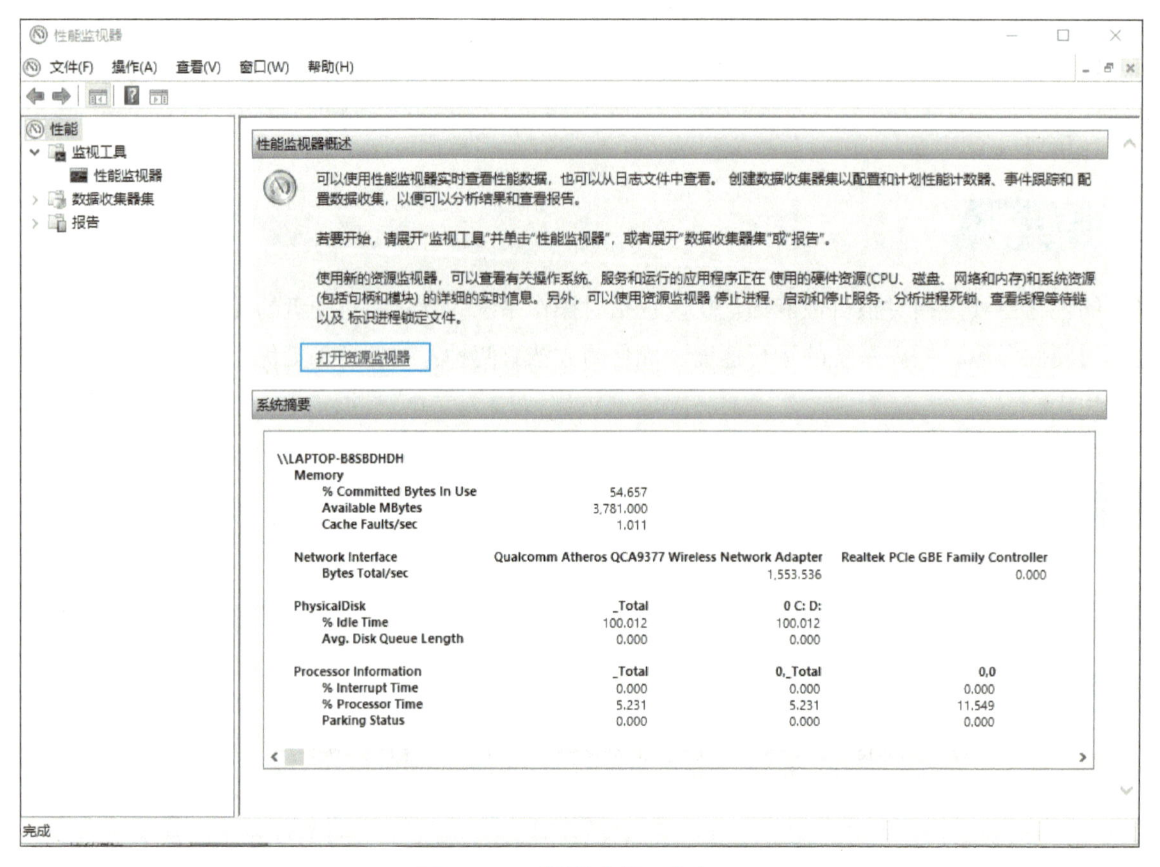

图10-16 “性能监视器”窗口

3）单击“打开资源监视器”按钮，在打开的“资源监视器”窗口（见图10-17）中可以分别看到整体资源的使用情况，包括概述、CPU、内存、磁盘、网络等资源使用情况。

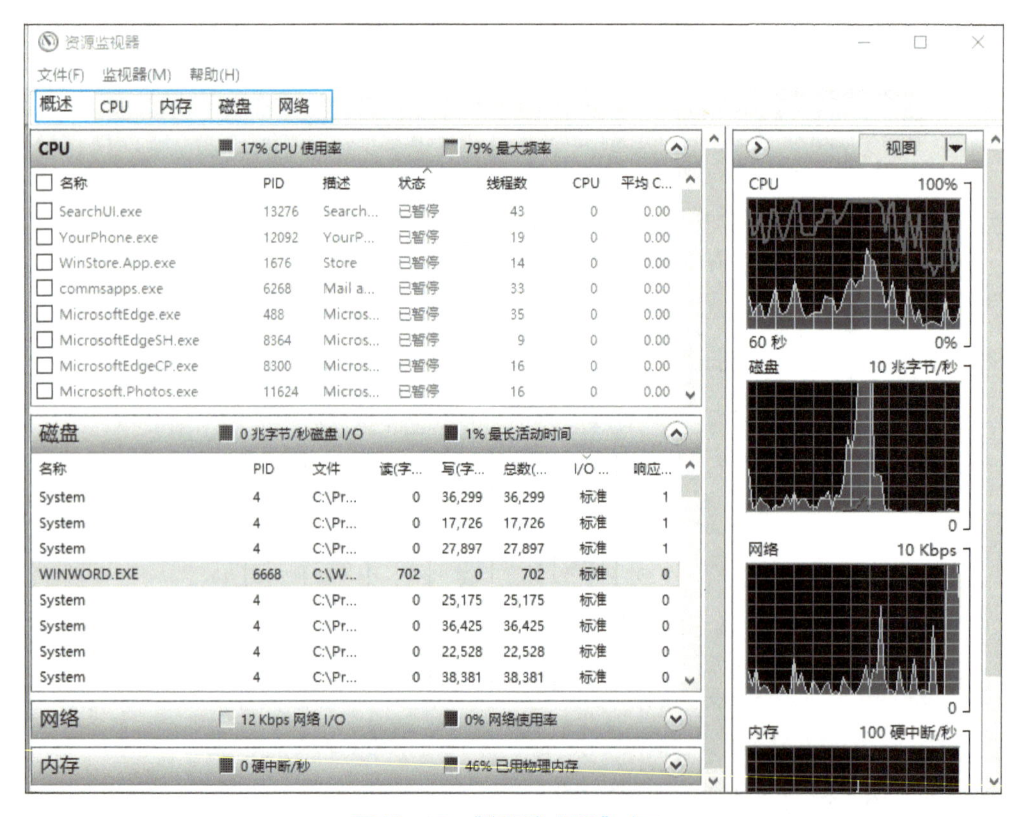

图10-17 “资源监视器”窗口

除了采用资源监视器查看系统性能外，Windows 10还提供了使用任务管理器这种更简便的方式来查看当前设备性能。方法如下：右键单击Windows 10桌面上的底部状态栏，选中“任务管理器”，单击打开。在“性能”选项卡下，即可查看到系统当前的CPU、内存、磁盘和网络带宽的使用情况，如图10-18所示。

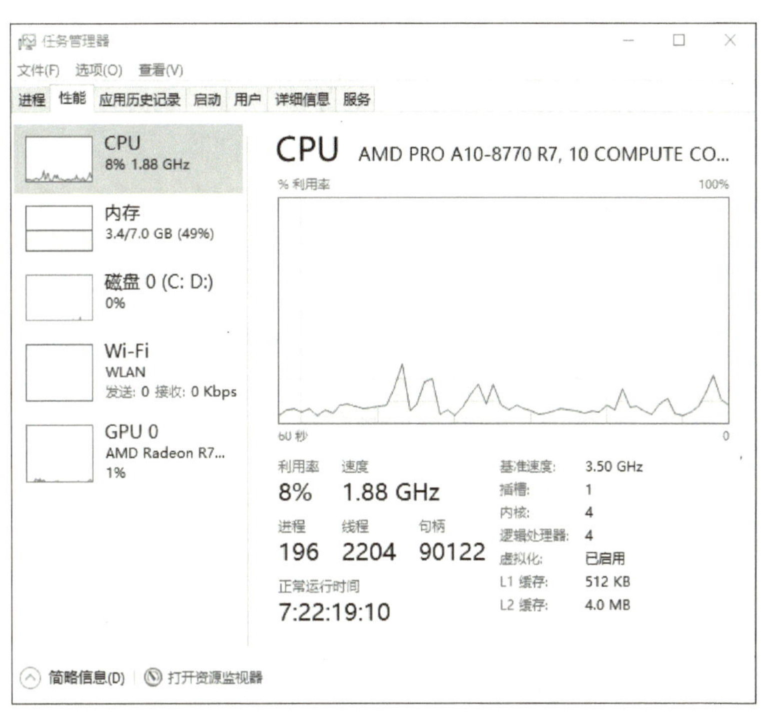

图10-18　“任务管理器”窗口

此时，也可单击左下角的“打开资源监视器”，在打开的“资源监视器”窗口中查看当前设备的CPU、内存、磁盘、网络等资源使用情况，如图10-19所示。

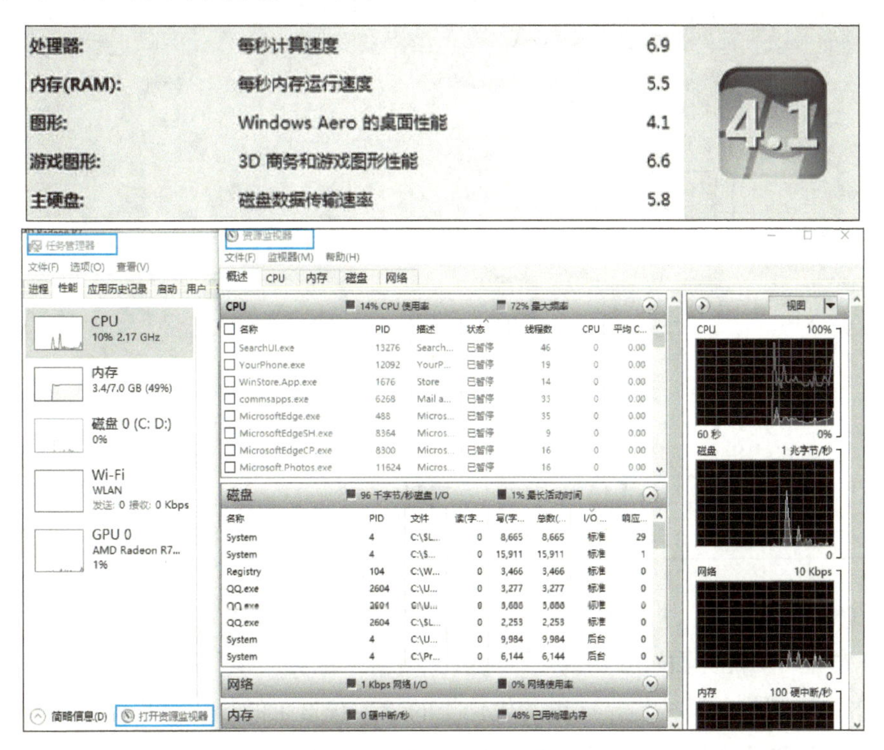

图10-19　“资源监视器”窗口

2. 使用第三方软件进行性能测试

可以对计算机系统进行性能测试的第三方软件很多，这里以目前PC安装较多的安全防护软件“360安全卫士”为例进行介绍。

1）打开360安全卫士，界面如图10-20所示。

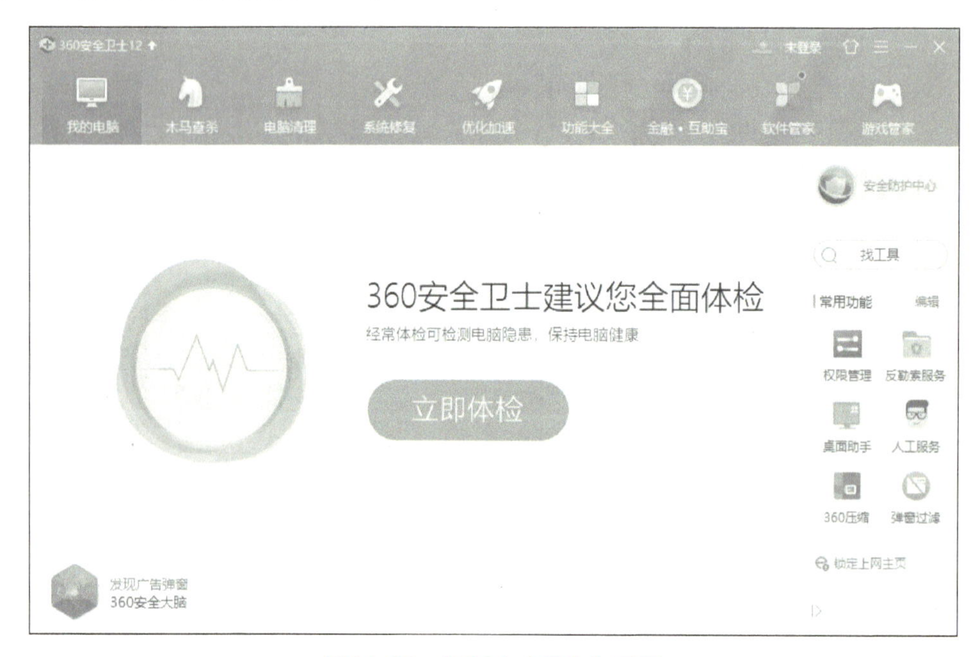

图10-20 “360安全卫士”界面

2）进入360安全卫士，在“我的工具”选项中找到“鲁大师”选项，如图10-21所示。

图10-21 “鲁大师”选项

3）进入“鲁大师”功能界面，如图10-22所示。单击“性能测试”按钮进行检测。如果想提高计算机的性能，可单击“清理优化”按钮，这里的优化指的是系统设置的优化。也可直接在“360安全卫士”界面单击“电脑清理”和“优化加速”按钮进行系统设置的优化。

图10-22 “鲁大师”功能界面

二、计算机系统优化

1. 手工优化操作系统

Windows 7可供家庭及商业工作环境中的笔记本计算机、平板计算机、多媒体中心等使用。Windows 7也延续了Windows Vista的Aero 风格，并且增添了一些功能。Windows 7这种多用途、多功能的设计及华丽的风格外观会占用较多的硬件资源，当用户计算机硬件资源配置不高时，去除这些多余功能，释放计算机资源给用户需要的程序，无疑会给用户带来更好的体验。

(1) 加快系统启动速度

首先打开操作系统“开始”菜单，在搜索程序框中输入“msconfig”，打开“系统配置”对话框后切换到“启动”选项卡，如图10-23所示。

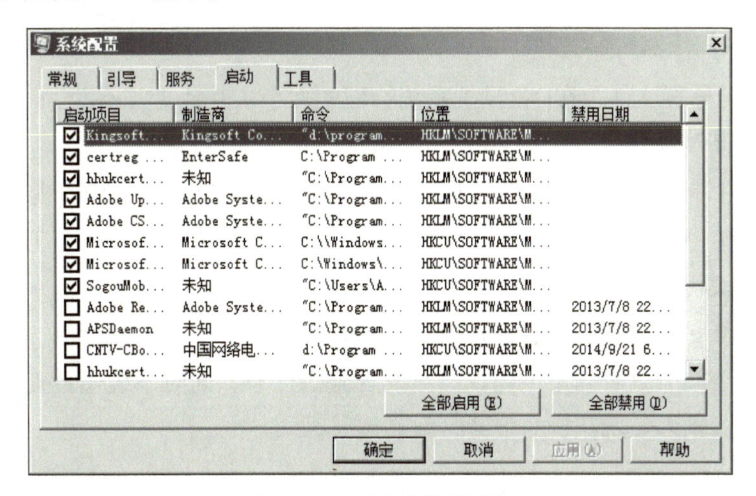

图10-23 “启动”选项卡

其中，启动项目是计算机加载操作系统时自动启动的项目，这里保留杀毒软件，取消选择一些不常用的程序启动项目，将会提高启动速度。

温馨提示

可以通过修改注册表来提高系统启动速度，选择“开始→运行”菜单项，输入“Regedit”，选择“HKEY_CURRENT_USER→Control Panel→Desktop”选项，将“HungAppTimeout”的数值更改为200，将“WaitToKillAppTimeout”的数值更改为1000。另外选择“HKEY_LOCAL_MACHINE→System→CurrentControlSet→Control”选项，将“HungAppTimeout”的数值更改为200，将“WaitToKillServiceTimeout”的数值更改为1000。

（2）优化计算机性能

首先右键单击“计算机”图标，在弹出菜单中选择“属性→高级系统设置”菜单项，弹出的“系统属性”对话框如图10-24所示。然后在“性能”选项区域单击“设置”按钮，打开“性能选项”对话框，选择“高级”选项卡，单击“更改”按钮进行虚拟内存更改，如图10-25所示。

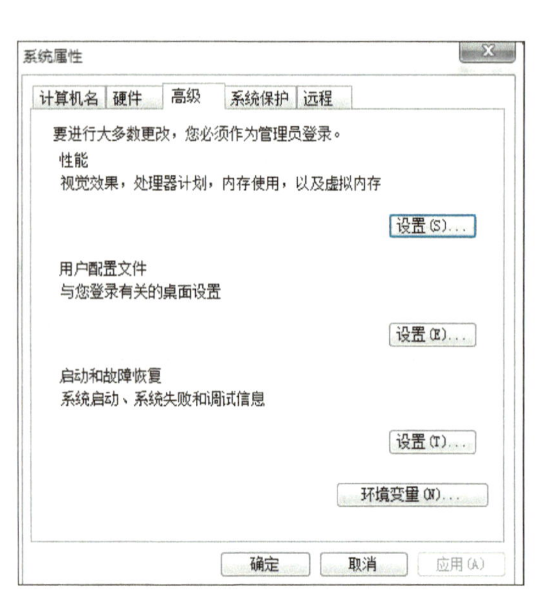

图10-24 “系统属性”对话框

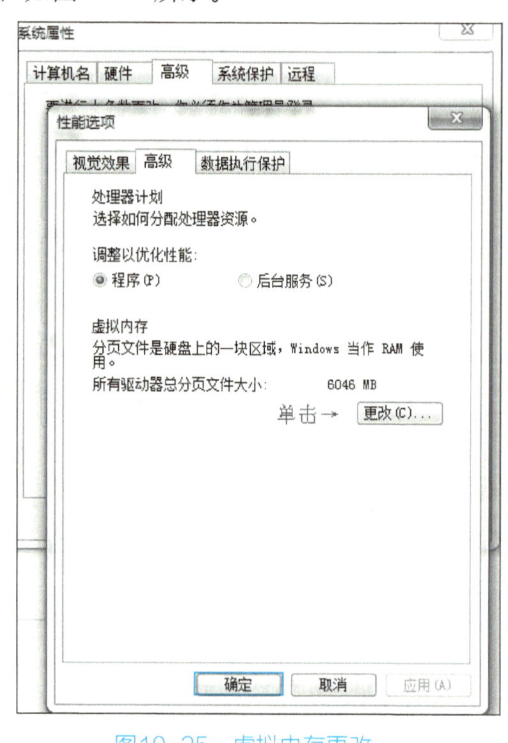

图10-25 虚拟内存更改

最后将C盘设置为无分页文件，在D盘设置系统管理的大小，其他盘符不动。

（3）关闭“自动更新”功能

“自动更新”功能对许多用户而言并不是必需的，可将其关闭以节省系统资源。方法：右键单击“计算机”图标，在弹出菜单中选择“属性→Windows Update→更改设置→从不检查更新”菜单项。

（4）关闭主题清减桌面

漂亮的主题或者壁纸是有代价的，会消耗大量的内存，桌面上有太多图标也一样。因为系统每次启动到显示桌面时，首先需要检查是否启用主题，一旦发现就会加载。同时系统还会查找和验证桌面快捷方式的有效性，因此快捷方式越多，所花费的验证时间就越长。

温馨提示

建议大家平时尽量不使用主题，设置一张漂亮的壁纸就可以了。另外，可将桌面快捷方式分门别类地放到专门的文件夹中，便于管理，这样加速、启动一举两得。

设置方法如下：

右键单击“计算机”图标，选择“属性→高级系统设置→性能设置”菜单项，打开“性能选项”对话框。从中进行如图10–26所示的设置，这样设置能最大地提高性能，而且保证了Windows 7的美观性。

(5) 关闭消息通知

打开控制面板，选择“系统和安全”选项，在操作中心中更改用户账户控制设置，将滑块拖到最下面，然后单击“确定”按钮即可，如图10–27所示。

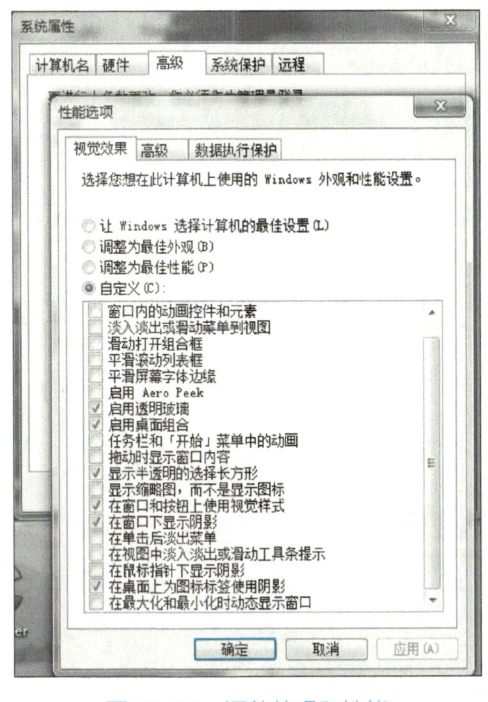

图10–26　调整外观和性能

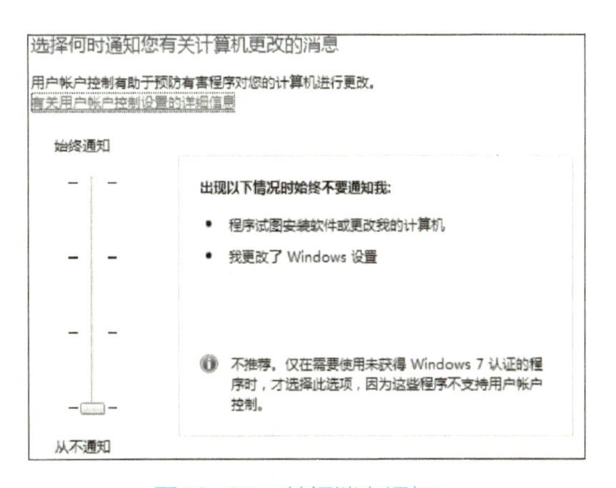

图10–27　关闭消息通知

2. 使用第三方软件进行优化

这里选用第三方软件“软媒魔方”进行系统优化，界面如图10–28所示。

图10–28　“软媒魔方”界面

“软媒魔方”软件采用现在流行的扁平化设计理念，和其他同类软件大同小异，用户使用时并不陌生。向导式操作流程也使优化过程更简单，如图10–29～图10–33所示。

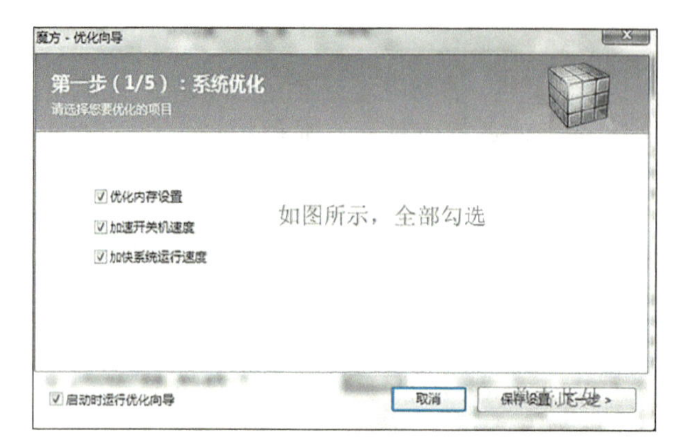

图10-29 “软媒魔方”系统优化

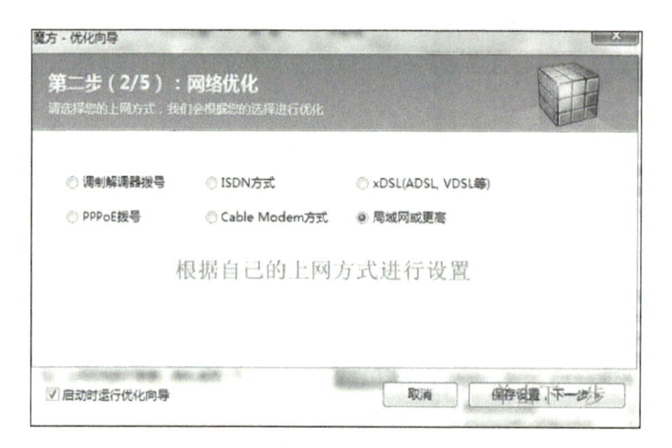

图10-30 “软媒魔方”网络优化

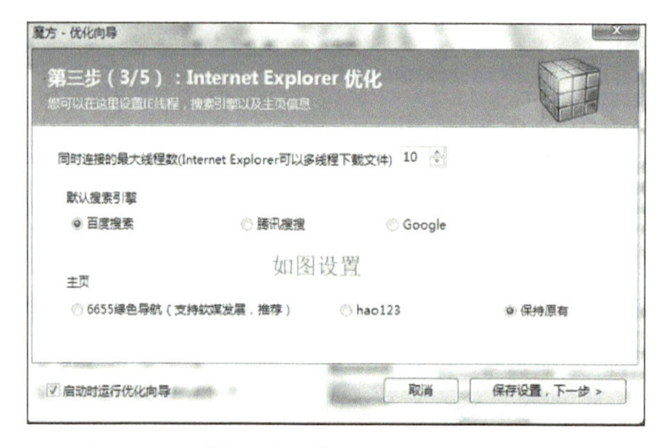

图10-31 “软媒魔方”Internet Explorer优化

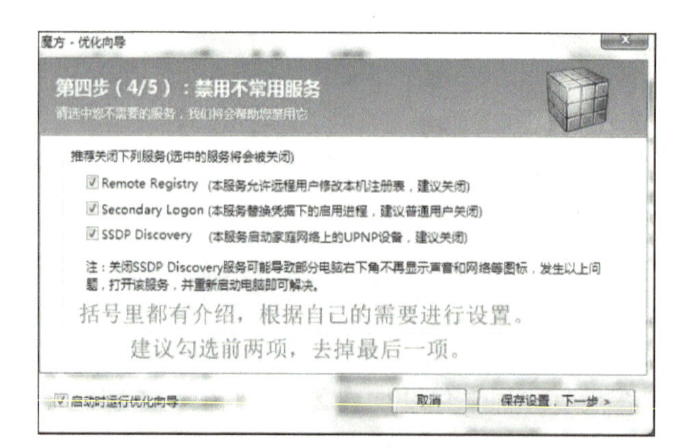

图10-32 “软媒魔方”禁用不常用服务

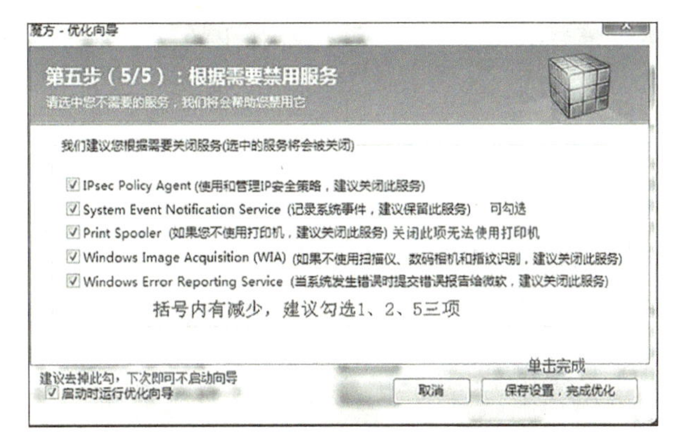

图10-33 “软媒魔方”根据需要禁用服务

“软媒魔方”这款软件是世界首批通过微软官方Windows 7徽标认证的系统软件，还有其他更多的功能，这里就不做具体介绍了，使用软件的默认设置即可。

温馨提示

计算机使用一段时间后，系统会保留临时文件、打开文件的记录、IE Cookies、注册表冗余等系统垃圾文件。这些文件滞留在C盘中，不但占用了硬盘空间，而且会影响系统速度，所以要定期对系统垃圾进行清理。

拓展任务

一、管理用户

1. 新建用户并设置权限和登录密码

打开“计算机管理”窗口，在“计算机管理（本地）”→“本地用户和组”选项，如图10-34所示。

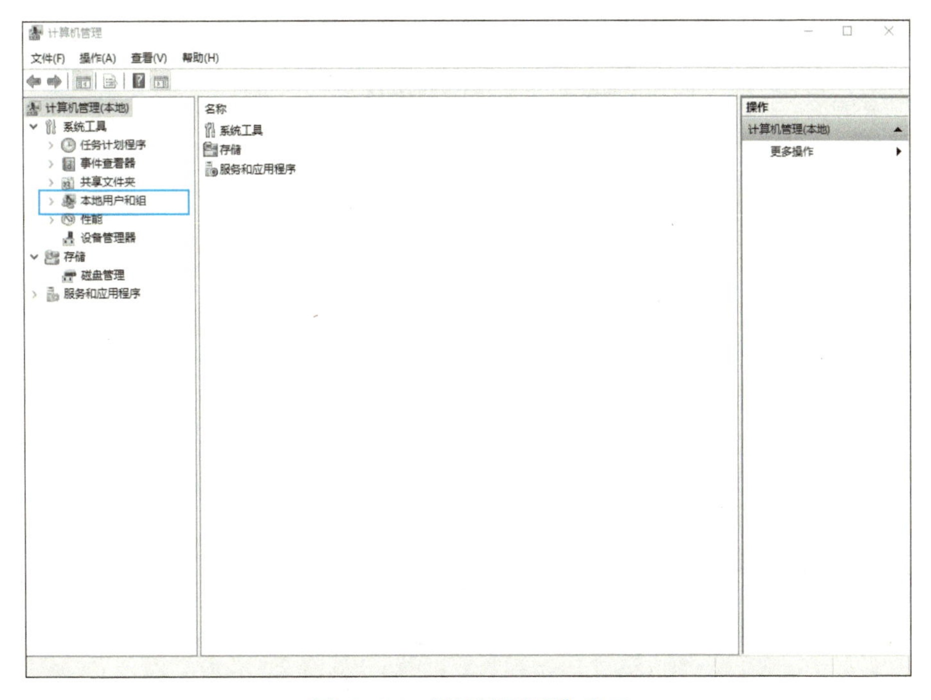

图10-34 “计算机管理”窗口

打开“本地用户和组”选项，右键单击“用户”，在弹出的菜单中选择“新用户”命令，如图10–35所示。

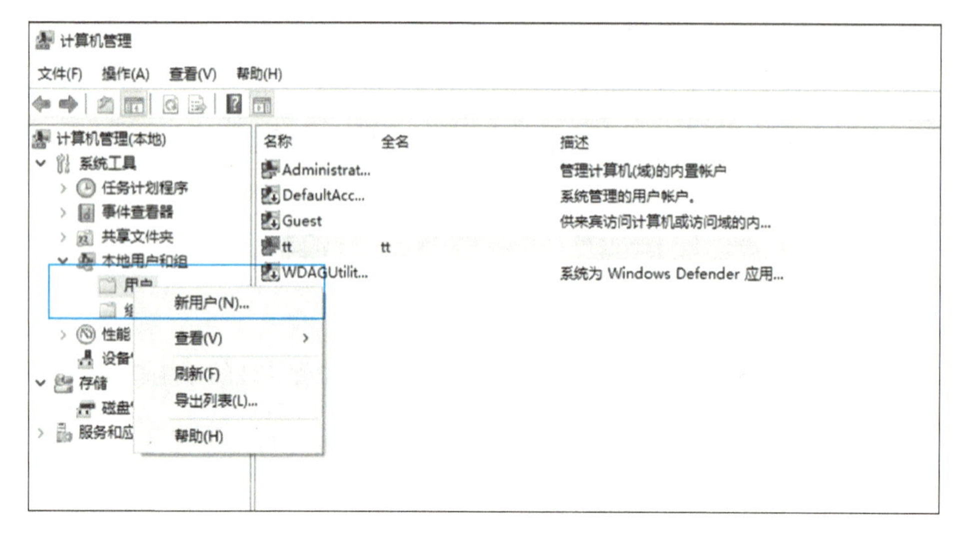

图 10–35 选择“新用户”命令

在打开的界面中输入用户名（students）和密码（******），同时勾选“用户不能更改密码”和“密码永不过期”复选框，如图10–36所示。

图 10–36 设置新用户

设置完成后单击“创建”按钮即可建立一个新用户，如图10–37所示。

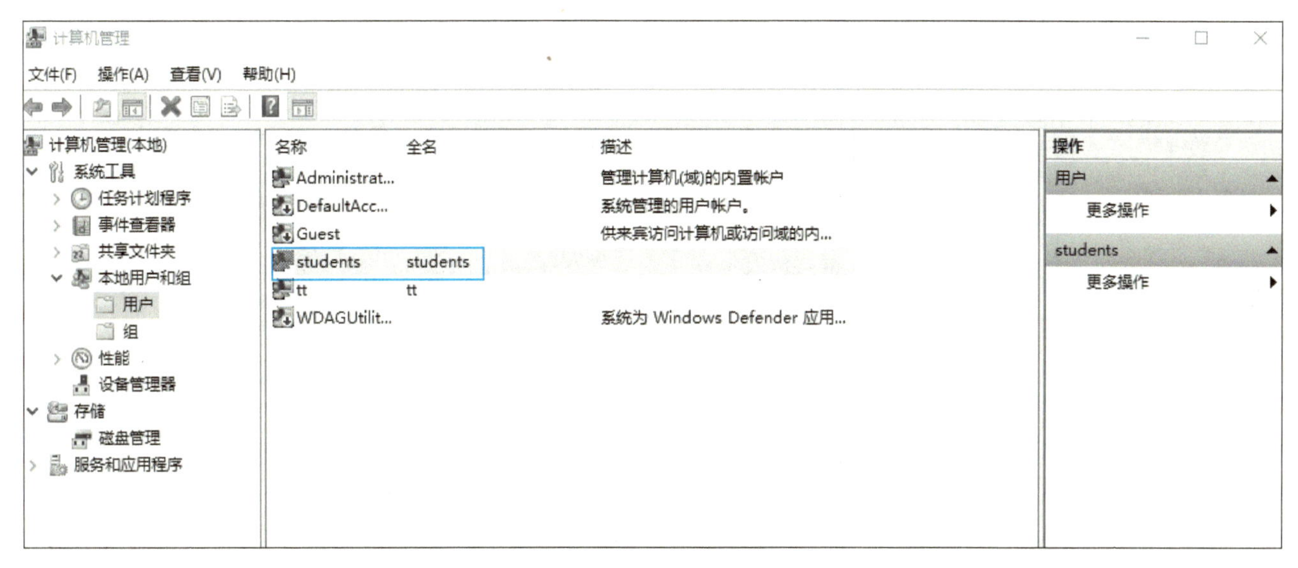

图 10-37　创建的新用户

2. 使用“本地用户和组”功能更改账户类型

新创建的用户（students）隶属于普通用户（User）账户，不同于用户隶属于管理员账户。要更改账户类型，在打开的“本地用户和组”界面中右键单击“students”选项，在弹出的快捷菜单中选择“属性”命令，在打开的“students属性”对话框中选择“隶属于”选项卡，单击“添加”按钮，如图10-38所示。

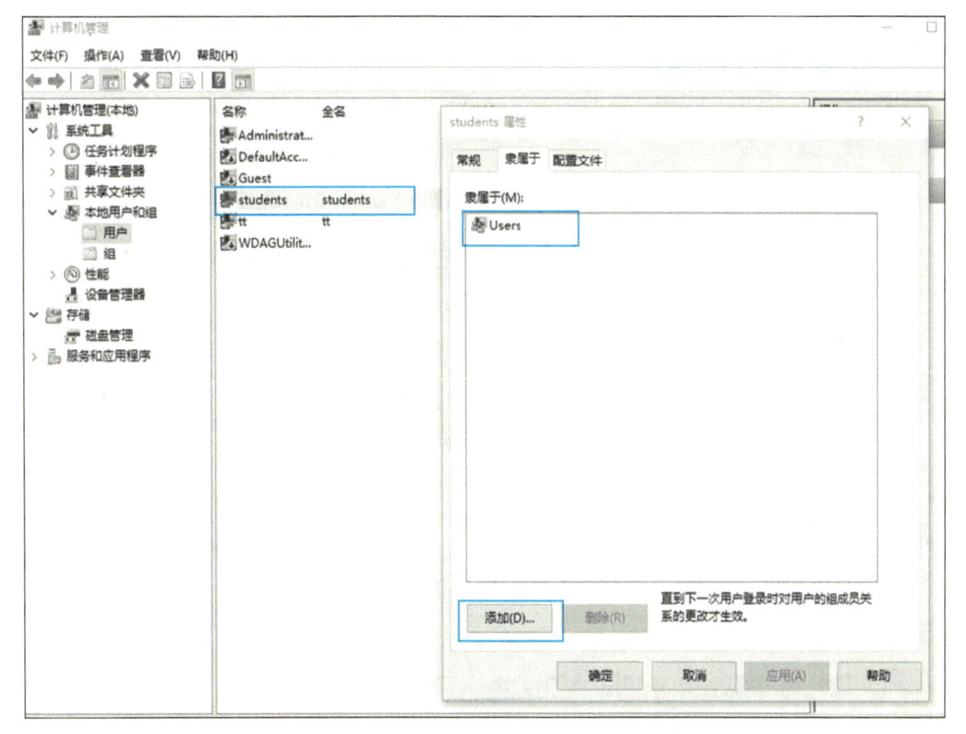

图 10-38　单击“添加”按钮

在出现的“选择组”界面单击“高级”按钮，在打开的界面单击“立即查找”按钮，在出现的搜索结果里面选择需要添加的组名称后双击即可，然后单击“确定”按钮返回，如图10-39所示。

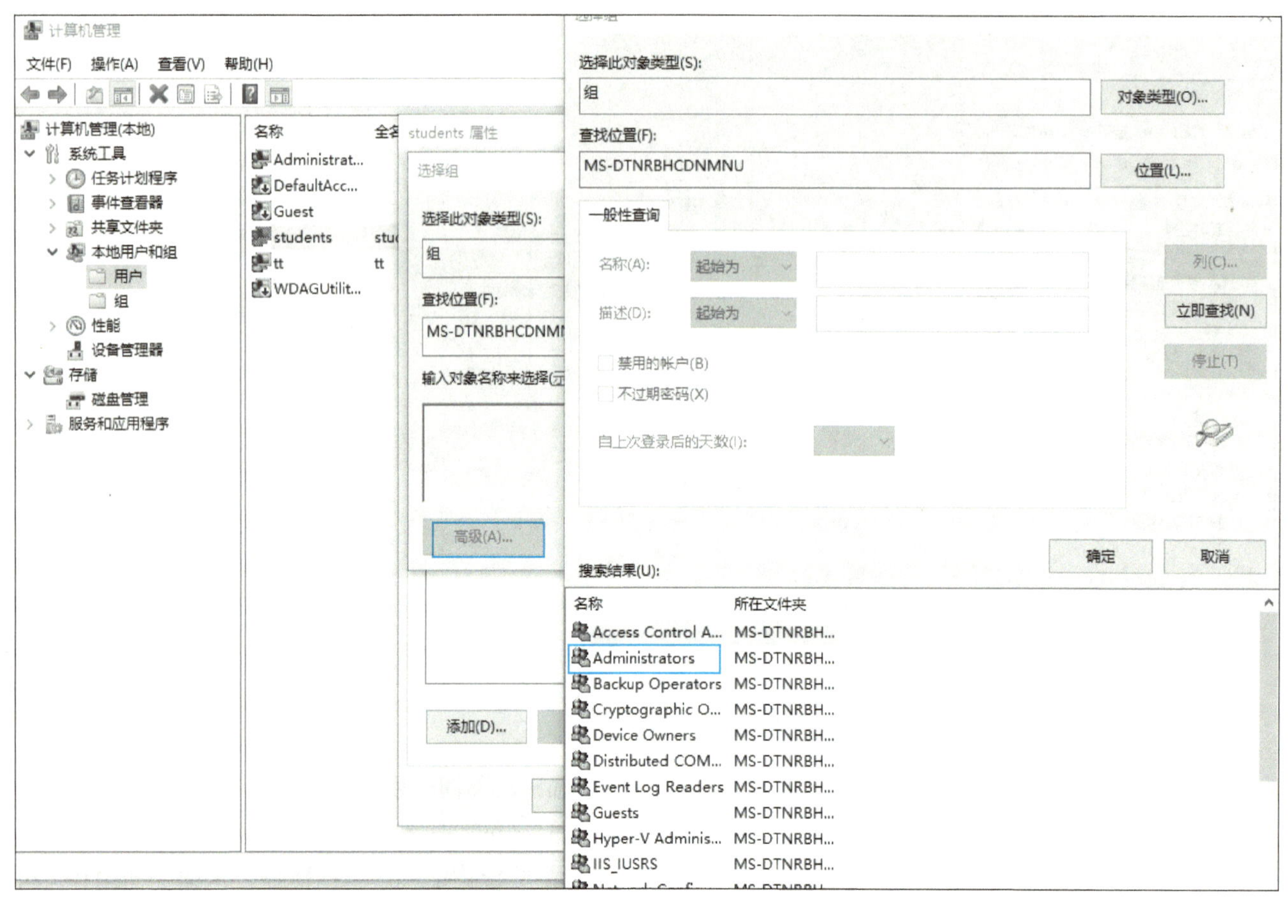

图 10-39 选择需要添加的组

二、恢复操作系统登录密码

1. 使用默认管理员账户

Windows 7系统安装时会提示用户创建一个新用户，而默认的管理员账户Administrator没有设置密码，这时可以开机并启动Windows 7，进入欢迎界面后按<Ctrl+Alt+Delete>组合键，会跳出一个账号对话框，输入用户名“administrator”，按<Enter>键即可。

2. 新建管理员账户

为administrator账号设置密码，可以参照以下步骤进行：

1）启动Windows 7系统时按<F8>键。

2）选择“带命令行的安全模式”选项。

3）选择“administrator”，跳出“Command Prompt”窗口。

4）增加用户：net user xxx/add。

5）升级管理员：net localgroup administrators xxx/add。

6）重启，选择×××用户进入系统。

3. 使用PE启动盘

Windows 10系统恢复操作系统登录密码的步骤比较烦琐，比较简便的方法是使用带PE操作系统的启动U盘引导系统运行来清除密码，这里以“电脑店”Win10PE系统为例进行介绍。电脑店U盘启动系统维护工具箱如图10-40所示。

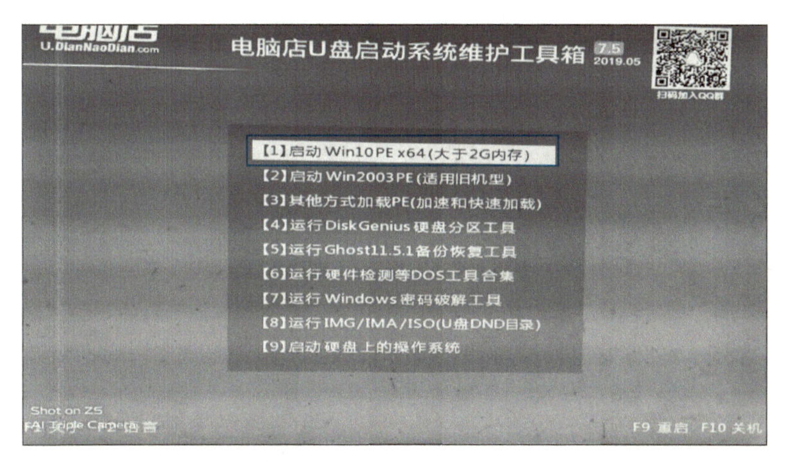

图10-40 电脑店U盘启动系统维护工具箱

进入Win10PE系统以后，在桌面上找到“密码修改”工具图标后双击打开，界面如图10-41所示。这里选择管理员账号students进行密码修改，如图10-42所示。

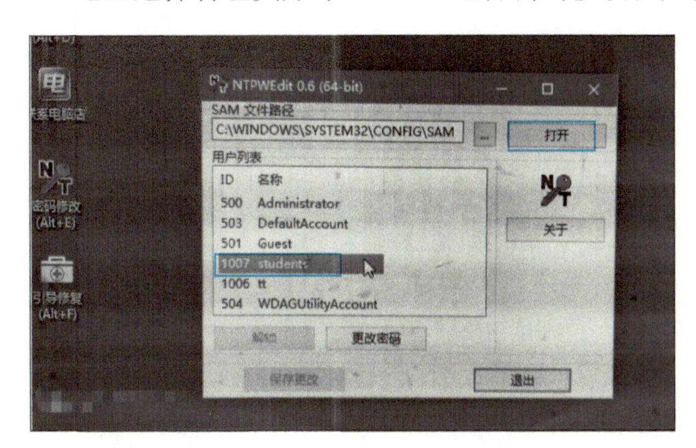

图10-41 “密码修改”工具界面

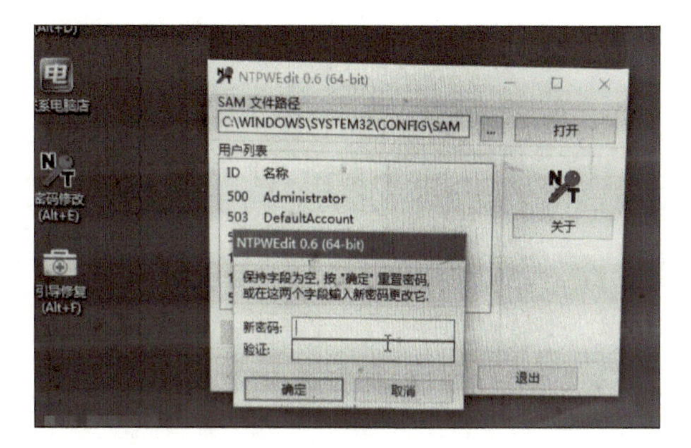

图10-42 修改密码

知识巩固与提高

1．什么是最小系统？
2．显示器出现花屏的故障现象，可能的原因是什么？
3．开机黑屏该如何进行检测？
4．怎样预防CPU被烧毁？
5．Award BIOS中主板的报警声各有什么含义？
6．软件故障的常见原因有哪些？

参 考 文 献

[1] 谢娜，谢峰，马峰柏，等．计算机组装与维护：微课版[M]．北京：人民邮电出版社，2017．

[2] 蒋国松．计算机组装与维护[M]．北京：清华大学出版社，2015．

[3] 黑马程序员．计算机组装与维护[M]．北京：人民邮电出版社，2019．

[4] 曲广平．计算机组装与维护项目教程[M]．2版．北京：人民邮电出版社，2019．

[5] 龙马高新教育．电脑组装与硬件维修从入门到精能[M]．北京：人民邮电出版社，2017．

[6] 王先国．新起点电脑教程计算机组装与维修基础教程[M]．5版．北京：清华大学出版社，2019．